U0216699

编 委 会

主　编　林娟娟　莒田学院

副主编　林授锴　莒田学院

　　　　黄建辉　莒田学院

　　　　林国荣　莒田学院

编　委

　　　　吴锦程　莒田学院

　　　　林建城　莒田学院

　　　　汪秀妹　莒田学院

　　　　郭继光　福建复茂食品有限公司

校企(行业)合作
系列教材

食品添加剂

主　编：林娟娟

副主编：林授锴　黄建辉　林国荣

厦门大学出版社　国家一级出版社
XIAMEN UNIVERSITY PRESS　全国百佳图书出版单位

图书在版编目（CIP）数据

食品添加剂 / 林娟娟主编. -- 厦门：厦门大学出
版社，2024.2
  ISBN 978-7-5615-9194-9

Ⅰ. ①食… Ⅱ. ①林… Ⅲ. ①食品添加剂-高等职业
教育-教材 Ⅳ. ①TS202.3

中国国家版本馆CIP数据核字(2023)第236642号

责任编辑　眭　蔚
封面设计　蒋卓群
美术编辑　李嘉彬
技术编辑　许克华

出版发行　厦门大学出版社
社　　　址　厦门市软件园二期望海路 39 号
邮政编码　361008
总　　　机　0592-2181111　0592-2181406(传真)
营销中心　0592-2184458　0592-2181365
网　　　址　http://www.xmupress.com
邮　　　箱　xmup@xmupress.com
印　　　刷　厦门市金凯龙包装科技有限公司

开本　787 mm×1 092 mm　1/16
印张　12.75
插页　2
字数　328 千字
版次　2024 年 2 月第 1 版
印次　2024 年 2 月第 1 次印刷
定价　39.00 元

本书如有印装质量问题请直接寄承印厂调换

厦门大学出版社
微信二维码

厦门大学出版社
微博二维码

前　言

习近平总书记在党的二十大报告中强调："教育、科技、人才是全面建设社会主义现代化国家的基础性、战略性支撑。"因此，具备教育、科技、人才三大要素的高校，应"坚持为党育人、为国育才，全面提高人才自主培养质量"。莆田学院是一所地方性应用型大学，坚持"服务需求、贴近产业、强化特色、错位发展"的学科专业建设定位，加强校企合作，深化产教融合，培养服务于地方经济社会建设与发展需要的应用型专业技术人才。

"食品添加剂"是一门校企合作课程，具有很强的综合性、实践性和应用性，是食品质量与安全专业的必修课和生物技术专业的选修课。食品添加剂是指为改善食品品质和色、香、味，以及为防腐、保鲜和加工工艺的需要而加入食品中的人工合成或者天然物质，食品用香料、胶基糖果中基础剂物质、食品工业用加工助剂也包括在内。随着食品工业的快速发展，食品添加剂已经成为现代食品工业的重要组成部分，食品添加剂的发展是食品工业技术进步和科技创新的重要推动力。

本书以 GB 2760—2014《食品安全国家标准　食品添加剂使用标准》为依据，系统阐述常用食品防腐剂、食品抗氧化剂、食品色泽调节剂、食品调味剂、食品用香料与香精、食品乳化剂、食品增稠剂、食品膨松剂、食品稳定剂和凝固剂、食品抗结剂、食品水分保持剂、食品加工助剂的特性、毒性、使用，为食品添加剂在食品中的应用奠定基础。由于食品添加剂种类繁多，应用范围广，读者在学习和使用食品添加剂的过程中，应在掌握食品添加剂基本知识的基础上，随时关注食品添加剂的新发展、新动态、新标准，科学、准确、合理地使用食品添加剂。

本书适合作为普通高等院校食品类和生物类专业的教材或参考书，也可供相关专业教师和企事业科技人员参考。

本书由林娟娟主编，编写分工如下：第一章至第七章由林娟娟编写，第八章由林授锴编写，第九章由黄建辉编写，第十章由林国荣编写，第十一章由吴锦程编写，第十二章由林建城编写，第十三章由汪秀妹编写，郭继光提供第三、五、七、八、十三章企业食品添加剂应用资料。全书由林娟娟统稿、定稿，林授锴、黄建辉和林国荣审阅。

  本书的编写得到了莆田学院、福建复茂食品有限公司、厦门大学出版社的大力支持,在此表示衷心的感谢。在编写过程中,本书还借鉴和参考了相关教材、文献、食品配料表、网站资料,在此,对这些文献资料的作者和单位表示诚挚的谢意。

  由于水平有限,书中难免有疏漏与不妥之处,敬请读者批评指正。

编者

2023 年 11 月

目　录

第一章　绪论 ·· 1
　　第一节　食品添加剂概述 ··· 1
　　第二节　食品添加剂的安全使用 ······································ 4
　　第三节　食品添加剂的安全监管 ······································ 8

第二章　食品防腐剂 ··· 11
　　第一节　概述 ··· 11
　　第二节　化学合成防腐剂 ··· 13
　　第三节　天然防腐剂 ··· 19
　　第四节　防腐剂应用实例 ··· 21

第三章　食品抗氧化剂 ··· 25
　　第一节　概述 ··· 25
　　第二节　化学合成抗氧化剂 ·· 28
　　第三节　天然抗氧化剂 ·· 33
　　第四节　抗氧化剂应用实例 ·· 39

第四章　食品色泽调节剂 ·· 42
　　第一节　着色剂 ·· 42
　　第二节　护色剂 ·· 59
　　第三节　漂白剂 ·· 64
　　第四节　色泽调节剂应用实例 ··· 67

第五章　食品调味剂 ··· 71
　　第一节　酸度调节剂 ·· 72
　　第二节　甜味剂 ·· 77
　　第三节　增味剂 ·· 88
　　第四节　调味剂应用实例 ··· 92

第六章　食品用香料与香精 ··· 95
　　第一节　食品用香料 ·· 95
　　第二节　食品用香精 ·· 101

第七章　食品乳化剂 ·· 114
　第一节　概述 ··· 114
　第二节　乳化液和乳化剂的亲水亲油平衡值 ··········· 116
　第三节　常用的乳化剂 ·· 118
　第四节　乳化剂应用实例 ······································· 126

第八章　食品增稠剂 ·· 129
　第一节　概述 ··· 129
　第二节　增稠剂的功能与复配 ·································· 130
　第三节　常用的增稠剂 ·· 132
　第四节　增稠剂应用实例 ······································· 142

第九章　食品膨松剂 ·· 145
　第一节　概述 ··· 145
　第二节　常用的膨松剂 ·· 147
　第三节　膨松剂应用实例 ······································· 150

第十章　食品稳定剂和凝固剂 ································· 152
　第一节　概述 ··· 152
　第二节　常用的稳定剂和凝固剂 ······························ 154
　第三节　稳定剂和凝固剂应用实例 ···························· 157

第十一章　食品抗结剂 ·· 159
　第一节　概述 ··· 159
　第二节　常用的抗结剂 ·· 160
　第三节　抗结剂应用实例 ······································· 162

第十二章　食品水分保持剂 ···································· 164
　第一节　概述 ··· 164
　第二节　常用的水分保持剂 ····································· 166
　第三节　水分保持剂应用实例 ·································· 168

第十三章　食品加工助剂 ······································· 171
　第一节　概述 ··· 171
　第二节　酶制剂 ··· 172
　第三节　其他食品加工助剂 ····································· 185
　第四节　食品加工助剂应用实例 ······························ 188

附录　市面常见食品配料表 ···································· 189

参考文献 ··· 197

相关网络资源 ··· 198

第一章 绪论

第一节 食品添加剂概述

一、食品添加剂的定义

随着食品工业的快速发展,食品添加剂已经成为现代食品工业的重要组成部分,食品添加剂的发展是食品工业技术进步和科技创新的重要推动力。为了规范食品添加剂的使用,保障食品添加剂使用的安全性,国家卫生和计划生育委员会(简称卫计委)根据《中华人民共和国食品安全法》的有关规定,制定颁布了 GB 2760—2014《食品安全国家标准 食品添加剂使用标准》(以下简称 GB 2760—2014),该标准对食品添加剂下了定义:为改善食品品质和色、香、味,以及为防腐、保鲜和加工工艺的需要而加入食品中的人工合成或者天然物质,食品用香料、胶基糖果中基础剂物质、食品工业用加工助剂也包括在内。而食品营养强化剂则在 GB 14880—2012《食品安全国家标准 食品营养强化剂使用标准》中单独列出,明确营养强化剂是为了增加食品的营养成分(价值)而加入食品中的天然或人工合成的营养素和其他营养成分。

世界各国对食品添加剂的定义不尽相同,联合国粮食及农业组织(FAO)和世界卫生组织(WHO)联合成立的国际食品法典委员会(CAC)制定的食品添加剂通用法典标准中规定:食品添加剂是指其本身通常不作为食品消费,不用作食品中常见的配料物质,无论其是否具有营养价值。在食品中添加该物质的原因是出于生产、加工、制备、处理、包装、装箱、运输或贮藏等食品的工艺需求(包括感官),或者期望它或其副产品(直接或间接地)成为食品的一个成分,或影响食品的特性。此定义既不包括污染物,也不包括食品营养强化剂。

欧盟(EU)在相关法规中明确指出,食品添加剂不得按正常食品或食品成分对待,仅是为实现加工或处理的技术目的而使用的物质。苏格兰的有关标准强调,食品添加剂是具有不同功能的、以低浓度添加于食品中的、天然或合成的化合物。

美国规定,食品添加剂是由于生产、加工、贮存或包装而存在于食品中的物质,而不是基本的食品成分,并将其再分为直接食品添加剂和间接食品添加剂两类。直接食品添加剂是指刻意向食品中添加,以达到某种作用的食品添加剂,又称为有意食品添加剂;间接食品添加剂是指在食品的生产、加工、贮存和包装中少量存在于食品中的物质,又称为无意食品添加剂。

澳大利亚与新西兰食品标准局(FSANZ)规定,食品添加剂不属于正常食品消费,是仅用于食品配料且为达到特殊工艺要求而有意加入的物质。

日本食品安全法中规定,食品添加剂是通过添加、混合、渗透或其他手段用于食品或食品加工、保藏和保存目的的物质。

我国台湾地区规定,食品添加剂是指在制造、加工、调理、包装、运输和储藏过程中,以着色、调味、防腐、漂白、乳化、增香、稳定品质、促进发酵、增加浓度、强化营养、防止氧化,或其他用途添加在食品中或与食品相接触的物质。

二、食品添加剂的分类

根据 GB 2760—2014,一共有 283 种食品添加剂,另外,还含有可在各类食品中按生产需要适量使用的食品添加剂 75 种;允许使用的食品用天然香料 393 种,允许使用的食品用合成香料 1477 种;可在各类食品加工过程中使用、残留量不需限定的加工助剂 38 种,需要规定功能和使用范围的加工助剂 77 种;食品用酶制剂 54 种。

1. 按来源分类

在我国,食品添加剂分为天然食品添加剂和化学合成食品添加剂。

天然食品添加剂是指以自然界存在的物质为原料,利用干燥、粉碎、分离、沉淀、提取、分解、加热、蒸馏、发酵、酶处理等方法制成的物质。

化学合成食品添加剂是指采用化学手段,通过氧化、还原、缩合、聚合、成盐等反应而得到的物质。其中又可分为人工合成天然等同物和一般化学合成品。人工合成天然等同物是指天然物中存在但通过化学合成而得到的化合物。一般化学合成品是指天然物中不存在的通过化学合成而得到的化合物。

与天然食品添加剂相比,化学合成食品添加剂工艺性能好,用量少,但毒性往往大于天然食品添加剂,特别是用量过大或混有有害杂质时易造成危害。

2. 按功能分类

我国在 GB 2760—2014 中规定了食品中允许使用的添加剂品种,并详细规定了其使用范围、最大使用量。将食品添加剂分为 22 类,分别是:酸度调节剂,抗结剂,消泡剂,抗氧化剂,漂白剂,膨松剂,胶基糖果中基础剂物质,着色剂,护色剂,乳化剂,酶制剂,增味剂,面粉处理剂,被膜剂,水分保持剂,防腐剂,稳定剂和凝固剂,甜味剂,增稠剂,食品用香料,食品工业用加工助剂,其他。

美国在《食品、药品与化妆品法》中将食品添加剂分为 32 类,分别是:抗结剂和自由流动剂,抗微生物剂,抗氧剂,着色剂和护色剂,腌制和酸渍剂,面团增强剂,干燥剂,乳化剂和乳化盐,酶类,固化剂,风味增强剂,香味料及其辅料,小麦粉处理剂,成型助剂,熏蒸剂,保湿剂,膨松剂,润滑和脱模剂,非营养甜味剂,营养增补剂,营养性甜味剂,氧化剂和还原剂,pH调节剂,加工助剂,气雾推进剂、充气剂和气体,螯合剂,溶剂和助溶剂,稳定剂和增稠剂,表面活性剂,表面光亮剂,增效剂,组织改进剂。

日本在《食品卫生法规》中将食品添加剂分为 30 类,分别是:防腐剂,杀菌剂,防霉剂,抗氧化剂,漂白剂,面粉改良剂,增稠剂,赋香剂,防虫剂,发色剂,色调稳定剂,着色剂,调味剂,酸味剂,甜味剂,乳化剂及乳化稳定剂,消泡剂,保水剂,溶剂及溶剂品质保持剂,疏松剂,口香糖基础剂,被膜剂,营养剂,抽提剂,制造食品用助剂,过滤助剂,酿造用剂,品质改良剂,豆腐凝固剂及合成酒用剂,防黏着剂。

我国台湾地区将食品添加剂按功能作用分为 17 类,分别是:防腐剂,杀菌剂,抗氧化剂,漂白剂,发色剂,膨松剂,品质改良剂,营养强化剂,着色剂,香料,调味料,糊料,黏结剂,加工助剂,溶剂,乳化剂,其他。

三、食品添加剂的作用

食品添加剂大大促进了食品工业的发展,并被誉为现代食品工业的灵魂,其主要作用包括:

1. 防止食品腐败变质

如防腐剂可以防止由微生物引起的食品腐败变质,延长食品的保质期,防止由微生物污染引起的食物中毒。抗氧化剂可以阻止或推迟食品的氧化变质,提高食品的稳定性和耐藏性,防止有害的油脂氧化物质的形成。另外,还可防止食品,特别是果蔬的酶促褐变和非酶促褐变。

2. 改善食品感官品质

适当使用乳化剂、增稠剂、着色剂、护色剂、漂白剂、食品用香料等食品添加剂,可以明显提高食品的感官品质,满足人们的不同需求。

3. 保持食品营养价值

在食品中适当加入防腐剂或抗氧化剂,能够有效避免营养素的损失,保持食品的营养价值。

4. 促进食品品种创新

市场上已拥有多达 20000 种以上的食品可供消费者选择,这些食品特别是一些色、香、味俱全的产品,在生产过程中大都添加了着色剂、增香剂、调味剂或其他食品添加剂。正是这些食品添加剂,不仅丰富了食品的品种,还为食品的创新提供了基础。

5. 方便食品加工制作

在食品加工中使用稳定剂和凝固剂、消泡剂、助滤剂等,有利于食品的加工操作。如用葡萄糖酸-δ-内酯作为豆腐凝固剂,提高了豆腐生产的机械化和自动化。

6. 其他特殊需要

如糖尿病人不能吃糖,在食品加工过程中,可采用无营养甜味剂或低热能甜味剂,如三氯蔗糖或天门冬酰苯丙氨酸甲酯制成无糖食品。

四、食品添加剂发展趋势

自 2018 年来,中国食品添加剂行业产品产量及行业产值皆呈逐年增长状态。2021 年,中国食品添加剂行业产量达 1197.15 万吨,同比增长 13.26%,行业内主要种类产品销售额达 1341 亿元,同比增速稳定。

1. 天然性

2019 年至今,随着下游食品行业冷冻食品、调味酱等速食食品需求的逐年增加,天然食品添加剂成为行业发展的方向。它们来源于大自然,是从植物、动物、微生物中提取的天然成分,安全无毒或基本无毒。因此,天然防腐剂、抗氧化剂、着色剂等已成为目前研究开发的重点。如纳他霉素、乳酸链球菌素、L-抗坏血酸、维生素 E、茶多酚、迷迭香提取物、甘草抗氧化物、姜黄、辣椒红等。

2. 高效安全性

只有高效,才能减少其使用量,提高安全性。如 L-抗坏血酸及其盐类不溶于油脂,对热不稳定,无法作为油脂食品的抗氧化剂使用。而 *L*-抗坏血酸的衍生物 *L*-抗坏血酸棕榈酸酯,易溶于油脂,热稳定性高,可用于油脂、奶油等油脂食品,抗氧化效果优良且安全性较高。

3. 多功能性

一种食品添加剂可以同时具有多种功能。如乳酸钠,根据 GB 2760—2014,具有水分保持剂、酸度调节剂、抗氧化剂、膨松剂、增稠剂、稳定剂的功能。但其在某种食品中发挥的具体功能,要根据其实际使用情况来确定。如在熟肉制品中主要作为水分保持剂,可保持肉的持水性,增强其柔嫩性;在乳酸饮料中可作为酸度调节剂,调节酸度并产生乳酸风味;在日本清酒中可作为酸度调节剂,增加清酒的香味;在糕点中可作为膨松剂和水分保持剂;在干酪类制品中可作为增稠剂和稳定剂。

4. 复配性

复配食品添加剂使用方便,效果明显。几种食品添加剂经复配后可产生协同效应,从而达到更有效、更经济、更安全的目的。如茶多酚与维生素 E 都具有抗氧化性能,将它们复配后抗氧化作用明显增强;谷氨酸钠、肌苷酸、鸟苷酸复配后其鲜味显著提高,可成为特鲜味精。

但是,同一功能的食品添加剂在复配使用时,各自用量占其最大使用量的比例之和不应超过 1。假设 A 和 B 是同一功能有共同使用范围 X 的两种食品添加剂,A 在 X 中的实际使用量为 a,标准规定的最大使用量为 a',B 在 X 中的实际使用量为 b,标准规定的最大使用量为 b',则必须满足公式 $a/a' + b/b' \leq 1$。

举例说明:通过查表可知,在糕点(07.02)中,丙酸及其钠盐、钙盐的最大使用量为 2.5 g/kg,山梨酸钾为 1.0 g/kg,脱氢乙酸钠为 0.5 g/kg,假设这三种添加剂在糕点中各自用量分别为 1.0 g/kg、0.5 g/kg、0.4 g/kg,每一种添加剂的用量都在标准要求的范围之内,但 $1.0/2.5 + 0.5/1.0 + 0.4/0.5 = 1.7 > 1$,不符合本条款要求,其产品依旧会被判为不合格。

第二节 食品添加剂的安全使用

一、食品添加剂使用中存在的问题

食品添加剂是食品生产中最活跃、最有创造力的因素,已渗透到食品加工的各个领域。目前,食品添加剂使用中存在的问题主要有如下几方面。

1. 非食品添加剂的违法添加

非食用物质不是食品添加剂。在食品中添加非食用物质是严重威胁人民群众饮食安全的犯罪行为,同时也是阻碍我国食品行业健康发展、破坏社会主义市场经济秩序的违法行为。近年来,一些不法商贩或生产企业在经济利益等因素驱动下,违法使用非食品添加剂,导致消费者错误地认为食品添加剂是食品不安全的代名词,是食品安全事件的罪魁祸首。如将吊白块用于面粉漂白,甲醛用于鱼类、贝类防腐,硼砂用于扁肉、蒸饺中增加脆感等。

2. 食品添加剂的超范围使用

食品添加剂如果超出 GB 2760—2014 中所规定的某种食品可以使用的种类和范围，都是伪劣食品、不合格食品，如一些生产经营者在八角加工中过量添加漂白剂，导致二氧化硫严重残留。有些生产企业在冰棒、干豆腐、香肠中加入胭脂红、柠檬黄等合成色素等。

3. 食品添加剂的超限量使用

食品添加剂的最大使用量是以 ADI(acceptable daily intake，每日允许摄入量)值限定的，超过最大使用量就是不安全的，甚至会危害人体健康和生命安全。如在饮料加工中超限量使用苯甲酸钠、人工合成色素；在肉类加工中超限量使用护色剂亚硝酸盐等。

二、食品添加剂安全性的常用指标

判断食品添加剂安全性的常用指标主要有 LD_{50}、MNL、ADI 等，它们是制定 GB 2760—2014 的重要依据。

1. LD_{50}

LD_{50}(lethal dose)是动物的半数致死量，指能使一群实验动物中毒死亡一半的投药剂量(单位：mg/kg)。可用来判断食品添加剂急性毒性的大小，其毒性剂量分级见表 1-1。食品添加剂主要使用经口 LD_{50}，通常数值越大，表明毒性越低。如食品防腐剂苯甲酸大鼠经口 LD_{50} 为 4440 mg/kg，山梨酸大鼠经口 LD_{50} 为 10500 mg/kg，说明山梨酸毒性相对较低，使用更安全。

表 1-1　急性毒性(LD_{50})剂量分级

毒性级别	大鼠口服 LD_{50}/(mg/kg)	相当于对人的致死量/(mg/kg)
极毒	<1	稍尝
剧毒	1~50	500~4000
中等毒	51~500	4001~30000
低毒	501~5000	30001~250000
实际无毒	>5000	250001~500000

2. MNL

MNL(maximal noneffective level)是最大无作用量，指动物长期摄入某种添加剂，而无任何中毒表现的每日最大摄入量(单位：mg/kg)。如苯甲酸的 MNL 为 500 mg/kg，山梨酸的 MNL 为 2500 mg/kg。需要注意的是：对人体来说，动物的实验数据不能直接引用，必须定一个安全系数，一般为 100。这是根据种间毒性相差约 10 倍，而同种动物敏感程度不同的个体也相差约 10 倍所定出来的(10×10)。

3. ADI

ADI 是人体每日允许摄入量，指人类每天摄入某种食品添加剂直到终生而对健康无任何毒性作用或不良影响的剂量(单位：mg/kg)。ADI 是国内外评价食品添加剂安全性的首要和最终依据。其数值通常将动物的 MNL 除以安全系数(100)。如苯甲酸的 MNL 为 500 mg/kg，将其除以 100 得 5 mg/kg，则其 ADI 为 0~5 mg/kg；山梨酸的 MNL 是 2500 mg/kg，其 ADI 定为 0~25 mg/kg。

4. 食品添加剂使用标准的制定

(1)每人每日允许摄入总量(A)

ADI是以体重为基础来表示的每人每日允许摄入量,因此成人的每日允许摄入总量＝ADI×平均体重。

(2)最高允许量(D)

根据人类的膳食调查,统计膳食中含有某食品添加剂的各种食品的每日摄食量(C),然后可分别算出其中每种食品含有该食品添加剂的最高允许量(D)。

(3)食品中的最大使用量(E)

食品中的最大使用量指某种食品添加剂在不同食品中允许使用的最大添加量,通常以"g/kg"或"mg/kg"表示。如苯甲酸在碳酸饮料中最大使用量为 0.2 g/kg,在酱油、醋中最大使用量为 1.0 g/kg;山梨酸在酱油、醋中最大使用量为 1.0 g/kg,在熟肉制品中最大使用量为 0.075 g/kg。

根据该食品添加剂在食品中的最高允许量(D),制定出该种食品添加剂在每种食品中的最大使用量(E)。一般情况下两者可以吻合,但为了人体安全,要求食品中的最大使用量(E)应低于最高允许量(D)。

以山梨酸为例,其食品中的最大使用量(E)的制定如下:MNL 是 2500 mg/kg,ADI 为 25 mg/kg。按成人体重 70 kg 算,每人每日允许摄入总量(A)＝25×70＝1750 mg。根据膳食调查,在各种食品中平均每人每日摄食量(C)为酱油 50 g、醋 20 g、饮料 500 g、熟肉制品 400 g。由于有使用调查,可简单地进行反推计算。先按实际使用情况设定山梨酸在各种食品中的最大使用量(E)为酱油 1000 mg/kg、醋 1000 mg/kg、饮料 500 mg/kg、熟肉制品 75 mg/kg。山梨酸每人每日摄食总量(B)＝0.05×1000＋0.02×1000＋0.5×500＋0.4×75＝350 mg。山梨酸每人每日摄食总量(B)为 350 mg,低于每人每日允许摄入总量(A)1750 mg 的值,所以设定的最大使用量(E)合理。假如每人每日摄食总量(B)高于每日允许摄入总量(A),则设定的最大使用量(E)就要重新考虑,必要时还要考虑限制使用范围等。

三、食品添加剂的使用原则

根据 GB 2760—2014,食品添加剂的使用原则主要包括:

1. 食品添加剂使用的基本要求

(1)不应对人体产生任何健康危害。

(2)不应掩盖食品腐败变质。

(3)不应掩盖食品本身或加工过程中的质量缺陷或以掺杂、掺假、伪造为目的而使用食品添加剂。

(4)不应降低食品本身的营养价值。

(5)在达到预期效果的前提下尽可能减少在食品中的使用量。

2. 在下列情况下可使用食品添加剂

(1)保持或提高食品本身的营养价值。

(2)作为某些特殊膳食用食品的必要配料或成分。

(3)提高食品的质量和稳定性,改进其感官特性。

(4)便于食品的生产、加工、包装、运输或者贮藏。

3. 食品添加剂质量标准

按照本标准使用的食品添加剂应当符合相应的质量规格要求。

4. 带入原则

(1)在下列情况下食品添加剂可以通过食品配料(含食品添加剂)带入食品中:

①根据本标准,食品配料中允许使用该食品添加剂。

②食品配料中该添加剂的用量不应超过允许的最大使用量。

③应在正常生产工艺条件下使用这些配料,并且食品中该添加剂的含量不应超过由配料带入的水平。

④由配料带入食品中的该添加剂的含量应明显低于直接将其添加到该食品中通常所需要的水平。

举例1:糕点生产中不允许添加植酸钠,但是糕点需要使用植物油作为配料,而植物油中允许使用植酸钠,植酸钠起到防止植物油氧化酸败的作用,其最大使用量为 0.2 g/kg。因此,在正常生产工艺条件下,糕点中可以含有由植物油带入的植酸钠,且其在糕点中的含量不应超过由植物油带入的水平。

举例2:苯甲酸及其钠盐不允许在熟肉制品中使用,但酱油中允许使用苯甲酸。因此,如果在熟肉制品中检出苯甲酸,如配料中使用了酱油,可考虑由酱油带入,但检出量不应超过由酱油合理带入的水平。

常见的符合带入原则(1)的食品品种见表1-2。

表 1-2　符合带入原则(1)的食品品种

食品种类	添加的食品配料	易带入的食品添加剂
熟肉制品、豆干再制品	酱油、醋、蚝油等调味料	苯甲酸、脱氢乙酸
熟肉制品	鸡精、姜黄粉等调味料	柠檬黄、日落黄
香辛料油、油炸食品	食用植物油	BHA、BHT、TBHQ
饼干	人造奶油、干酪、氢化植物油	山梨酸
煲汤料	蜜饯产品	苯甲酸、山梨酸、二氧化硫、硫黄
糕点、面包	吉士粉、果酱、装饰性果蔬	柠檬黄、日落黄、胭脂红、苋菜红
腊肠、香肠类	胶原蛋白肠衣	胭脂红、诱惑红

注:BHA—丁基羟基茴香醚;BHT—二丁基羟基甲苯;TBHQ—特丁基对苯二酚。

(2)当某食品配料作为特定终产品的原料时,批准用于上述特定终产品的添加剂允许添加到这些食品配料中,同时该添加剂在终产品中的量应符合本标准的要求。在所述特定食品配料的标签上应明确标示:该食品配料用于上述特定食品的生产。

例如:一种植物油产品是某种蛋糕的配料,为了方便这种蛋糕的生产,这种植物油中添加了在蛋糕的生产中起着色作用的 β-胡萝卜素(β-胡萝卜素是脂溶性色素,在植物油中分散均匀,便于在蛋糕中使用)。根据 GB 2760—2014,β-胡萝卜素不能在植物油中使用,但允许在蛋糕中使用,且最大使用量为 1.0 g/kg。由此可以判断,在这种用于该蛋糕生产的植物油中可以添加 β-胡萝卜素,且 β-胡萝卜素在植物油中的添加量换算到蛋糕中时不超过 1.0 g/kg,这种情况符合带入原则。同时,这种植物油的标签上应明确标示用于蛋糕的生产。

常见的符合带入原则(2)的食品品种见表1-3。

表1-3　符合带入原则(2)的食品品种

食品配料	易带入的食品添加剂	终产品
冰激凌预拌粉	甜味剂、着色剂、增稠剂	冰激凌
碳酸饮料用糖浆	防腐剂、甜味剂、着色剂、香精	碳酸饮料
蛋糕预拌粉	膨松剂、乳化剂、增稠剂、水分保持剂、酸度调节剂	蛋糕
面包用小麦粉	防腐剂、膨松剂、酶制剂	面包
糕点专用油脂	β-胡萝卜素等脂溶性色素	糕点
果冻、布丁粉	甜味剂、防腐剂、着色剂、增稠剂、酸度调节剂	果冻、布丁

(3)部分食品或食品原料本身并未添加某种食品添加剂或某类化学物质,但终产品却有检出。可能来源于原料本身的天然存在,或来源于环境污染、原辅料污染、包装材料迁移,或在动植物生长过程中代谢产生、食品加工过程中微生物代谢生成(如发酵工艺)。例如,GB/T 21732—2008《含乳饮料》标准规定发酵型含乳饮料,苯甲酸属于发酵过程中产生的,其数值≤0.03 g/kg 为合格。

可能存在本底带入的食品品种见表1-4。

表1-4　可能存在本底带入的食品品种

食品原料	本底带入的食品添加剂或化学品
乳制品及含乳制品、干红枣等干果、蜂产品、发酵食品	苯甲酸
葱、蒜等香辛料,高蛋白食品,水产品,食用菌类	二氧化硫、甲醛
水产干制品	铝
肉及肉制品、水产品	磷酸盐、硝酸盐
乳及乳制品	硫氰酸钠
豆类及豆制品(如豆干、腐竹、豆皮等)	硼、硼酸、硼砂、铜

第三节　食品添加剂的安全监管

一、中国食品添加剂的安全监管

随着时代发展,消费者对饮料、速食等产品的接受度、需求度较高,中国食品添加剂行业的发展前景良好,市场广阔。近年来,为了加强中国食品添加剂行业的监管,促进行业内相关规章、监管制度的建立,相关政府部门制定了许多政策来规范食品添加剂的生产活动,保障食品安全,推动健康中国行动。相关政策分述如下:

2013 年,国家发展改革委发布《产业结构调整指导目录(2011 年)》(2013 修订),鼓励"天然食品添加剂、天然香料新技术开发与生产",采用"发酵法工艺生产",利用"发酵"技术，"采用现代生物技术改造传统生产工艺"。

2014年，中华人民共和国国家卫生和计划生育委员会发布GB 2760—2014《食品安全国家标准　食品添加剂使用标准》，代替GB 2760—2011版食品添加剂使用标准。

2015年，全国人大常委会发布《中华人民共和国食品安全法》(2015年修订)，明确食品添加剂管理的部门分工：卫计委负责食品添加剂的安全性评价和制定食品安全国家标准；质检总局负责食品添加剂生产和食品生产企业使用食品添加剂监管；工商部门负责流通环节食品添加剂监管；食品药品监管局负责餐饮服务环节食品添加剂监管；工信部门负责食品添加剂行业管理，制定产业政策，指导生产企业诚信体系建设。

2016年，国家食药监总局发布《总局办公厅关于进一步加强食品添加剂生产监管工作的通知(食药监办食监—〔2016〕96号)》，进一步规范食品添加剂生产许可工作，将食品添加剂生产许可工作有关事项加以明确。

2017年，国家发改委、工信部发布《关于促进食品工业健康发展的指导意见》，提升产品品质，推动食品添加剂等标准与国际接轨；支持企业引进国外先进技术和设备，同时鼓励外资进入天然食品添加剂等领域。

2018年，国家卫生和计划生育委员会发布《关于食品工业用酶制剂新品种果糖基转移酶和食品添加剂单、双甘油脂肪酸酯等7种扩大使用范围的公告》，扩展了食品添加剂相关食品加工使用范围，明确支持绿色、无害的添加剂产品在食品行业的应用，支持推动食品添加剂工业化生产。

2019年，国家市场监督管理总局发布《市场监管总局办公厅关于规范使用食品添加剂的指导意见(市监食生〔2019〕53号)》，为督促食品生产经营者(含餐饮、服务提供者)落实食品安全主体责任，严格按标准规定使用食品添加剂，进一步加强食品添加剂使用监管，防止超范围超限量使用食品添加剂，扎实推进健康中国行动。

2020年，国家市场监督管理总局发布《食品生产许可管理办法(2020)》，规范食品、食品添加剂生产许可活动，加强食品生产监督管理，保障食品安全。

2021年，全国人大常委会发布《中华人民共和国食品安全法》(2021年修订)，规定国家对食品添加剂的生产实行许可制度。从事食品添加剂生产，应当具有与所生产食品添加剂品种相适应的场所、生产设备或者设施、专业技术人员和管理制度，并依照程序，取得食品添加剂生产许可。食品添加剂应当在技术上确有必要且经过风险评估证明安全可靠，方可列入允许使用的范围。有关食品安全国家标准应当根据技术必要性和食品安全风险评估结果及时修订。

2022年，国务院发布《关于印发"十四五"市场监管现代化规划的通知》，完善食品添加剂、食品相关产品等标准，加快食品相关标准样品研制，加强进口食品安全监管，严防输入型食品安全风险。

2023年，国家市场监管总局发布《食品相关产品质量安全监督管理暂行办法》，禁止生产、销售使用不符合食品安全标准及相关公告的原辅料和添加剂，以及其他可能危害人体健康的物质生产的食品相关产品，或者超范围、超限量使用添加剂生产的食品相关产品。另外，国家卫生健康委办公厅制定了《2023年度食品安全国家标准立项计划》。根据立项计划，2023年拟制定修订39项食品安全国家标准，其中12项标准涉及食品添加剂，包括制定《食品添加剂　L-苹果酸钠》《食品添加剂　三赞胶》《食品添加剂　香兰醇》，修订《食品添

加剂　番茄红(GB 28316—2012)》《食品添加剂　辣椒红(GB 1886.34—2015)》《食品添加剂　果胶(GB 25533—2010)》《食品添加剂　维生素B_2(GB 14752—2010)》《食品添加剂　月桂酸(GB 1886.81—2015)》《食品添加剂标识通则(GB 29924—2013)》《食品添加剂　L-丙氨酸(GB 25543—2010)》《食品添加剂　赤藓糖醇(GB 26404—2011)》《食品添加剂　L-半胱氨酸盐酸盐(GB 1886.75—2016)》》。

二、食品添加剂的编码系统

1. 国际编码系统

为了形成一个国际公认的数字体系,满足食品添加剂生产、质量标准以及使用时快速、准确无误确认和检索等需求,药典委员会制定了国际编码系统(INS)。

INS系统的数字顺序分三列给出认定码、食品添加剂的名称、工艺作用。用于标签上的认定码通常由3~4位数构成。如山梨酸钾INS为202,苯甲酸INS为210。有些认定码后面跟随一个小写字母,如150a代表焦糖色素-普通型。另外,如有更详细的划分,可用(i)、(ii)等数字标识表示,如姜黄素被分为姜黄素(100i)和姜黄(100ii),这类说明不用于标签上。

2. 中国编码系统

中国编码系统(CNS)由食品添加剂的主要功能类别代码和在本功能类别中的顺序号组成,采用5位数字表示法(××.×××),其前2位为分类号,小数点后3位数字表示分类号下面的编号代码,如山梨酸钾CNS为17.004,苯甲酸CNS为17.001。

目前,GB 2760—2014采用CNS和INS系统相结合的方法,列出了每一种食品添加剂的CNS号和INS号(如果有)。CNS编码系统的容量比INS编码系统大得多,但作为信息处理或情报交换,无法与国际接轨。另外,该代码没有将食品用香料、食品工业用加工助剂、胶基糖果中基础剂物质包括在内。GB 2760—2014中所包含的食品添加剂,如果禁止使用,则其相应的代码废止,新增的食品添加剂品种在相应的类别内顺序往后排。在GB 2760—2014的分类中删除了营养强化剂这一类别,但CNS系统中其他类别食品添加剂的编码未改变,如防腐剂仍属于第17类,苯甲酸的CNS号仍为17.001。

3. CAS编码

食品添加剂又称食品用化学品,可用化学物质登录号(CAS)编码。CAS由5位到9位数字组成,采用"＃＃＃＃aa-aa-a"表示法,其中＃表示可有可无的数字,a表示必须有的数字。无论是什么化合物,必须至少由5位数组成。如苯甲酸CAS号为65-85-0。原则上,数字大小可以反映物质发现的早晚,数字越大,表示发现得越晚。CAS编码的使用,有助于食品添加剂的科技信息交流、使用和国际贸易。

思考题

1. 什么是食品添加剂?如何进行分类?

2. 食品添加剂的作用有哪些?发展趋势如何?

3. 食品添加剂使用中存在什么问题?

4. 食品添加剂安全性的常用指标有哪些?

5. 食品添加剂的使用原则是什么?

6. 食品添加剂的编码系统有哪些?

第二章　食品防腐剂

第一节　概述

一、食品腐败变质

食品腐败变质是指食品受到各种内外因素的影响,造成其原有化学性质或物理性质和感官性状发生变质,降低或失去其营养价值和商品价值的过程。食品腐败变质的程度和快慢,与食品的种类、组分、贮运条件、存放条件等因素有关。引起食品腐败变质的主要原因有以下三种:

1. 微生物作用

微生物几乎存在于自然界的一切领域,一般肉眼是看不到的。食品在常温下放置,很快就会受到微生物的污染和侵袭。引起食品腐败变质的微生物有细菌、酵母菌、霉菌等。对于肉、蛋、乳等高蛋白食品的腐败变质,常以细菌危害为主;而对于果蔬、粮食、面制品等低蛋白食品的腐败变质,常以霉菌、酵母菌危害为主。它们在生长和繁殖过程中会产生各种酶,破坏细胞壁后进入细胞内部,分解食品中的营养物质,降低食品质量,导致食品发生变质和腐烂。

2. 酶作用

酶作用是指食品在酶类作用下使营养成分分解变质的一种现象。由于植物性食品和动物性食品本身都含有一定量的酶,在适宜的条件下,酶分解食品中的蛋白质、脂肪和糖类等物质,产生氨、硫化氢等难闻气体和有毒物质,使食品变质。鱼、肉、蛋、乳等动物性食品,蛋白质含量丰富,保存不当就会腐败变质;而蔬菜和水果等植物性食品,虽然蛋白质含量较低,但在氧化酶的作用下,会促进自身的呼吸作用,消耗营养成分,导致枯黄乏味。植物的呼吸热还会使食品温度升高,加剧微生物的活动,从而加速食品的腐烂变质。

3. 环境因素作用

环境因素是指食品周围环境的温度、湿度、气体的成分和含量等。温度会加速食品的变质。高的湿度会给微生物提供良好的增殖条件。环境中的氧气对食品的影响最大,可产生一系列的反应,如非酶促褐变、油脂酸败、维生素破坏等。其中油脂的酸败,是油脂与空气中的氧气接触而被氧化,生成醛、酮、醇、酸等,使油脂本身变黏,比重增加,出现难闻的气味和有毒物质;维生素破坏如维生素 C、天然色素(如番茄红等)会发生氧化,使食品质量降低,进而变质。

为防止食品腐败变质,可采用腌制、糖渍、醋渍、发酵、烟熏、干燥等方法保藏食品。随着现代科技的发展,出现了更多的保藏新技术,如化学保藏、罐藏、冻藏、辐照保藏、超高压保藏、气调保鲜等。其中使用食品防腐剂的化学保藏是最有效、最简便、最经济的保藏方法,被人们广泛使用。

二、食品防腐剂应具备的条件

食品防腐剂指具有防止由微生物所引起的食品腐败变质和食物中毒、提高食品安全性、延长食品保质期作用的食品添加剂。其主要作用如果是抑制食品中微生物的繁殖,可称抑菌剂;如果是防止霉菌的生长,可称防霉剂。

理想的食品防腐剂应具备的条件有:

(1)安全、无毒或低毒。

(2)无色、无臭、无刺激性、无腐蚀性,稳定性好,不与食品发生化学反应。

(3)广谱高效抗菌,低浓度有效。

(4)不影响人体消化吸收,不影响肠道有益菌。

(5)价格低廉,使用方便,在食品中分散性好。

三、食品防腐剂的作用机理

食品防腐剂的防腐作用主要是通过延缓或抑制微生物的增殖来实现的。引起食品腐败变质的微生物细胞都有细胞壁、细胞膜、与代谢有关的酶、蛋白质合成系统、遗传物质等亚结构。加入食品中的防腐剂只要对与微生物生长相关的众多细胞亚结构中的某一个有影响,就可达到抑菌的目的。防腐作用主要有:

(1)作用于微生物的细胞壁或细胞膜:通过对微生物细胞壁或细胞膜的作用,影响其细胞壁质的合成或使细胞质膜中巯基的失活,可使三磷酸腺苷(ATP)等细胞物质渗出,进而导致细胞溶解。

(2)作用于微生物的细胞原生质:通过对部分遗传机制的作用,抑制或干扰微生物的正常生长,令其失活,从而使细胞凋亡。

(3)作用于微生物细胞中的蛋白质:通过使微生物中蛋白质的二硫键断裂,使蛋白质产生变性。

(4)作用于微生物细胞中的酶:通过影响微生物中酶的二硫键、敏感基团和与之相连的辅酶,抑制或干扰酶的活力,进而导致敏感微组织中的中间代谢机制丧失活性。

四、食品防腐剂分类

我国 GB 2760—2014 中食品防腐剂种类主要有苯甲酸及其钠盐、山梨酸及其钾盐、丙酸及其钠(或钙)盐、硝酸钠、硝酸钾、亚硝酸钠、亚硝酸钾、对羟基苯甲酸酯类及其钠盐、纳他霉素、乳酸链球菌素、ε-聚赖氨酸及其盐酸盐、溶菌酶、双乙酸钠、脱氢乙酸及其钠盐、乙酸钠、硫黄及二氧化硫、焦亚硫酸钠、2,4-二氯苯氧乙酸、单辛酸甘油酯、二甲基二碳酸盐、乙二胺四乙酸二钠等。食品防腐剂按来源不同可分为天然防腐剂和化学合成防腐剂两类。

1. 天然防腐剂

天然防腐剂根据其来源不同可以分为以下 3 类。

（1）植物源天然防腐剂

植物源天然防腐剂是指存在于植物体内，通过人工修饰、分解、蒸馏等方法制得的具有抑菌和防腐作用的一类物质，如茶多酚、海藻提取物、香辛料提取物、果胶分解产物等。

（2）动物源天然防腐剂

动物源天然防腐剂是指从动物组织或产物中提取或得到的一类有抗菌特性的物质，如溶菌酶、蜂胶、壳聚糖、昆虫抗菌肽、鱼精蛋白等。研究表明，动物源天然防腐剂具有抗菌性强、水溶性好、安全无毒、抑菌谱广等特点，在人体消化道内可降解为食物的正常成分，不干扰人体正常的消化道菌群组成，不影响药用抗生素的使用，而且还有一定的营养价值。

（3）微生物源天然防腐剂

微生物代谢产生的抗菌、抑菌物质是近年来天然食品防腐剂开发的一个热点。如纳他霉素、乳酸链球菌素、ε-聚赖氨酸等。

2. 化学合成防腐剂

（1）无机防腐剂

无机防腐剂主要包括亚硝酸盐、亚硫酸盐、二氧化碳等。其中亚硝酸盐能抑制肉毒梭状芽孢杆菌，防止肉毒杆菌中毒，但它主要是作为食品发色剂。亚硫酸盐可抑制某些微生物活动所需的酶，并具有酸型防腐剂的特性，但它主要是作为食品漂白剂。

（2）有机防腐剂

有机防腐剂主要包括有机酸及其盐类、酯类等，如苯甲酸钠、山梨酸钾、对羟基苯甲酸酯类。它们均需转变成相应的酸后才有效，因此又称为酸型防腐剂。在酸性条件下，有机防腐剂对霉菌、酵母及细菌都有一定的抑菌能力，常用于酱油、醋、果汁、饮料、罐头等食品的防腐。另外，丙酸及其盐类能有效抑制使面包生成丝状黏质的细菌，安全性高。

第二节　化学合成防腐剂

一、苯甲酸及其钠盐

苯甲酸（benzoic acid）是一种芳香酸类有机化合物，分子式为 $C_7H_6O_2$，相对分子质量122.12。最初由安息香胶制得，也称安息香酸。

苯甲酸钠（sodium benzoate）也称安息香酸钠，分子式为 $C_7H_5NaO_2$，相对分子质量144.11。1.18 g 苯甲酸钠的防腐效果相当于 1.0 g 苯甲酸的防腐效果。

1. 特性

苯甲酸为白色针状或鳞片状结晶。在常温下难溶于水（25 ℃，0.34 g/100 mL），微溶于热水（50 ℃，0.95 g/100 mL；95 ℃，6.8 g/100 mL），溶于乙醇（25 ℃，46.1 g/100 mL）、乙醚、氯仿、苯、松节油等。相对密度为 1.2659，沸点为 249.2 ℃，熔点为 122.13 ℃，100 ℃开始升华。

苯甲酸钠为白色颗粒或晶体粉末，无臭或微带安息香气味，味微甜，有收敛味。在空气中稳定，易溶于水（25 ℃，50.0 g/100 mL），水溶液 pH 为 8。可溶于乙醇（25 ℃，1.3 g/100 mL）。

苯甲酸及其钠盐是广谱抗菌剂,对酵母菌、部分细菌有很好的效果,对霉菌的效果一般。但它的抗菌有效性依赖于食品的 pH。随着介质酸度的提高,其杀菌、抑菌效力增强,但在碱性介质中,会失去杀菌、抑菌作用。其防腐的最适 pH 为 2.5～4.0。苯甲酸钠的防腐作用与苯甲酸相同,只是使用初期是盐的形式,当酸化转变为苯甲酸后才有防腐效果,因此苯甲酸钠要消耗食品中的部分酸。

2. 作用机制

苯甲酸及其钠盐是以其未解离的苯甲酸分子发生作用的,未解离的苯甲酸亲油性强,易透过细胞膜进入细胞内,干扰细菌和霉菌等微生物细胞膜的通透性,阻碍细胞膜对氨基酸的吸收,进入细胞内的苯甲酸分子,通过酸化细胞内的储碱,抑制微生物细胞内的呼吸酶系的活性,阻碍对乙酰辅酶 A 的缩合反应,从而抑制其能量代谢。

3. 毒性

苯甲酸大鼠经口 LD_{50} 为 2.53 g/kg,MNL 为 0.5 g/kg。实验表明,用添加 1% 苯甲酸的饲料喂养大鼠,四代实验后对成长、生殖无不良影响。用添加 5% 苯甲酸的饲料喂养大鼠,全部大鼠都出现过敏、尿失禁、痉挛等症状,而后死亡。用添加 8% 苯甲酸的饲料喂养大鼠,13 d 后,有 50% 左右死亡。成人每日服 1 g 苯甲酸,连续 3 个月,未呈现反应。苯甲酸入口后,经小肠吸收进入肝脏内,在酶的催化下大部分与甘氨酸化合成马尿酸,剩余部分与葡糖醛酸化合形成葡萄糖苷酸而解毒,并全部进入肾脏,最后随尿排出而解毒。

苯甲酸钠大鼠经口 LD_{50} 为 4.07 g/kg,ADI 为 0～5 mg/kg。按照 GB 2760—2014 使用,目前还未发现任何毒副作用。但由于苯甲酸解毒过程在肝脏中进行,因此对肝功能衰弱的人不适宜。

4. 使用

按照 GB 2760—2014,苯甲酸及其钠盐的使用标准见表 2-1。

表 2-1 苯甲酸及其钠盐使用标准

功能:防腐剂

食品名称	最大使用量/(g/kg)	备注
浓缩果蔬汁(浆)(仅限食品工业用)	2.0	
胶基糖果	1.5	
风味冰、冰棍类,果酱(罐头除外),腌渍的蔬菜,调味糖浆,醋,酱油,酱及酱制品,半固体复合调味料,液体复合调味料(不包括醋和酱油),果蔬汁(浆)类饮料,蛋白饮料,茶、咖啡、植物(类)饮料,风味饮料	1.0	以苯甲酸计,固体饮料按稀释倍数增加使用量
除胶基糖果以外的其他糖果,果酒	0.8	
复合调味料	0.6	
蜜饯凉果	0.5	
配制酒	0.4	
碳酸饮料,特殊用途饮料	0.2	

注意事项:苯甲酸的溶解度小,使用时应根据食品特点选用热水或乙醇溶解。因苯甲

酸易随水蒸气挥发,加热溶解时要戴口罩,避免损害操作人员。在配制食品时,应在配料温度 70 ℃以下时加入,既可防止苯甲酸随水蒸气挥发,又可达到较好的溶解,同时避免操作时随气体呼入体内。使用食品添加剂时,注意不应按最大用量加,以免水蒸气挥发时造成超标。另外,没有酒味的食品不能用乙醇溶解。苯甲酸钠可直接用洁净的水配制成较浓的水溶液,然后再按标准加入食品中,如在清凉饮料用的浓缩果汁中常使用苯甲酸钠。

一般汽水、果汁使用苯甲酸钠时,多在配制糖浆后添加,即先将砂糖溶化,煮沸加无菌水稀释后,一边搅拌一边将苯甲酸钠加入糖浆中。配制时要先加苯甲酸钠,摇匀后再加酸性物质及其他配料,以免影响苯甲酸钠的溶解度,产生络合物,因为如果先加酸性物质或同时加入,苯甲酸钠与酸性物质就会反应,出现絮状物沉淀。

二、山梨酸及其钾盐

山梨酸(sorbic acid)又名 2-4-己二烯酸、花楸酸,分子式为 $C_6H_8O_2$,相对分子质量 112.13。山梨酸钾(potassium sorbate)分子式为 $C_6H_7KO_2$,相对分子质量 150.22。

1. 特性

山梨酸为无色针状结晶体粉末,无臭或微带刺激性臭味。难溶于水(20 ℃,0.16 g/100 mL),溶于乙醇(20 ℃,14.8 g/100 mL)、丙二醇、植物油等。熔点为 132～135 ℃,沸点为 228 ℃(分解),耐热性好,在 140 ℃下加热 3 h 无变化。是不饱和脂肪酸,长期暴露在空气中则易被氧化而失效。

山梨酸钾为白色或浅黄色鳞片状结晶或颗粒或粉末状,无臭或微有臭味。易溶于水(20 ℃,67.6 g/100 mL),溶于乙醇、丙二醇。1%山梨酸钾水溶液的 pH 为 7～8。相对密度为 1.363,熔点为 270 ℃,易吸潮,易氧化分解。

山梨酸钾可以有效抑制霉菌、酵母菌、好氧细菌的活性,还可以防止沙门氏菌、葡萄球菌、肉毒杆菌等微生物的繁殖,但对厌氧性芽孢菌、嗜酸乳杆菌等微生物无效。其抑制发育作用要强于其杀菌作用,从而不仅能延长食品保存期,还能保持食品原有的风味。

2. 作用机制

山梨酸及其钾盐能与微生物酶系统的巯基相结合,进而抑制这些酶的活性,还能干扰电子传递链(如细胞色素 C 对氧的传递)和细胞膜表面能量传递,影响微生物能量代谢,从而抑制微生物增殖,达到防腐的目的。

3. 毒性

山梨酸大鼠经口 LD_{50} 为 7.36 g/kg,MNL 为 2.5 g/kg。实验表明,用添加 4%、8%山梨酸的饲料喂养大鼠,经 90 d,4%剂量组未发现病态异常现象,8%剂量组肝脏微肿大,细胞轻微变性。用添加 0.1%、0.5%和 5%山梨酸的饲料喂养大鼠 100 d,对大鼠的生长、繁殖、消化、存活率均未发现不良影响。山梨酸可参与人体新陈代谢,在人体中无特异的代谢效果,不会对人体产生毒害。

山梨酸钾大鼠经口 LD_{50} 为 10.5 g/kg,属于 GRAS 级别(GRAS 即一般认为安全,是美国食品药品监督管理局的检验标记,证明食品安全可用),因此山梨酸钾是公认的低毒、安全、高效的食品防腐剂。

山梨酸及其钾盐的 ADI 为 0～25 mg/kg(以山梨酸计)。应注意山梨酸易被氧化,保藏期过长的产品、不合格产品中的山梨酸的氧化中间产物会产生异味,甚至损伤机体细胞,影响细胞膜的通透性。

4. 使用

按照 GB 2760—2014,山梨酸及其钾盐的使用标准见表 2-2。

表 2-2 山梨酸及其钾盐的使用标准

功能:防腐剂、抗氧化剂、稳定剂

食品名称	最大使用量/(g/kg)	备注
浓缩果蔬汁(浆)(仅限食品工业用)	2.0	
胶基糖果,肉类灌肠,其他杂粮制品(仅限杂粮灌肠制品),方便面制品(仅限米面灌肠制品),蛋制品(改变其物理性状)	1.5	
干酪和再制干酪及其类似品,氢化植物油,人造黄油及其类似制品,果酱,腌制蔬菜,豆干再制品,新型豆制品(大豆蛋白及其膨化食品、大豆素肉等),除胶基糖果外的其他糖果,面包,糕点,焙烤食品馅料及表面用挂浆,风干、烘干、压干等水产品,熟制水产品(可直接食用),其他水产品及其制品,调味糖浆,醋,酱油,复合调味料,乳酸菌饮料	1.0	以山梨酸计,固体饮料按稀释倍数增加使用量
果酒	0.6	
配制酒(仅限青稞干酒)	0.6 g/L	
风味冰、冰棍类,经表面处理的鲜水果,经表面处理的新鲜蔬菜,蜜饯凉果,加工食用菌和藻类,盐渍蔬菜,酱渍蔬菜,酱及酱制品,果冻(如用于果冻粉,以冲调倍数增加),蜜饯凉果类,酱及酱制品,饮料类(包装饮用水除外),胶原蛋白肠衣	0.5	
配制酒	0.4	
葡萄酒	0.2	
熟肉制品,预制水产品(半成品)	0.075	

注意事项:山梨酸较难溶于水,使用时先将其溶于乙醇或碳酸氢钠、碳酸氢钾等碱性溶液中,有利于混合均匀。山梨酸较易挥发,应尽可能避免加热。使用时,可用 15～20 倍山梨酸的温水(45～55 ℃)进行溶解。为防止氧化,溶解山梨酸时不得使用铜、铁等容器,因为这些离子的溶出会催化其氧化过程。山梨酸挥发会严重刺激眼睛,在使用时,要防止其溅入眼内。一旦进入眼内,须立即用水冲洗。山梨酸在保存时要注意防湿、防热(<38 ℃),密封包装完整,防止氧化。

山梨酸钾易溶于水,且溶解状态稳定,使用方便,在防腐效果上,1 g 山梨酸钾相当于山梨酸 0.746 g。需注意在使用时有可能会引起食品的碱度升高。配料时,应先加山梨酸钾溶解液,后加酸液,以免产生絮状物。

与其他防腐剂复配使用时,山梨酸与苯甲酸、丙酸、丙酸钙等防腐剂可产生协同作用,强化防腐效果。与其他任何一种防腐剂复配使用时,其使用量按山梨酸及另一防腐剂的总量计,应低于山梨酸的最大使用量。

三、丙酸及其钠盐、钙盐

丙酸钠(sodium propionate)分子式为$C_3H_5O_2Na$,相对分子质量96.063。

丙酸钙(calcium propionate)分子式为$C_6H_{10}O_4Ca$,相对分子质量186.22(无水)。

1. 特性

丙酸钠为无色透明结晶或颗粒状结晶粉末,无臭或微带特殊臭味。易溶于水(15 ℃,100 g/100 mL),溶于乙醇(15 ℃,4.4 g/100 mL),微溶于丙酮(15 ℃,0.05 g/100 mL)。在湿空气中会潮解。

丙酸钙为白色轻质鳞片状晶体,白色颗粒或粉末,无臭或微带丙酸气味。对水和热稳定,有吸湿性,易溶于水(20 ℃,39.9 g/100 mL),不溶于乙醇、醚类。其10%水溶液的pH为8~10。

丙酸钠和丙酸钙在酸性环境中对各类霉菌、革兰氏阴性菌、好氧芽孢杆菌、黄曲霉毒素有较强的抑制作用,而对酵母菌无作用,对人畜无害,无毒副作用,是食品、酿造、饲料等领域的一种新型、高效、安全的食品与饲料用防霉剂。

2. 作用机制

丙酸钠和丙酸钙都是酸性食品防腐剂,在酸性条件下产生游离丙酸,抑制微生物合成β-丙氨酸而起到抗菌作用。其抑菌作用受环境pH的影响,在pH为5.0时霉菌的抑制作用最佳,最小抑菌浓度为0.01%,其pH应小于5.5。

3. 毒性

丙酸钠小鼠经口LD_{50}为5.1 g/kg。丙酸钙小鼠经口LD_{50}为3.3 g/kg,大鼠经口LD_{50}为5.16 g/kg。丙酸对大鼠的生长、繁殖和主要内脏器官无影响。丙酸是人体正常代谢的中间产物,完全可被代谢和利用,安全无毒,其ADI不作限制性规定。

丙酸钙是世界卫生组织和联合国粮食及农业组织批准使用的安全可靠的食品与饲料用防霉剂。丙酸钙可以通过代谢被人畜吸收,并供给人畜必需的钙,这一优点是其他防霉剂所无法相比的,被认为是GRAS级别。

4. 使用

按照GB 2760—2014,丙酸及其钠盐、钙盐的使用标准见表2-3。

表 2-3　丙酸及其钠盐、钙盐的使用标准

功能:防腐剂

食品名称	最大使用量/(g/kg)	备注
浸泡杨梅(杨梅罐头加工用)	50.0	
豆类制品,面包,糕点,酱油,醋	2.5	以丙酸计
原粮	1.8	
生湿面制品(如面条、饺子皮、馄饨皮、烧卖皮)	0.25	

注意事项:丙酸钙抑制霉菌的有效剂量比丙酸钠小,但它会削弱化学膨松剂的作用,故常用丙酸钠。丙酸钙的优点是在糕点、面包、乳酪中使用,可补充食品中的钙质,且能抑制面团发酵时枯草杆菌的繁殖。

四、对羟基苯甲酸酯类及其钠盐

对羟基苯甲酸酯类(p-hydroxy benzoates)也称尼泊金酯类,包括对羟基苯甲酸甲酯、对羟基苯甲酸乙酯、对羟基苯甲酸丙酯、对羟基苯甲酸丁酯和对羟基苯甲酸异丁酯,都对食品具有防腐作用,其中以对羟基苯甲酸丁酯的防腐作用最好。我国主要使用对羟基苯甲酸甲酯及其钠盐、对羟基苯甲酸乙酯及其钠盐。

对羟基苯甲酸甲酯(methyl-p-hydroxy benzoate)分子式为 $C_8H_8O_3$,相对分子质量152.15。

对羟基苯甲酸乙酯(ethyl-p-hydroxy benzoate)分子式为 $C_9H_{10}O_3$,相对分子质量166.18。

1. 特性

对羟基苯甲酸甲酯为白色结晶粉末或无色结晶,无臭或微带特殊气味,稍有焦煳味。难溶于水(25 ℃,0.25 g/100 mL)、甘油、非挥发性油、苯、四氯化碳,易溶于乙醇(40 g/100 mL)、乙醚(14.29 g/100 mL)、丙二醇(25 g/100 mL)。熔点为131 ℃。

对羟基苯甲酸乙酯为白色晶体粉末,几乎无味,稍有麻舌感的涩味,耐光和热。无吸湿性。微溶于水(25 ℃,0.17 g/100 mL),易溶于乙醇(70 g/100 mL)、丙二醇(25 g/100 mL)、花生油(1 g/100 mL)。熔点为116～118 ℃,沸点为297.5 ℃。

对羟基苯甲酸酯类具有广泛的抗菌防腐作用,对霉菌、酵母菌的作用较强,对细菌特别是革兰氏阴性菌、乳酸菌的作用较弱,但由于其具有酚羟基结构,总体的抗菌防腐作用较苯甲酸和山梨酸强。

2. 作用机制

对羟基苯甲酸酯类的作用机理是通过抑制微生物细胞的呼吸酶系与电子传递酶系的活性,破坏微生物细胞膜的结构。其抗菌防腐作用是由未水解的酯分子起作用,因此不受pH 变化的影响,在 pH 为 4～8 的范围内都有良好的效果。而苯甲酸和山梨酸均为酸性防腐剂,它们在 pH>5.5 的食品中抑菌效果很差。

3. 毒性

对羟基苯甲酸甲酯小鼠经口 LD_{50} 为 8.0 g/kg,ADI 为 0～10 mg/kg。对羟基苯甲酸乙酯小鼠经口 LD_{50} 为 5.0 g/kg,ADI 为 0～10 mg/kg。对羟基苯甲酸酯类在胃中能迅速完全被吸收,并水解为对羟基苯甲酸,从尿中排出,不在体内蓄积。

4. 使用

按照 GB 2760—2014,对羟基苯甲酸酯类及其钠盐的使用标准见表2-4。

表 2-4　对羟基苯甲酸酯类及其钠盐的使用标准

功能:防腐剂

食品名称	最大使用量/(g/kg)	备注
焙烤食品馅料及表面用挂浆(仅限糕点馅)	0.5	以对羟基苯甲酸计,固体饮料按稀释倍数增加使用量
果酱(除罐头外),酱油,酱及酱制品,醋,蚝油、虾油、鱼露等,果蔬汁(浆)类饮料,风味饮料(仅限果味饮料)	0.25	
碳酸饮料,热凝固蛋制品(如蛋黄酪、松花蛋肠)	0.2	
经表面处理的鲜水果,经表面处理的新鲜蔬菜	0.012	

注意事项:对羟基苯甲酸酯类最大的缺点是其有特殊的气味,在水中溶解度差,其溶解

度随酯基碳键长度的增加而下降(如甲酯为 0.25 g/100 g,庚酯为 1.5 mg/100 g),而毒性则相反。通常是将其配制成氢氧化钠溶液、乙醇溶液或乙酸溶液使用。对羟基苯甲酸甲酯的杀菌力低,通常与对羟基苯甲酸乙酯和对羟基苯甲酸丙酯复配使用,可提高溶解度,并有增效作用。其防腐活性与溶液 pH 有关:当 pH 为 7 时,其活性为原有活性的 2/3;当 pH 为 8.5 时,其活性只为原有活性的一半。对羟基苯甲酸酯类会被一些高分子化合物如甲基纤维素、明胶蛋白质等束缚而使其失去防腐活性。

第三节　天然防腐剂

一、乳酸链球菌素

乳酸链球菌素(nisin)也称乳酸链球菌肽、尼辛,由乳酸链球菌发酵培养精制而成。分子式为 $C_{143}H_{228}N_{42}O_{37}S_7$,相对分子质量为 3354.07。它是由乳酸链球菌产生的一种多肽物质,由 34 个氨基酸残基组成,其单体含有 5 种稀有氨基酸:氨基丁酸(ABA)、脱氢丙氨酸(DHA)、R-甲基脱氢丙氨酸(DHB)、羊毛硫氨酸(ALA-S-ALA)、β-甲基羊毛硫氨酸(ALA-S-ABA),通过硫醚键形成五元环。乳酸链球菌素在天然状态下主要有两种形式,分别为 Nisin A 和 Nisin Z。

1. 特性

乳酸链球菌素为白色或淡黄色的结晶性粉末或颗粒,略带咸味。使用时需溶于水或液体中。不同 pH 下溶解度不同,pH 为 2.5 时溶解度为 12%,pH 为 8.0 时溶解度为 4%,在 0.02 mol/L HCl 中溶解度为 118.0 mg/L。产品中由于含有乳蛋白,其水溶液呈轻微的混浊。

乳酸链球菌素能抑制大部分革兰氏阳性菌及其芽孢的生长和繁殖,包括产芽孢杆菌、耐热腐败菌、产胞梭菌等,而对酵母菌和霉菌等无作用。

2. 作用机制

乳酸链球菌素作为阳离子表面活性剂,会影响细菌胞膜,抑制革兰氏阳性菌细胞壁的形成。对微生物的作用先是分子吸附细胞膜,在此过程中,pH、Mg^{2+}、乳酸浓度、氮源种类等均可影响其吸附。带有正电荷的乳酸链球菌素吸在膜上后,利用离子间的相互作用及其分子的 C 末端、N 末端对膜结构产生作用,形成"穿膜孔道",从而引起细胞内物质泄漏,导致细胞解体死亡。

3. 毒性

乳酸链球菌素大鼠经口 LD_{50} 为 7 g/kg(雄性),6.81 g/kg(雌性)。ADI 为 0~33000 IU/kg 体重。食用后在人体的生理 pH 条件和 α-胰凝乳蛋白酶作用下很快水解成氨基酸,不会改变人体肠道内正常菌群,不会产生其他抗生素所出现的抗性问题,更不会与其他抗生素出现交叉抗性,是一种高效、无毒、安全、无副作用的天然食品防腐剂。

4. 使用

按照 GB 2760—2014,乳酸链球菌素的使用标准见表 2-5。

表 2-5　乳酸链球菌素的使用标准

功能:防腐剂

食品名称	最大使用量/(g/kg)	备注
乳及乳制品(复原乳及婴幼儿配方食品除外),预制肉制品,熟肉制品,熟制水产品(可直接食用)	0.5	固体饮料按冲调倍数增加使用量
其他杂粮制品(仅限杂粮灌肠制品),方便米面制品(仅限方便湿面制品),方便米面制品(仅限米面灌肠制品),蛋制品(改变其物理性状)	0.25	
食用菌和藻类罐头,杂粮罐头,酱油,酱及酱制品,复合调味料,饮料类(包装饮用水除外)	0.2	
醋	0.15	

注意事项:乳酸链球菌素一般先用盐酸溶解后再加入食品中。可与络合剂(如 EDTA、柠檬酸)等一起作用,使部分细菌对之敏感;也可与化学防腐剂结合使用,从而减少化学防腐剂的用量。

乳酸链球菌素主要用于蛋白质含量高的食品,如肉类、豆制品等;不能用于蛋白质含量低的食品中,否则会被微生物作为氮源利用。在牛乳及其加工产品、罐头食品中,往往采用巴氏消毒法进行消毒,由于杀菌温度较低,虽能杀菌,但会残留耐热性孢子,而乳酸链球菌素具有很强的杀芽孢能力,在牛奶中加入 10 IU/mL 的乳酸链球菌素,经较低的温度处理后,可长久保存而不变质。

二、纳他霉素

纳他霉素(natamycin)是以一种由链霉菌发酵产生的天然抗真菌化合物,属于多烯大环内酯类,是具有活性的环状四烯化合物,含 3 个以上的结晶水。分子式为 $C_{33}H_{47}NO_{13}$,相对分子质量 665.73。

1. 特性

纳他霉素为近白色或奶油黄色结晶性粉末,不溶于水,微溶于甲醇,溶于稀酸、冰乙酸等。

纳他霉素可以广泛有效地抑制各种霉菌、酵母菌的生长,又能抑制真菌毒素的产生,可广泛用于食品防腐保鲜以及抗真菌。

2. 作用机制

纳他霉素的作用机理是:与真菌的麦角甾醇以及其他甾醇基团结合,阻遏麦角甾醇生物合成,从而使细胞膜畸变,最终导致渗漏,引起细胞死亡。但它没有抗菌活性。这是由于真菌的细胞膜含有麦角甾醇,而细菌的细胞膜中不含有这种物质。另外,纳他霉素对于抑制正在繁殖的活细胞效果很好,而对于休眠细胞则需要较高的浓度,同时,对真菌孢子也有一定的抑制作用。

3. 毒性

纳他霉素大鼠经口 LD_{50} 为 2.73 g/kg,ADI 值为 0~0.3 mg/kg。纳他霉素是目前国际上唯一的抗真菌微生物防腐剂。对人体无害,人体消化道很难吸收,而微生物很难对其产生抗性,同时因为其溶解度很低等特点,通常用于食品的表面防腐。纳他霉素是一种天然、安全、广谱、高效的酵母菌和霉菌抑菌剂。

4. 使用

按照 GB 2760—2014,纳他霉素的使用标准见表 2-6。

表 2-6　纳他霉素的使用标准

功能:防腐剂

食品名称	最大使用量/(g/kg)	备注
干酪和再制干酪及其类似品,糕点,酱卤肉制品类,熏、烧、烤肉类,油炸肉类,西式火腿(熏烤、烟熏、蒸煮火腿)类,肉灌肠类,发酵肉制品类,果蔬汁(浆)	0.3	表面使用,混悬液喷雾或浸泡,残留量<10 mg/kg
蛋黄酱、沙拉酱	0.02	
发酵酒	0.01 g/L	

注意事项:由于纳他霉素的最大使用量是最大残留量的 30 倍,因此如果生产企业按照最大使用量使用纳他霉素,那么残留量很有可能超过最大残留量。另外,纳他霉素的使用方法是表面喷涂,如果喷涂方式不当,例如喷头太大,雾化不均匀,会使一些产品长时间被喷到,也会导致残留量超标。

第四节　防腐剂应用实例

一、防腐剂的合理使用

利用防腐剂进行食品防腐保鲜是一种不可缺少的重要手段,食品防腐剂的使用,对食品工业的发展发挥了巨大的作用。

1. 有针对性地使用

如肉类食品的腐败菌以细菌为主,可选择山梨酸钾、乳酸链球菌素等食品防腐剂;水果、蔬菜、焙烤类食品的腐败菌以真菌为主,可选择防霉效果好的丙酸钠、丙酸钙、纳他霉素等食品防腐剂;酱油、醋等调味品和酸性食品的主要腐败菌是酵母菌和霉菌,可选择苯甲酸钠,防腐效果良好,且成本低。

2. 复配使用,增强防腐效果

一般两种以上防腐剂复配使用,可以发挥协同作用,拓展抑菌范围,提高抑菌能力。如苯甲酸钠和山梨酸钾复配使用要比单独使用能抑制更多的菌。复配使用应遵循的原则是:有互补作用和增效作用的可以复配使用;抑菌谱互补的可以复配使用;作用方式互补的,如保护性杀菌剂与内吸剂、速效杀菌剂与迟效杀菌剂,可以复配使用。复配使用防腐剂必须符合国家标准规定,用量应按比例折算且不超过最大使用量。

3. 交替使用,避免抗药性

抗药性是指微生物对食品防腐剂的敏感性降低,从而导致食品防腐剂的防腐抑菌作用减弱或丧失。要区别适应性(非遗传性)和突变性(遗传性):适应性是指在防腐剂作用停止时,微生物的抵抗力就消失,突变性则指仍然保持其抵抗力。不同防腐剂应交替使用,降低抗药性。

为降低抗药性,使用时应注意,一种防腐剂要达到预期的效果必须有一定的浓度。因此,绝不能"少量多次"地使用,而必须是在使用一开始就达到足够的浓度,然后再维持在特定浓度。

4."防"与"保"有机结合,增强防腐保鲜效果

在食品防腐保鲜中,对于微生物必须注重"防",对食品固有的色、香、味、形、营养成分必须注重"保"。

5. 严格卫生管理,及时添加,混合均匀

食品加工中应严格进行清洗、消毒操作,减少微生物污染。食品污染越轻,初始活菌数越少时,及时添加食品防腐剂,防腐效果越好。食品防腐剂必须均匀分布于食品中,或均匀喷洒在食品表面,才能充分发挥其作用。

二、防腐剂应用实例

1. 天然防腐剂

以纳他霉素在食品中的应用为例,具体如下所述。

(1)在乳酪中的应用

纳他霉素可防止乳酪在成熟时发霉,以限制霉菌毒素的形成。因为它很难透入乳酪,只停留在乳酪表面,所以在控制乳酪表面霉菌生长上很有优势,而且不影响乳酪的成熟过程。具体的应用方法有 3 种:

①将 0.05%～0.28%纳他霉素喷于乳酪制品的表面。

②将盐渍后的乳酪在 0.05%～0.28%纳他霉素悬浮液中浸泡 2～4 min。

③将 0.05%纳他霉素加到覆盖乳酪的涂层中。

(2)在肉类和肉制品中的应用

肉类中含有的蛋白质、脂肪等营养物质易受到微生物、内源酶等作用而变质。纳他霉素主要通过浸泡或喷涂的方式被广泛应用于肉类制品的保鲜中。使用浓度为 0.015%～0.03%的纳他霉素处理可有效防止肉类制品的腐败变质,起到抑菌的效果。以 0.05%～0.2%(w/v)纳他霉素悬浮液浸泡肠衣,或用来浸泡或喷洒已经填好馅料的香肠表面,都可有效地防止香肠表面长霉。烤肉、烤鸭等烤制品、鱼干制品,也可通过喷洒 0.05%～0.1%(w/v)纳他霉素悬浮液,延长产品的货架期。

(3)在糕点中的应用

①广式月饼:饼皮饼馅以及咸蛋黄都常会发生霉变。纳他霉素对月饼有良好的防霉效果。使用时一般采用喷洒法:将纳他霉素产品配制成 0.02%～0.04%的悬浮液,月饼烘烤后冷却至常温时,将纳他霉素的悬浮液喷涂在月饼的表面四周及底部,即可完成外部防霉。生咸蛋黄入炉烤至七八成熟,取出冷却后浸泡于纳他霉素悬浮液中约 2 min,即可防止蛋黄馅的霉变。

②面包糕点:将 0.01%～0.05%纳他霉素溶液喷在烘焙食品如蛋糕、白面包、酥饼的表面,或将纳他霉素喷洒在未烘烤的生面团的表面,其防霉保鲜效果非常理想,对产品的口感

不产生任何影响。

另外,在年糕和馒头中使用纳他霉素,可防止霉变,有效地延长货架期。

(4)在沙拉酱中的应用

沙拉酱是一种高脂肪食品,入夏后常有霉变发生。实验表明,加入0.001%纳他霉素,可有效抑制霉菌。考虑到生产过程中纳他霉素的损耗,建议添加量为0.002%。

(5)在酱油中的应用

在室温较高的夏季,在酱油中添加0.0015%纳他霉素,可有效抑制酵母菌的生长与繁殖,防止白花的出现。将纳他霉素和乳酸链球菌素结合起来应用于酱油防霉,可以更有效地抑菌,并降低抑菌浓度。

(6)在饮料中的应用

各种果汁中糖分、有机酸的含量均较高,很适合酵母菌的生长繁殖,引起果汁的腐败变质。使用纳他霉素可以提高非酒精饮料的贮存稳定性。

①葡萄汁:0.002%纳他霉素可防止因酵母的污染而导致的果汁发酵,添加0.01%可完全终止发酵活性。

②橙汁:橙汁中加入纳他霉素后,即使其剂量低至0.000125%,在2~4 ℃下,保质期可长达8周。纳他霉素的抑菌效果与存放温度有一定的关系,10 ℃存放的浓缩橙汁,0.001%纳他霉素可抑制其中的酵母生长;在室温下,则需0.002%纳他霉素才有抑菌作用。

③苹果汁:0.003%纳他霉素可防止苹果汁中酵母生长(时间长达6周),且果汁的原有风味不改变。

④番茄汁:0.007%纳他霉素对番茄汁有很好的防霉保鲜效果。

(7)其他

①啤酒、葡萄酒:0.00025%纳他霉素可使其保质期大大延长。

②酸奶:0.0005%～0.001%纳他霉素可使产品的货架期延长4周以上。

2. 化学合成防腐剂

以山梨酸及其钾盐类在食品中的应用为例,具体如下所述。

(1)在肉制品中的应用

肉制品中常用的化学防腐剂是山梨酸及其钾盐类和硝酸盐等,其中山梨酸及其钾盐类因具有低毒、高安全性、良好的抗菌性能及可降低肉制品中亚硝酸盐含量等优点,被广泛应用于抑制肉类及其制品中酵母菌、霉菌和嗜冷菌的生长,以此来延长肉制品的保质期。

(2)在酱菜中的应用

山梨酸钾因用量低、毒性小、几近无味等特点,在酱菜腌制过程中应用较为广泛。在酱菜制作过程中,一般会将香料、食盐和适量山梨酸钾混合在水中溶解,再加入醋进行调味,不仅可以保持酱菜及其他腌制产品的新鲜度及口感,防止酱菜腐败变质,还可有效避免酱菜制品中出现盐水混浊的现象,延长酱菜保存时间。

(3)在水果蔬菜中的应用

有研究表明,蔬菜表面涂上山梨酸钾,可在30 ℃条件下存放1个月,且不会改变蔬菜的颜色。将0.05%～0.10%的山梨酸钾加入蔬菜制品中,可以提高蔬菜对水分的吸收率,同时可防止发霉。依照水果的不同品种及特性,将0.05%～0.10%的山梨酸钾加入水果制品中,能够有效防止其腐败变质。

（4）在水产品中的应用

在鱼、贝、虾等水产品中,低于 0.1％的山梨酸钾添加量对真菌、酵母菌和嗜冷菌的生长有抑制作用。将新鲜的鱼、虾或其他水产品彻底清洗并浸泡在山梨酸钾溶液中,20 s 后取出,弃去溶液并冷藏,将有效延长鱼、虾的保质期。以 0.10％～0.14％的用量在鱼制品中加入山梨酸钾,防腐效果更佳。有研究表明,酱油蒸煮鱼虾后,加入适量山梨酸钾,可在 10～15 ℃的温度下保存 2 个月不变质。

（5）在软饮料中的应用

在山楂汁饮料和酸梅汁饮料中加入 0.2％的山梨酸,可以抑制顽固真菌的生长,延长饮料保质期约 6 个月。相关实验研究表明,在软饮料中加入少量山梨酸钾并通过其他方式辅助,可以有效延长饮料的保质期,且不会影响食品的相关感官指标。

（6）在糖果、果脯和果酱中的应用

一般的夹心糖如花生糖和杏仁糖,可以添加适量的山梨酸钾,具有防腐保鲜的效果。将 0.025％～0.05％山梨酸和果子酱一起熬煮后,能够有效防止果子酱霉变;与此同时,将 0.05％山梨酸添加到番茄酱里,也能够达到防止腐败变质的效果。

（7）在调味制品中的应用

在 pH 为 5 的酱油中添加山梨酸钾,能够有效防止酱油霉变,保证其品质,延长其保质期;在 pH 为 4.7 的蚝油中添加山梨酸钾,可使微生物的生长受到明显抑制。山梨酸钾应用于各类调味品中,不仅能够防止腐败,还能够预防调味品二次发酵。

（8）在焙烤食品中的应用

山梨酸钾可用于酵母和烘焙食品的防腐保鲜中,如面包和糕点等。面包、蛋糕等含水量高,糖类等营养成分充足,细菌等微生物容易生长,会加速食物变质。因此,在烘焙食品保存过程中,需要特殊的复合防腐剂,而山梨酸钾便是这类防腐剂的重要组成部分,其在烘焙食品上添加或喷洒可以大大延长食品的保质期。

思考题

1. 什么是食品防腐剂？理想的食品防腐剂应具备哪些条件？
2. 食品防腐剂如何分类？
3. 常用的化学合成防腐剂有哪些？如何使用？
4. 常用的天然防腐剂有哪些？如何使用？
5. 如何合理使用食品防腐剂？
6. 山梨酸及其钾盐类可应用于哪些食品中？
7. 纳他霉素可应用于哪些食品中？

第三章　食品抗氧化剂

第一节　概述

一、食品氧化变质

食品氧化变质的主要形式是油脂的氧化变质。天然油脂或含油食品暴露在空气中会自发地进行氧化,使其性质、风味发生改变,称为酸败或哈败。油脂的自动氧化遵循自由基反应机制,反应过程中产生许多短链羰基化合物,如醛、酮、羧酸等,它们是产生酸败的主要物质。

食品氧化变质,不仅导致食品发生油脂氧化酸败、褪色、褐变、风味劣变、维生素和必需脂肪酸被破坏等,降低食品品质和营养价值,还会产生有毒有害物质,引起食物中毒,危害人体健康。

二、控制食品氧化变质的方法

为避免或延缓食品和原料在生产、贮存、运输中的氧化现象发生,减少因氧化变质带来的损失和影响,需要采取一定的理化方法进行控制。

1. 密封避光包装

光照和辐射可加速自由基的产生和传递,同时引发链式氧化反应,密封有助于隔离环境空气中的氧气。如使用棕色或有色容器,或者采用不透光、不透气的包装材料进行真空密封。

2. 填充惰性气体、浸泡、涂膜处理

在食品包装内填充一定的惰性气体,以排出包装内的残留空气,起到隔离氧气,从而避免食物与环境氧接触和反应的作用。通常使用 CO_2、N_2 等惰性气体作为填充气,同时需要包装材料具有一定强度与较好的密封性。

浸泡是利用一些还原性物质的溶液,在食物加工前进行抗氧化处理,以避免或减轻氧化带来的褐变现象。如使用抗坏血酸、亚硫酸盐等溶液对去皮后的水果或果蔬切片进行护色处理。

涂膜处理是在食物表面涂上一层混合成分的液体,经过干燥后形成均匀的保护膜,隔离食物与空气,减少由于细菌侵染而造成的变质。多用作对新鲜水果或果蔬切片的保护处理,避免其氧化造成褐变而影响感官品质。

3. 降低贮存温度

温度能改变许多化学反应的平衡点和平衡常数,是促进氧化反应、自由基诱发和传递的重要因素,因此在贮存或运输过程中宜采用低温条件或降温操作,来避免或延缓氧化反应的发生和加剧。

4. 使用脱氧剂

脱氧剂又称吸氧剂、除氧剂,是具有与氧亲和或反应的活性物质。在常温下可与局部环境氧发生反应,通过消耗残留氧使食品处在相对无氧状态,以防止食品营养成分和风味成分的氧化,从而达到抗氧化保质的目的。

脱氧剂一般分为无机类和有机类。无机类包括亚铁盐、亚硫酸盐、金属粉类等物质,主要通过直接与残留氧反应而消耗氧;有机类包括含氧化酶的葡萄糖粉,主要利用酶促葡萄糖氧化而消耗残留氧。

脱氧剂虽属于具有抗氧化能力的物质,但不直接添加在食品中使用,而是单独置于透气袋中与食品混装一起。一般在使用前需密封存放(葡糖氧化酶则与葡萄糖分装),以免过早被氧化而失效。使用时,将脱氧剂移入透气袋中,与需保鲜的食品在独立密封条件下放在一起。因此,许多国家(包括中国)将其列入食品工业用加工助剂中。

5. 添加抗氧化剂

(1)还原型抗氧化剂

还原型抗氧化剂是利用自身的还原特性,先于保护食物进行氧化反应,起到屏蔽氧化的作用。反应中既消耗了食物中的残留氧,同时可与活泼自由基结合,以此终止或延缓油脂成分在贮存和加工过程中的链式氧化反应。

(2)螯合型抗氧化剂

食品中许多氧化反应与某些金属离子有关,如 Cu^{2+}、Ca^{2+}、Fe^{3+}、Mg^{2+}、Mn^{2+}、Cr^{3+}、Co^{2+} 等。这些金属离子具有催化、引发、加速自由基的产生和氧化反应的作用,有些高价态离子本身就有氧化性。螯合剂的使用是对诱发自由基或催化氧化作用的离子进行络合与封闭,以降低对氧化反应的催化活性,从而达到抗氧化的目的。因此,我国将螯合剂列入食品抗氧化剂的名单。

三、食品抗氧化剂应具备的条件

食品抗氧化剂是指能防止或延缓食品成分氧化分解、变质,提高食品稳定性的物质。理想的食品抗氧化剂应具备的条件如下:

(1)具有优良的抗氧化效果。

(2)本身及分解产物都无毒、无害。

(3)稳定性好,可与食品共存,不影响食品的感官性质。

(4)使用方便,价格便宜。

四、食品抗氧化剂分类

1. 按来源分类

食品抗氧化剂按来源不同可分为天然抗氧化剂和化学合成抗氧化剂两类。

（1）天然抗氧化剂

天然抗氧化剂主要来源于动植物体内或微生物代谢产生的物质，通过一定的分离方法制得，如混合生育酚浓缩物与愈疮树脂等。天然抗氧化剂的特点是无毒、安全、绿色、天然，其成分的来源包括某些草本植物、香辛料、茶叶、油料种子、果蔬、酶、蛋白质水解物等。

（2）化学合成抗氧化剂

化学合成抗氧化剂需要一定化学反应和使用一些化工试剂或原料制得，如 BHA、BHT等。从反应副产物与产品纯度的角度分析，化学合成抗氧化剂的食用安全性不如天然抗氧化剂，但在应用范围、使用效果、加工成本、产量方面，都优于天然抗氧化剂。

2. 按性质分类

食品抗氧化剂按性质（溶解性）的不同可分为油溶性抗氧化剂和水溶性抗氧化剂两类。

（1）油溶性抗氧化剂

油溶性抗氧化剂适用于油脂和含油脂较多的食品抗氧化，防止氧化酸败。主要有BHA、BHT、PG（没食子酸丙酯）、TBHQ、维生素 E 等。

（2）水溶性抗氧化剂

水溶性抗氧化剂多用于果蔬的加工或保鲜，防止果蔬的酶促褐变。主要有抗坏血酸及其盐类、异抗坏血酸及其盐类等。

五、抗氧化机制

食品抗氧化剂的种类很多，抗氧化机制比较复杂，主要有：

（1）通过抗氧化剂的还原反应，降低食品内部及其周围的氧含量。有些抗氧化剂如抗坏血酸、异抗坏血酸本身极易被氧化，能使食品中的氧首先与其反应，从而避免了油脂的氧化。

（2）抗氧化剂释放出氢原子，与油脂自动氧化反应产生过氧化物，中断连锁反应，从而阻止氧化过程的进行。如 BHA、BHT、PG、TBHQ、维生素 E 等都属于酚类抗氧化剂（AH），其抗氧化机制主要是终止油脂链式氧化反应，反应过程如下：

$AH + ROO \cdot \rightarrow ROOH + A \cdot$

$A \cdot + A \cdot \rightarrow AA$

$A \cdot + ROO \cdot \rightarrow ROOA$

抗氧化剂的自由基 A·没有活性，它不能引起链式反应，却能参与一些终止反应，产生AA、ROOA 等稳定化合物，不再引发链式反应，从而起到抗氧化作用。

（3）通过破坏、减弱氧化酶的活性，使其不能催化氧化反应的进行。

（4）将能催化及引起氧化反应的物质封闭，如络合能催化氧化反应的金属离子等。

（5）抗氧化增效剂，其本身没有抗氧化作用，但与抗氧化剂并用时，能强化抗氧化剂的效果，如柠檬酸、苹果酸、磷酸、葡萄糖酸钙、乙二胺四乙酸（EDTA）等。

第二节　化学合成抗氧化剂

一、丁基羟基茴香醚

丁基羟基茴香醚（butylated hydroxyanisole，BHA）又名叔丁基-4-羟基茴香醚、丁基大茴香醚，分子式为 $C_{11}H_{16}O_2$，相对分子质量 180.24。BHA 有两种异构体，即 2-叔丁基-4-羟基茴香醚（2-BHA）和 3-叔丁基-4-羟基茴香醚（3-BHA），BHA 一般指二者的混合物。其中 3-BHA 的抗氧化效果是 2-BHA 的 1.5～2 倍，两者混合使用有协同效果。

1. 特性

BHA 为无色至微黄色蜡样结晶粉末，具有酚类的特异臭和刺激性气味。BHA 在几种溶剂和油脂中的溶解度（25 ℃）为：乙醇 25 g/100 mL、丙二醇 50 g/100 mL、丙酮 60 g/100 mL、花生油40 g/100 mL、棉籽油 42 g/100 mL、猪油 30 g/100 mL。熔点为 57～65 ℃，沸点为 264～270 ℃。BHA 对热稳定性高。在弱碱性条件下不容易破坏。这可能是其在焙烤食品中有效的原因之一。

2. 毒性

BHA 比较安全，大鼠经口 LD_{50} 为 2.0 g/kg；小鼠经口 LD_{50} 为 1.1 g/kg（雄性），1.3 g/kg（雌性）。ADI 为 0～0.5 mg/kg。

3. 使用

按照 GB 2760—2014，BHA 的使用标准见表 3-1。

表 3-1　BHA 的使用标准

功能：抗氧化剂

食品名称	最大使用量/(g/kg)	备注
胶基糖果	0.4	
脂肪，油和乳化脂肪制品，基本不含水的脂肪和油，熟制坚果与籽类（仅限油炸坚果与籽类），坚果与籽类罐头，油炸面制品，杂粮粉，即食谷物[包括碾轧燕麦（片）]，方便米面制品，饼干，腌腊肉制品类（如咸肉、腊肉、板鸭、中式火腿、腊肠），风干、烘干、压干等水产品，固体复合调味料（仅限鸡肉粉），膨化食品	0.2	以油脂中的含量计

注意事项：BHA 对植物油脂的抗氧化作用较小，但对动物脂肪的作用比较明显。单独使用 0.02% 的 BHA，可以使猪油在第 9 天的过氧化值小于对照样第 3 天的数值。0.01% BHA 可稳定生牛肉的色泽，抑制脂类化合物的氧化；同样剂量的 BHA 能延长奶粉和干酪的保质期。

BHA 在油脂和含油脂食品中使用时，采用直接加入法，即将油脂加热到 60～70 ℃加入 BHA，充分搅拌，使其充分溶解，分布均匀。鱼肉制品，采用浸渍法和拌盐法，浸渍法抗氧化效果较好，将 BHA 预先配成 1% 的乳化液，然后再按比例加入浸渍液中。

二、二丁基羟基甲苯

二丁基羟基甲苯(butylated hydroxytoluene,BHT)又名 2,6-二丁基对甲酚,分子式为 $C_{15}H_{24}O$,相对分子质量 220.36。

1. 特性

BHT 为白色结晶性粉末,遇光颜色变黄,并逐渐变深。无臭、无味。溶于乙醇和各种油脂。其溶解度为:乙醇(20 ℃,25 g/100 mL)、大豆油(25 ℃,30 g/100 mL)、猪油(40 ℃,40 g/100 mL)、棉籽油(25 ℃,42 g/100 mL)。熔点为 69～71 ℃,沸点为 265 ℃。

BHT 化学稳定性好,对热相当稳定。抗氧化效果好,与金属反应不着色,具有单酚型特征的升华性,加热时有与水蒸气一起蒸发的性质。

2. 毒性

BHT 大鼠经口 LD_{50} 为 2.0 g/kg,ADI 为 0～0.125 mg/kg。BHT 的急性毒性比 BHA 稍大,但无致癌性。

3. 使用

按照 GB 2760—2014,BHT 的使用标准见表 3-2。

表 3-2　BHT 的使用标准

功能:抗氧化剂

食品名称	最大使用量/(g/kg)	备注
胶基糖果	0.4	
脂肪,油和乳化脂肪制品,基本不含水的脂肪和油,干制蔬菜(仅限脱水马铃薯粉),熟制坚果与籽类(仅限油炸坚果与籽类),坚果与籽类罐头,油炸面制品,即食谷物[包括碾轧燕麦(片)],方便米面制品,饼干,腌腊肉制品类(如咸肉、腊肉、板鸭、中式火腿、腊肠),风干、烘干、压干等水产品,膨化食品	0.2	以油脂中的含量计

注意事项:BHT 与 BHA 混合使用时,总量不得超过 0.2 g/kg。BHT 与 BHA、柠檬酸、抗坏血酸复配使用时,能显著提高其对油脂的抗氧化效果。水溶性抗氧化剂需预先将乙醇或乳化剂混溶后使用。以柠檬酸为增效剂与 BHA 复配使用时,复配比例为:$m(BHT):m(BHA):m(柠檬酸)=2:2:1$。另外,BHT 可延缓肉制品中亚铁血红素的氧化褐色,可延长富脂坚果的保质期,对乳品、口香糖、香精油有稳定和防止变味的功能。

BHT 用于精炼油时,应在碱炼、脱色、脱臭后,在真空下,当油品冷却到 12 ℃时添加,才可以充分发挥 BHT 的抗氧化作用。此外,还应保持设备和容器清洁,在使用时应先用少量油脂溶解,柠檬酸用水或乙醇溶解后再借真空吸入油中搅拌均匀。

三、没食子酸丙酯

没食子酸丙酯(propyl gallate,PG)又名桔酸丙酯,分子式为 $C_{10}H_{12}O_5$,相对分子质量 212.2。

1. 特性

PG 为白色至浅黄褐色晶体粉末或乳白色针状结晶。无臭,微有苦味,水溶液无味。易溶于乙醇,微溶于油脂和水,其溶解度(25 ℃)为:乙醇 103 g/100 mL、丙二醇67.5 g/100 mL、甘油 25 g/100 mL、猪油 10 g/100 mL、棉籽油 1.2 g/100 mL、花生油 0.5 g/100 mL、水 0.35 g/100 mL。PG 水溶液的 pH 为 5.5 左右。熔点为 146～150 ℃。

PG 对热比较稳定,但易与铜、铁离子发生呈色反应,变为紫色或暗绿色,具有吸湿性,对光不稳定,易分解。对油脂的抗氧化能力较 BHA、BHT 强,与增效剂柠檬酸或者与 BHA、BHT 复配使用,抗氧化能力更强。

另外,BHA、BHT、PG 相比,一些特性还表现在:

(1)BHA 与 PG 比,不会与金属离子作用而着色。BHA 具有单酚的挥发性,如在猪油中保持 61 ℃时稍有挥发,在日光长期照射下,色泽会变深。BHA 与其他抗氧化剂或增效剂复配使用,可以大大提高其抗氧化作用。如 BHA 或 BHT、PG 和柠檬酸的混合物加入用于制作糖果的黄油中,可抑制糖果氧化。

(2)BHT 与 PG 比,不会与金属离子反应着色,也没有 BHA 的特异臭,价格低廉,但是它的毒性相对较高。

2. 毒性

PG 大鼠经口 LD_{50} 为 2.6 g/kg,ADI 为 0～1.4 mg/kg。在体内可被水解,大部分形成 4-O-甲基没食子酸或内聚葡糖醛酸,由尿液排出。

3. 使用

按照 GB 2760—2014,PG 的使用标准见表 3-3。

表 3-3　PG 的使用标准

功能:抗氧化剂

食品名称	最大使用量/(g/kg)	备注
胶基糖果	0.4	
脂肪,油和乳化脂肪制品,基本不含水的脂肪和油,熟制坚果与籽类(仅限油炸坚果与籽类),坚果与籽类罐头,油炸面制品,方便米面制品,饼干,腌腊肉制品类(如咸肉、腊肉、板鸭、中式火腿、腊肠),风干、烘干、压干等水产品,固体复合调味料(仅限鸡肉粉),膨化食品	0.1	以油脂中的含量计

注意事项:PG 对植物油的抗氧化作用较好,如在香肠中添加 0.1 g/kg 的 PG 可使其保存 30 d 无变色现象,在方便面中添加同样量可保存 150 d。

PG 与 BHA、BHT 或与柠檬酸、异抗坏血酸等增效剂复配使用时,BHA、BHT 总量不得超过 0.18 g/kg,PG 不超过 0.05 g/kg。PG 用量为 0.05 g/kg 即能起到良好的抗氧化效果。PG 使用时,应先取少部分油脂,将 PG 加入,使其加热充分溶解后,再与全部油脂混合。一般在油脂精炼后立即添加,或以 $m(PG):m(柠檬酸):m(95\%乙醇)=1:0.5:3$ 的比例混合均匀后,再徐徐加入油脂中搅拌均匀。

四、特丁基对苯二酚

特丁基对苯二酚(tertiary butylhydroquinone,TBHQ)又名叔丁基对苯二酚,分子式为

$C_{10}H_{14}O_2$，相对分子质量 166.22。

1. 特性

TBHQ 溶于乙醇、乙酸、乙酯、乙醚、植物油等，沸点为 291.4 ℃，熔点为 127～129 ℃。适用油脂和富脂食品中，特别是植物油中，是色拉油、调和油、高烹油首选的抗氧化剂。TBHQ 抗氧化效果优良，比 BHA、BHT、PG 强 5～7 倍。对于植物油，TBHQ＞PG＞BHT＞BHA；对于动物性油脂，TBHQ＞PG＞BHA＞BHT。

TBHQ 耐高温，可用于方便面、糕点及其他油炸食品。耐热温度可达 230 ℃以上。在添加范围内，能抑制几乎所有细菌和酵母菌生长，包括黄曲霉等危害人体健康的霉菌。TBHQ 不影响食品的色泽、风味，用于含铁的食品不着色。

2. 毒性

TBHQ 大鼠经口 LD_{50} 为 0.7～1.0 g/kg，ADI 暂定为 0～0.2 mg/kg。

3. 使用

按照 GB 2760—2014，TBHQ 的使用标准见表 3-4。

表 3-4　TBHQ 的使用标准

功能：抗氧化剂

食品名称	最大使用量/(g/kg)	备注
脂肪，油和乳化脂肪制品，基本不含水的脂肪和油，熟制坚果与籽类，坚果与籽类罐头，油炸面制品，方便米面制品，月饼，饼干，焙烤食品馅料及表面用挂浆，腌腊肉制品类（如咸肉、腊肉、板鸭、中式火腿、腊肠），风干、烘干、压干等水产品，膨化食品	0.2	以油脂中的含量计

注意事项：使用时，一般可将油脂加热到 60 ℃以上，待油脂完全成为液状后加入 TBHQ，充分搅拌直至完全溶解。也可把 TBHQ 溶解在少量温度在 93～121 ℃的油脂中，制成 TBHQ 浓溶液，再加入油脂中搅拌均匀。对于果仁类食品，可按所需剂量调整 TBHQ 溶液，直接喷射产品表面，但要确保喷射均匀。

TBHQ 可以与 BHA、BHT、柠檬酸、维生素 C 配合使用，但不得与 PG 混合使用，应避免在强碱条件下使用。

TBHQ 除具抗氧化作用外，还有一定的抗菌作用，对细菌、酵母的最小抑制浓度为 0.005％，对霉菌为 0.005％。NaCl 对其抗菌作用有增效作用。在酸性条件下，TBHQ 抑菌作用较强。如对变形杆菌的 pH 为 5.5 时，0.02％的 TBHQ 即可完全抑制；而在 pH 为 7.5 时，0.035％的 TBHQ 也不能完全抑制。

五、D-异抗坏血酸及其钠盐

D-异抗坏血酸（D-isoascorbic acid）又名异维生素 C，分子式为 $C_6H_8O_6$，相对分子质量 176.13。它是抗坏血酸（维生素 C）的一种立体异构体，在化学性质上与维生素 C 相似，但无维生素 C 的生理功能。

D-异抗坏血酸钠（sodium D-isoascorbate）分子式为 $C_6H_7O_6Na \cdot H_2O$，相对分子质量 216.13。

1. 特性

D-异抗坏血酸为白色至黄白色的结晶或晶体粉末,无臭,有酸味。极易溶于水(40 g/100 mL),可溶于乙醇(5 g/100 mL),难溶于甘油,不溶于乙醚和苯。0.1%水溶液的pH 为 3.5,而 1%水溶液的 pH 为 2.8。耐热性差,还原性强,金属离子能促进其分解,但其抗氧化性能强于抗坏血酸,且价格更便宜。在肉制品中,D-异抗坏血酸与亚硝酸钠复配使用,既可防止肉类氧化变色,又可发挥其发色助剂的作用。

D-异抗坏血酸钠为白色至黄白色的结晶或晶体粉末,无臭,微有咸味。易溶于水(16 g/100 mL),1%水溶液的 pH 为 6.5~8.0。干燥状态下在空气中相当稳定,但在水溶液中,当遇到空气、金属、热、光时,容易氧化。

2. 毒性

D-异抗坏血酸大鼠经口 LD_{50} 为 18 g/kg。D-异抗坏血酸钠大鼠经口 LD_{50} 为 15 g/kg,小鼠经口 LD_{50} 为 9.4 g/kg,ADI 均无需规定,FDA 将其鉴定为 GRAS。

3. 使用

按照 GB 2760—2014,D-异抗坏血酸及其钠盐的使用标准见表 3-5。

表 3-5　D-异抗坏血酸及其钠盐的使用标准

功能:抗氧化剂、护色剂

食品名称	最大使用量/(g/kg)	备注
浓缩果蔬汁(浆)	按生产需要适量使用	固体饮料按稀释倍数增加使用量
葡萄酒	0.15	以抗坏血酸计

六、乙二胺四乙酸二钠

乙二胺四乙酸二钠(disodium ethylene-diamine-tetra-acetate)也称 EDTA-2Na、EDTA二钠盐,分子式为 $C_{10}H_{14}N_2Na_2O_8 \cdot 2H_2O$,相对分子质量 336.206。

1. 特性

EDTA-2Na 为白色或乳白色结晶或颗粒状粉末,无臭、无味。易溶于水,50 g/L 水溶液的 pH 为 4~6,难溶于乙醇、乙醚等有机溶剂。

EDTA-2Na 是一种重要的螯合剂,能螯合溶液中的金属离子,防止金属引起的变色、变质、变浊和维生素 C 的氧化损失,还能提高油脂的抗氧化性(油脂中的微量金属如铁、铜等有促进油脂氧化的作用)。

2. 毒性

EDTA-2Na 大鼠经口 LD_{50} 为 2 g/kg,ADI 为 0~2.5 mg/kg。

3. 使用

按照 GB 2760—2014,乙二胺四乙酸二钠的使用标准见表 3-6。

表 3-6　乙二胺四乙酸二钠的使用标准

功能:稳定剂、凝固剂、抗氧化剂、防腐剂

食品名称	最大使用量/(g/kg)	备注
果脯类(仅限地瓜果脯),腌渍的蔬菜,蔬菜罐头,坚果与籽类罐头,杂粮罐头	0.25	
复合调味料	0.075	固体饮料按稀释倍数增加使用量
果酱,蔬菜泥(酱)(番茄沙司除外)	0.07	
饮料类(包装饮用水除外)	0.03	

EDTA-2Na 在 pH 为 3～8 时几乎对所有金属离子都有螯合作用,因此适宜在大多数食品中使用。

(1)油脂:可与 BHA、BHT、PG、维生素 C、异抗坏血酸结合进行添加使用,对油脂的抗氧化具有协同作用。可起到稳定大豆油,防止焙烤坚果的酸败,抑制香精油的自动氧化,保持人造黄油、色拉油的油脂香味等作用。

(2)果蔬制品:能有效地预防和延缓各种果蔬罐头和冷藏蔬菜在存放过程中出现的变色和异味现象,抑制果蔬片制品的表面变黑。与维生素 C 配合使用,还能防止苹果片、罐装梨的褐变。

(3)乳制品:能有效防止牛乳中金属催化氧化而产生异味。

(4)饮料:能抑制饮料中的金属催化氧化变质。对碳酸饮料可保持风味不变,减少变色、褪色、混浊、沉淀等影响感官效果的现象发生。

(5)肉制品:能延缓加工过的肉制品中氧化氮血红素的生成,与亚硝酸结合有利于抑制酱肉、肉干制品的表面褐变,与维生素 C 结合可保持牛肉的特殊风味,也能有效控制鱼肉中三甲胺的产生,延长鱼肉制品的鲜味时间。

第三节　天然抗氧化剂

一、抗坏血酸及其盐类

抗坏血酸(ascorbic acid)又名维生素 C,分子式为 $C_6H_8O_6$,相对分子质量 176.13。

抗坏血酸钠(sodium ascorbate)分子式为 $C_6H_7O_6Na$,相对分子质量 198.11。

抗坏血酸钙(calcium ascorbate)分子式为 $C_{12}H_{18}O_{14}Ca$,相对分子质量 426.341。

1. 特性

抗坏血酸为白色结晶或结晶性粉末,无臭,味酸,遇光颜色逐渐变深,易溶于水。抗坏血酸不稳定,其水溶液对热、光等敏感,特别在碱性及金属存在时更容易被破坏。

抗坏血酸钠为白色至微黄白色结晶性粉末或颗粒,无臭,稍咸。干燥状态下稳定,吸湿性强,较抗坏血酸易溶于水(25 ℃,62 g/100 mL),10%水溶液的 pH 约为 7.5。

抗坏血酸钙为白色至浅黄色结晶性粉末,无臭,溶于水,稍溶于乙醇,不溶于乙醚。10%水溶液的 pH 为 6.8～7.4。

由于抗坏血酸及其盐类不溶于油脂,而且对热不稳定,现公认较为理想的是抗坏血酸衍生物——抗坏血酸棕榈酸酯(ascorbyl palmitate)。抗坏血酸棕榈酸酯属于脂溶性抗氧化剂,被世界卫生组织(WHO)食品添加剂委员会评定为具有营养性、高效、无毒、使用安全的食品添加剂,是中国唯一可用于婴幼儿食品的抗氧化剂。

抗坏血酸棕榈酸酯分子式为 $C_{22}H_{38}O_7$,相对分子质量 414.54。白色或黄白色粉末,有轻微柑橘香味,不溶于水,易溶于油脂。抗坏血酸棕榈酸酯无毒、无害,可以防止油脂过氧化物形成,延缓动物油、植物油、鱼类、人造黄油、牛奶以及类胡萝卜素等氧化变质,效果优于 BHA、BHT,并可强化营养,是取代 BHA、BHT、TBHQ 的新一代产品。

2. 毒性

正常剂量的抗坏血酸对人无毒性作用,抗坏血酸及其钙、钠盐 ADI 无需规定。抗坏血酸棕榈酸酯的水解产物为 L-抗坏血酸及脂肪酸,都是天然产物,ADI 为 0～60 mg/kg。

3. 使用

按照 GB 2760—2014,抗坏血酸、抗坏血酸钠、抗坏血酸钙、抗坏血酸棕榈酸酯的使用标准见表3-7。

表3-7　抗坏血酸、抗坏血酸钠、抗坏血酸钙、抗坏血酸棕榈酸酯的使用标准

食品名称	最大使用量/(g/kg)	备注
抗坏血酸功能:面粉处理剂、抗氧化剂		
去皮或预切的鲜水果,去皮、切块或切丝的蔬菜	5.0	固体饮料按稀释倍数增加使用量
小麦粉	0.2	
浓缩果蔬汁(浆)	按生产需要适量使用	
抗坏血酸钠功能:抗氧化剂		
浓缩果蔬汁(浆)	按生产需要适量使用	固体饮料按稀释倍数增加使用量
抗坏血酸钙功能:抗氧化剂		
去皮或预切的鲜水果,去皮、切块或切丝的蔬菜	1.0	固体饮料按稀释倍数增加使用量
浓缩果蔬汁(浆)	按生产需要适量使用	
抗坏血酸棕榈酸酯功能:抗氧化剂		
乳粉(包括加糖乳粉)和奶油粉及其调制产品,脂肪,油和乳化脂肪制品,基本不含水的脂肪和油,即食谷物[包括碾轧燕麦(片)],方便米面制品,面包	0.2	以脂肪中抗坏血酸计
婴幼儿配方食品,婴幼儿辅助食品	0.05	

注意事项:抗坏血酸一般先溶解于少量水中再添加,添加后最好立即隔绝空气。去皮后的果蔬半成品,可用0.1%抗坏血酸溶液浸渍,有助于防止氧化变色,添加适量的柠檬酸有增加抗坏血酸作用的效果。在绿茶面包的研发中,维生素 C 可以有效降低绿茶面包的硬度,促进酵母的生长,从而增加面包的风味和改善成品状态,最佳添加量为 0.05 g/kg。复

配后,改良剂的最佳组合为:α-淀粉酶的添加量为 0.025 g/kg,脂肪酶的添加量为 0.114 g/kg,维生素 C 的添加量为 0.025 g/kg。

抗坏血酸棕榈酸酯与自由基反应能阻止油脂中过氧化物形成,与氧气反应能保证抗氧化性,与维生素 E 配合使用具有增效抗氧化作用。它不仅保持了 L-抗坏血酸的抗氧化性,而且在动物油、植物油中具有相当的溶解度,广泛应用于食品、医药卫生、化妆品等领域。

二、维生素 E

维生素 E(vitamine E)又名生育酚,分子式为 $C_{29}H_{50}O_2$,相对分子质量 430.71,是广泛存在于高等动植物中的天然抗氧化剂,具有防止动植物组织内脂溶性成分氧化变质的功能。维生素 E 是从小麦胚芽油、大豆油、米糠油中提取出来的,是目前国际上唯一大量生产的天然抗氧化剂。

1. 特性

维生素 E 是一种金黄色或者淡黄色的油状物,带有温和的特殊气味。天然维生素 E 的密度为 0.97 g/cm³。属于油溶性抗氧化剂,溶于乙醇,可与丙酮、乙醚、油脂自由混合。在无氧条件下非常耐热,即使加热到 200 ℃ 也不会被破坏。耐酸而不耐碱。对氧气、光照十分敏感,通常维生素 E 在光照下遇空气易被氧化而呈现暗红色。

一般来说,维生素 E 的抗氧化效果不如 BHA、BHT,对动物油脂的抗氧化效果比对植物油脂的效果好。这是由于动物油脂中天然存在的维生素 E 比植物油少。维生素 E 的耐光、耐紫外线、耐放射性也较强,而 BHA、BHT 则较差。

2. 毒性

合成维生素 E 大鼠经口 LD_{50} 为 5 g/kg,而天然维生素 E 则是安全的,美国 FDA 将其列入 GRAS。ADI 为 0.15～2 mg/kg。

3. 使用

按照 GB 2760—2014,维生素 E 的使用标准见表 3-8。

表 3-8　维生素 E(DL-α-生育酚、D-α-生育酚、混合生育酚浓缩物)的使用标准

功能:抗氧化剂

食品名称	最大使用量/(g/kg)	备注
调制乳,熟制坚果与籽类(仅限油炸坚果与籽类),油炸面食品,方便米面制品,果蔬汁(浆)类饮料,蛋白饮料,其他型碳酸饮料,茶、咖啡、植物(类)饮料,蛋白固体饮料,特殊用途饮料,风味饮料,膨化食品	0.2	以油脂中的含量计,固体饮料按稀释倍数增加使用量
即食谷物[包括碾轧燕麦(片)]	0.085	
基本不含水的脂肪和油,复合调味料	按生产需要适量使用	

注意事项:目前许多国家除使用天然维生素 E 浓缩物外,还使用人工合成的 DL-α-维生素 E,后者的抗氧化效果基本与天然维生素 E 浓缩物相同。维生素 E 添加到食品中不仅具有抗氧化作用,而且还具有营养强化作用。许多国家对其使用量无限制。它适宜作为婴儿食品、乳制品、疗效食品的抗氧化剂和营养强化剂使用。

国外还将维生素 E 用作全脂奶粉、奶油和人造奶油、油炸食品、粉末汤料等的抗氧化。在全脂奶粉、奶油和人造奶油等中添加量为 $0.005\%\sim0.05\%$；在动物脂肪中添加量为 $0.001\%\sim0.05\%$；在植物油中添加量为 $0.03\%\sim0.07\%$；在香肠中添加量为 $0.007\%\sim0.01\%$；在其他农产、水产、畜产制品中添加量为 $0.01\%\sim0.05\%$；在焙烤食品用油和油炸食品用油中添加量为 $0.01\%\sim0.1\%$。油炸方便面的猪油中添加量为 0.05% 时，抗氧化效果很好，若与 BHA 复配使用效果更佳。

三、植酸

植酸（phytic acid，PA）又名肌醇六磷酸、环己六醇六磷酸，分子式为 $C_6H_{18}O_{24}P_6$，相对分子质量 660.04。

1. 特性

植酸为浅黄色或褐色黏稠状液体，易溶于水、乙醇和丙酮，几乎不溶于乙醚、苯和氯仿，比较耐热。植酸分子有 12 个羟基，能与金属螯合成白色不溶性金属化合物，1 g 植酸可以螯合铁离子 500 mg。其水溶液的 pH：浓度为 1.3% 时 pH 为 0.4，浓度为 0.7% 时 pH 为 1.7，浓度为 0.13% 时 pH 为 2.26，浓度为 0.013% 时 pH 为 3.2。具有调节 pH 及缓冲作用。

2. 毒性

植酸小鼠经口 LD_{50} 为 4.192 g/kg。对小鼠骨髓嗜多染细胞微核试验表明，植酸无致突变作用。

3. 使用

按照 GB 2760—2014，植酸的使用标准见表 3-9。

表 3-9　植酸的使用标准

功能：抗氧化剂

食品名称	最大使用量/(g/kg)	备注
基本不含水的脂肪和油，加工水果，加工蔬菜，装饰糖果（如工艺造型、用于蛋糕装饰）、顶饰（非水果材料）和甜汁，腌腊肉制品类（如咸肉、腊肉、板鸭、中式火腿、腊肠等），酱卤肉制品类，熏、烧、烤肉类，油炸肉类，西式火腿（熏烤、烟熏、蒸煮火腿）类，肉灌肠类，发酵肉制品类，调味糖浆，果蔬汁（浆）类饮料	0.2	固体饮料按稀释倍数增加使用量
鲜水产（仅限虾类）	按生产需要适量使用	残留量 $\leqslant$ 20 mg/kg

注意事项：植酸主要是用于油脂的抗氧化，在植物油中加 0.01%，即可以明显地防止植物油的酸败。其抗氧化效果因植物油的种类不同而异：花生油＞大豆油＞棉籽油。

另外植酸还可用于水产品，如：

（1）防止磷酸铵镁的生成。在大马哈鱼、鳟鱼、虾、金枪鱼、墨斗鱼等罐头中，经常发现有玻璃状结晶的磷酸铵镁，添加 $0.1\%\sim0.2\%$ 的植酸后，就不再产生玻璃状结晶。

（2）防止贝类罐头变黑。贝类罐头加热杀菌可产生硫化氢等，与肉中的铁、铜，金属罐表面溶出的铁、锡等结合发生硫化而变黑，添加 $0.1\%\sim0.5\%$ 的植酸可以防止变黑。

（3）防止蟹肉罐头出现蓝斑。蟹是节肢动物，其血液中有一种含铜的血蓝蛋白，在加热杀菌时所产生的硫化氢与铜反应，容易发生蓝变现象，添加 0.1% 的植酸和 1% 的柠檬酸钠，可以防止出现蓝斑。

(4)防止鲜虾变黑。为了防止鲜虾变黑可使用 0.7% 的亚硫酸钠,但二氧化硫的残留量过高,若添加 0.01%～0.05% 的植酸与 0.3% 亚硫酸钠则效果更好,还可以避免二氧化硫的残留量过高。

四、茶多酚

茶多酚(tea polyphenol,TP)又名维多酚,是从茶叶中提取的全天然食品抗氧化剂,具有抗氧化能力强、无毒副作用、无异味等特点。茶多酚是一类多酚化合物的总称,主要成分为黄烷酮类、花色素类、黄酮醇类、花白素类、酚酸及缩酚酸类 6 类化合物。其中以黄烷酮类(主要是儿茶素类化合物)最为重要,占茶多酚总量的 60%～80%。

1. 特性

纯净的茶多酚为白色无定形的结晶状物质,提取过程中由于少量茶多酚氧化聚合而呈现淡黄色至褐色,略带茶香,有涩味。易溶于温水(40～80 ℃),可溶于乙醇、甲醇、丙酮、乙酸乙酯。稳定性极强,在 pH 为 4～8、250 ℃ 左右的环境中,1.5 h 内均能保持稳定,在三价铁离子存在时易分解。

茶多酚与柠檬酸、苹果酸、酒石酸有良好的协同效应,与柠檬酸的协同效应最好,与抗坏血酸、维生素 E 也有很好的协同效应。茶多酚对猪油的抗氧化性能强于生育酚混合浓缩物、BHA、BHT。由于植物油中含有生育酚,茶多酚用于植物油中,更能显示出其强抗氧化性。茶多酚作为食用油脂抗氧化剂使用时,在高温下,在炒、煎、炸的过程中不变化、不析出、不破乳。

茶多酚不仅具有抗氧化能力,防止食品褪色,还能杀菌消炎,强心降压,具有与维生素 P 相类似的作用,能增强人体血管的抗压能力。茶多酚对促进人体维生素 C 的积累也有积极作用,对尼古丁、吗啡等有害生物碱有解毒作用。

2. 毒性

茶多酚天然、绿色、无毒,对人体无害。

3. 使用

按照 GB 2760—2014,茶多酚的使用标准见表 3-10。

表 3-10　茶多酚的使用标准

功能:抗氧化剂

食品名称	最大使用量/(g/kg)	备注
蛋白固体饮料	0.8	以油脂中儿茶素计,固体饮料按稀释倍数增加使用量
基本不含水的脂肪和油,糕点,焙烤食品馅料及表面用挂浆(仅限含油脂馅料),腌腊肉制品(如咸肉、腊肉、板鸭、中式火腿、腊肠等)	0.4	
酱卤肉制品类,熏、烧、烤肉类,油炸肉类,西式火腿(熏烤、烟熏、蒸煮火腿)类,肉灌肠类,发酵肉制品类,预制水产品(半成品),熟制水产品(可直接食用),水产品罐头	0.3	
熟制坚果与籽类(仅限油炸坚果与籽类),油炸面制品,即食谷物[包括碾轧燕麦(片)],方便米面制品,膨化食品	0.2	
复合调味料,植物蛋白饮料	0.1	

五、甘草抗氧化物

甘草抗氧化物(antioxidant of glycyrrhiza)又名甘草抗氧灵,是从提取甘草浸膏或甘草酸之后的甘草渣中提取的一组脂溶性混合物。其主要抗氧化成分是黄酮和类黄酮类物质的混合物。

1. 特性

甘草抗氧化物为棕色或棕褐色粉末,略有甘草的特殊气味。不溶于水,可溶于乙酸乙酯,在乙醇中的溶解度为 117 g/L。耐光、耐氧、耐热,与维生素 C、维生素 E 混合使用有协同效果。熔点范围为 70～90 ℃。对油脂有良好的抗氧化作用,其抗氧化效果比 PG 更好。

甘草抗氧化物具有较强的清除自由基、拮抗脑组织脂质过氧化作用,尤其是对氧自由基的作用效果较强,其中黄酮类化合物具有一定的抑菌作用,1%的总黄酮溶液对大肠杆菌、金黄葡萄球菌、枯草杆菌的杀菌力达 83%～85%,48 h 后达 91%～92%,0.1%的总黄酮溶液对以上 3 种菌均有抑制作用。

2. 毒性

甘草抗氧化物无毒,安全性高。

3. 使用

按照 GB 2760—2014,甘草抗氧化物的使用标准见表 3-11。

表 3-11　甘草抗氧化物的使用标准

功能:抗氧化剂

食品名称	最大使用量/(g/kg)	备注
基本不含水的脂肪和油,熟制坚果与籽类(仅限油炸坚果与籽类),油炸面制品,方便米面制品,饼干,腌腊肉制品类(如咸肉、腊肉、板鸭、中式火腿、腊肠等),酱卤肉制品类,熏、烧、烤肉类,油炸肉类,西式火腿(熏烤、烟熏、蒸煮火腿)类,肉灌肠类,发酵肉制品类,腌制水产品,膨化食品	0.2	以甘草酸计

注意事项:在油脂使用时,将动、植物油脂预热到 80 ℃,按使用量加入甘草抗氧化物,边搅拌边加温至全部溶解(一般到 100 ℃时即可全部溶解),即成含甘草抗氧化物油脂,可用于炸制、加工食品。

六、迷迭香提取物

迷迭香提取物(rosemary extract)又名香草酚酸油胺,是从迷迭香的叶和嫩茎中分离出的抗氧化剂。

1. 特性

迷迭香提取物为淡黄色粉末或液体,有微弱的香味,含有多种有效的抗氧化成分,主要含鼠尾草酚(12.8%)、迷迭香酚(5.3%)、熊果酸(56.1%)3 种抗氧化物质。不溶于水,溶于乙醇、油脂。耐热性(200 ℃稳定)、耐紫外线性良好,能有效防止油脂的氧化。比 BHT 有更好的抗氧化能力。一般与维生素 E 等配成制剂出售,有协同效果。

2. 毒性

迷迭香提取物小鼠经口 LD_{50} 为 12 g/kg。致突变试验(Ames 试验)、微核试验、小鼠睾丸初级精母细胞染色体畸变试验均呈阴性。它是一种高效无毒的抗氧化剂。

3. 使用

按照 GB 2760—2014,迷迭香提取物的使用标准见表 3-12。

表 3-12 迷迭香提取物的使用标准

功能:抗氧化剂

食品名称	最大使用量/(g/kg)	备注
植物油脂	0.7	
动物油脂(包括猪油、牛油、鱼油和其他动物脂肪等),熟制坚果与籽类(仅限油炸坚果与籽类),油炸面制品,预制肉制品,酱卤肉制品类,熏、烧、烤肉类,油炸肉类,西式火腿(熏烤、烟熏、蒸煮火腿)类,肉灌肠类,发酵肉制品类,蛋黄酱、沙拉酱,浓缩汤(罐装、瓶装),膨化食品	0.3	

迷迭香提取物在防止油脂氧化、保持肉类风味等方面具有明显效果。有实验证明,在大豆油、花生油、棕榈油和猪油中迷迭香抗氧化剂具有很强的抗氧化作用,特别是在大豆油、猪油中,其抗氧化能力是 BHA 的 2~4 倍。

第四节 抗氧化剂应用实例

一、在食品贮藏中的应用

1. 用于水产品的贮藏

水产品味道鲜美,营养丰富,受到消费者的喜爱,但在贮藏时易变质发臭。茶多酚可以破坏细胞膜结构,阻止细菌核酸、磷脂的合成以及能量的代谢,从而抑制蛋白质的表达,起到防止水产品氧化变质的作用。迷迭香提取物中的酚羟基可以提供氢离子与脂肪酸中的游离基结合,抑制其生成氢过氧化物,还可与油脂中的金属离子螯合,减弱其催化效应,削弱水产品的自身氧化。

2. 用于水果蔬菜的贮藏

水果采摘后易受到微生物的感染,在储存过程中的呼吸作用可加速氧化,使其发生变质腐败。茶多酚可通过抑制微生物的感染来保持水果蔬菜的色泽和味道,起到杀菌消毒的作用。

3. 用于油脂的贮藏

迷迭香提取物、维生素 E 等可以延长油脂的贮藏期。另外,油脂中常用的食品抗氧化剂主要为油溶性抗氧化剂,如 BHA、BHT、TBHQ、PG 等。其中 TBHQ 熔点和沸点较高,特别适用于油炸食品,还具有良好的抗菌作用,可增强食品的防腐保鲜效果。

现以 TBHQ 在真空油炸杏鲍菇制作中的应用为例。

(1)加工工艺

杏鲍菇→挑选清洗→切条→护色漂烫(加 TBHQ)→沥干→浸渍→−30 ℃速冻→真空油炸(加 TBHQ)→真空脱油→冷却→分选→包装→成品。

（2）操作要点

在护色漂烫中，用 90 ℃热水将杏鲍菇杀青灭酶 5 min 后，迅速捞出在流水中冷却。同时在热水中添加 0.02％ TBHQ、0.08％柠檬酸作为复配抗氧化剂，防止杏鲍菇氧化褐变。

在真空油炸中，加入 0.02％ TBHQ、0.08％柠檬酸复配抗氧化剂后，在油温 85 ℃、真空度 0.090 MPa 下开始油炸，油炸时间为 20 min。

二、在食品添加剂中的应用

1. 在调味与调香中的应用

食用香料中香辛料，不仅可以去除某些食品中的腥味，还可以保持食物的香味，防止食物腐败变质。如迷迭香可以散发出使人心情愉悦的香味，常用于西餐中以保持牛排的风味。多酚和鼠尾草酸是迷迭香最关键的活性成分，多酚可以提供氢离子，鼠尾草酸则可以通过捕获过氧自由基，来抑制脂质链式反应。

2. 在食品防腐剂中的应用

植物提取物中的植物素有很强的生物活性，且含有丰富的天然抗氧化剂，可以影响食物的微生物含量、口感和味道。植物素中存在某些特定的化学成分，对细菌、霉菌、酵母菌等具有一定的抗菌效果。因此，植物提取物中的植物素可以有效抑制食源性致病菌。

3. 在营养强化剂中的应用

如维生素 A 和维生素 E 是维持机体正常生理功能、能量代谢等的重要营养物质。缺乏维生素 A 和维生素 E，会使儿童更容易反复遭受呼吸道的感染。

三、在食品包装袋中的应用

肉制品需要少量氧气来保持良好的肉色，而食品中经常使用的真空包装，会影响肉制品的颜色，因此人们研究了一种抗氧化剂活性包装袋来维持肉色。抗氧化剂活性包装袋可以使抗氧化剂中的杀菌成分与食品接触，以便在长时间内保持食品的新鲜程度与色泽味道。制作这种包装袋有很多方法，比如可以使天然抗氧化剂与包装材料复合挤压成膜，还可以将抗氧化剂熔化后涂在食品的内包装袋上。

四、在肉制品中的应用

1. 香辛料提取物在肉制品中的应用

有些天然的香辛料如肉桂、丁香、迷迭香等，可以降低肉制品中肌红蛋白的含量，进而使肉制品保持良好的色泽。

2. 果蔬提取物在肉制品中的应用

水果蔬菜中含有大量的天然抗氧化剂，因此果蔬提取物具有较强的抗氧化活性。野生黄莓、甜菜、柳草提取物在不同浓度下，均可防止熟猪肉发生氧化。角豆果实提取物可以在冷藏条件下改善肉制品中脂肪的稳定性。葡萄籽提取物因含有原花青素也具有非常强的抗氧化活性，可以对其他抗氧化剂起到增效作用。

3. 中草药提取物在肉制品中的应用

一些中草药中含有酚类、黄酮类、生物碱类、皂苷类、多糖类等物质，具有抗氧化功能，加上中草药具有的纯天然、绿色、无毒的特性，使得它比合成的抗氧化剂更有优势。甘草抗氧化物中的黄酮可以与肉制品中的金属离子结合,消除自由基,终止链式反应,在抗氧化、抗腐蚀方面有很大作用。鼠尾草叶中提取的鼠尾草酚和鼠尾草酸对肉制品具有较好的抗氧化性,抗氧化效果比茶多酚更好。

另外,L-抗坏血酸在腌制肉制品中作为发色助剂,0.02%～0.05%浓度的添加量可有效促进发色反应,防止肉制品褪色,同时抑制致癌物质亚硝胺的生成。

思考题

1. 控制食品氧化变质的方法有哪些?
2. 什么是食品抗氧化剂? 理想的食品抗氧化剂应具备哪些条件?
3. 食品抗氧化剂如何分类?
4. 常用的化学合成抗氧化剂有哪些? 如何使用?
5. 常用的天然抗氧化剂有哪些? 如何使用?
6. 食品抗氧化剂常应用于哪些食品中?

第四章 食品色泽调节剂

食品的色泽是食品感官评价的一个重要指标,是食用者对产品的第一印象,也是人们辨别食品优劣的前提。好的色泽不仅给人以美的享受,还能激发人们的食欲和购买欲。但在实际加工过程中,由于光、热、氧气、化学添加剂等因素的影响,食品会出现褪色或变色现象,导致食品的色泽受到影响。为了使食品具有消费者所期望的色泽,在食品加工生产中,可根据不同种类食品色泽变化的特点,分别采用添加着色剂、护色剂、漂白剂来改善食品的色泽,从而提高食品的商品性能。

第一节 着色剂

食品着色剂也称食用色素,是赋予食品色泽和改善食品色泽的物质。食用色素可用于饮料、糖果、糕点、酒类等食品中,也可用于一些医药品和化妆品的生产。食品色素按其来源不同分为合成色素和天然色素。

一、合成色素

合成色素是指用化学合成的方法生产的色素。它具有着色力强、色泽鲜艳、稳定性好、不易褪色、成本低等优点,但安全性较天然色素低。

从化学结构上,可将人工合成色素分为偶氮类色素和非偶氮类色素。偶氮类色素又分为油溶性和水溶性:(1)油溶性偶氮类色素,不溶于水,人体摄入后,很难将其排出体外,故毒性较大。目前世界各国已不再将这类色素用于食品着色。(2)水溶性偶氮类着色剂,较容易排出体外,毒性较低,目前使用的合成着色剂大部分是水溶性偶氮类着色剂。如苋菜红、胭脂红、新红、诱惑红、柠檬黄、日落黄。另外,还有一部分是水溶性非偶氮类色素,如赤藓红、亮蓝、靛蓝。

合成色素还包括色淀,色淀是由某种一定浓度的合成色素物质水溶液与氧化铝进行充分混合,色素被完全分散吸附后,再经过滤、干燥、粉碎而制成的改性色素。其着色部分为允许使用的合成色素,基质部分多为氧化铝,故也称铝色淀。铝色淀的优点是代替油溶性色素,主要用于油基性食品,可在油相中均匀分散,可在干燥状态下加入食品中。其稳定性高,耐光,耐热,耐盐。但缺点是分散不均,沉淀,缺乏透明度,色泽与色度调整难。

根据 GB 2760—2014,允许在食品中使用的合成色素:化学合成的有胭脂红、赤藓红、苋菜红、诱惑红、新红、酸性红、柠檬黄、日落黄、喹啉黄、亮蓝、靛蓝和其相应的色淀。经化学处理和转化而制得的有叶绿素铜钠盐及钾盐、β-阿朴-8'-胡萝卜素醛等。无机色素有二氧化钛、氧化铁红、氧化铁黑。

1. 苋菜红

苋菜红(amaranth)也称鸡冠花红、酸性红。化学名称为 3-羟基-4-(4-偶氮萘磺酸)-2,7-萘二磺酸三钠盐,为水溶性偶氮类色素。分子式为 $C_{20}H_{11}N_2Na_3O_{10}S_3$,相对分子质量 604.47。

（1）特性

苋菜红为暗红色至紫色粉末,无臭。易溶于水,可溶于甘油、丙二醇,微溶于乙醇,不溶于油脂。最大吸收波长为 (520 ± 2) nm。0.1 g 苋菜红溶于 100 mL 水中,溶液呈玫瑰色。对柠檬酸、酒石酸较稳定。在碱液中则变为暗红色;在浓硫酸中呈紫色,稀释后呈桃红色;在浓硝酸中呈亮红色;在盐酸中呈棕色,产生黑色沉淀。与铜、铁等金属接触易褪色。着色力较弱。耐菌性差,耐氧化、还原性差。由于对氧化-还原作用敏感,故不适合于在发酵食品中使用。

（2）毒性

苋菜红小鼠经口 $LD_{50}>10$ g/kg,大鼠腹腔注射 $LD_{50}>1$ g/kg。ADI 为 $0\sim0.5$ mg/kg。

（3）使用

按照 GB 2760—2014,苋菜红及其铝色淀的使用标准见表 4-1。

表 4-1　苋菜红及其铝色淀的使用标准

功能:着色剂

食品名称	最大使用量/(g/kg)	备注
果酱,水果调味糖浆	0.3	以苋菜红计,高糖果蔬汁(浆)类饮料、高糖果味饮料、固体饮料、果冻粉按稀释倍数增加使用量
固体汤料	0.2	
装饰性果蔬	0.1	
蜜饯凉果,腌渍的蔬菜,可可制品、巧克力和巧克力制品(包括代可可脂巧克力及制品)以及糖果,糕点上彩装,焙烤食品馅料及表面用挂浆(仅限饼干夹心),果蔬汁(浆)类饮料,碳酸饮料,风味饮料(仅限果味饮料),配制酒,固体饮料,果冻	0.05	
冷冻饮品(食用冰除外)	0.025	

注意事项:

①采用玻璃、搪瓷、不锈钢等耐腐蚀的清洁容器。

②粉状着色剂宜先用少量冷水打浆后,在搅拌下缓慢加入沸水。

③所用水必须是蒸馏水或去离子水,以避免钙离子的存在引起着色剂沉淀。采用稀溶液比浓溶液好,可避免不溶的着色剂存在。采用自来水时,必须去钙、镁及煮沸赶气、冷却后使用。

④过度曝晒,会导致着色剂褪色,因此要避光,贮于暗处或不透光容器中。

⑤同一色泽的色素如果混合使用时,其用量不得超过单一色素允许量。用于固体饮料及高糖果汁及果味饮料,色素加入量需按产品的稀释倍数加入。

2. 胭脂红

胭脂红(ponceau 4R)也称丽春红 4R、大红。化学名称为 1-(4′-磺酸基-1′-萘偶氮)-2-萘酚-6,8-二磺酸三钠盐,为水溶性偶氮类色素。分子式为 $C_{20}H_{11}N_2O_{10}S_3Na_3$,相对分子质量 604.47。

(1)特性

胭脂红为红色至深红色颗粒或粉末,无臭。易溶于水,水溶液呈红色。溶于甘油,微溶于乙醇,不溶于油脂。吸湿性强,最大吸收波长 (508 ± 2) nm。对柠檬酸、酒石酸稳定,遇碱变为褐色。着色性能弱。耐热性强($105\ ℃$),耐还原性差,耐细菌性较差。

(2)毒性

胭脂红小鼠经口 $LD_{50}>19.3$ g/kg,大鼠经口 $LD_{50}>8$ g/kg。ADI 为 $0\sim0.4$ mg/kg。

(3)使用

按照 GB 2760—2014,胭脂红及其铝色淀的使用标准见表 4-2。

表 4-2　胭脂红及其铝色淀的使用标准

功能:着色剂

食品名称	最大使用量/(g/kg)	备注
果酱,水果调味糖浆,半固体复合调味料(蛋黄酱、沙拉酱除外)	0.5	
调味糖浆,蛋黄酱,沙拉酱	0.2	
调制乳粉和调制奶油粉	0.15	
装饰性果蔬,水果罐头,糖果和巧克力制品包衣	0.1	
调制乳,风味发酵乳,调制炼乳(包括加糖炼乳及使用了非乳原料的调制炼乳),冷冻饮品(食用冰除外),蜜饯凉果,腌渍的蔬菜,可可制品、巧克力和巧克力制品(包括代可可脂巧克力及制品)以及糖果(装饰糖果、顶饰和甜汁除外),虾味片,糕点上彩装,焙烤食品馅料及表面用挂浆(仅限饼干夹心和蛋糕夹心),果蔬汁(浆)类饮料,含乳饮料,碳酸饮料,风味饮料(仅限果味饮料),配制酒,果冻,膨化食品	0.05	以胭脂红计,固体饮料、果冻粉按稀释倍数增加使用量
肉制品的可食用动物肠衣类,植物蛋白饮料,胶原蛋白肠衣	0.025	
蛋卷	0.01	

注意事项:实际使用时,胭脂红对氧化、还原作用敏感,不适用于发酵食品及含还原性物质的食品。使用时宜先用少量冷水混匀后,在搅拌下缓慢加入沸水,所用水必须是蒸馏水或去离子水。若与其他色素混合使用,应根据最大使用量按比例折算,其使用量不得超过单一色素允许量。

3. 赤藓红

赤藓红(erythrosine)也称樱桃红。化学名称为 9-(邻羧基苯基)-6-羟基-2,4,5,7-四碘-3H-呫吨-3-酮二钠盐一水合物,为水溶性非偶氮类色素。分子式为 $C_{20}H_6I_4Na_2O_5 \cdot H_2O$,相对分子质量 897.88。

(1)特性

赤藓红为红褐色颗粒或粉末状物质,无臭。易溶水,溶于乙醇、丙二醇和甘油,不溶于油脂。对氧、热、氧化还原剂的耐受性好,但耐酸及耐光性差,吸湿性差,在 pH<4.5 的条件下,形成不溶性的黄棕色沉淀,碱性时产生红色沉淀。着色能力强。

（2）毒性

赤藓红在消化道中不易吸收，即使吸收也不参与代谢，故被认为是安全性较高的合成色素。大鼠口服 LD_{50} 为 1.9 g/kg，ADI 为 0～0.1 mg/kg。

（3）使用

按照 GB 2760—2014，赤藓红及其铝色淀的使用标准见表 4-3。

表 4-3　赤藓红及其铝色淀的使用标准

功能：着色剂

食品名称	最大使用量/(g/kg)	备注
装饰性果蔬	0.1	以赤藓红计，固体饮料按稀释倍数增加使用量
凉果类，可可制品、巧克力和巧克力制品（包括代可可脂巧克力及制品）以及糖果（可可制品除外），糕点上彩装，酱及酱制品，复合调味料，果蔬汁（浆）类饮料，碳酸饮料，风味饮料（仅限果味饮料），配制酒	0.05	
熟制坚果与籽类（仅限油炸坚果与籽类），膨化食品	0.025	
肉灌肠类，肉罐头类	0.015	

4. 新红

新红（new red）化学名称为 2-(4′-磺基-1′-苯偶氮)-1-羟基-8-乙酰氨基-3,6-二磺酸三钠盐，为水溶性偶氮类色素。分子式为 $C_{18}H_{12}N_3Na_3O_{11}S_3$，相对分子质量 611.45。

（1）特性

新红为红色粉末。易溶于水，水溶液为澄清红色。微溶于乙醇，不溶于油脂。具有酸性染料特性。遇铁、铜易变色。对氧化还原较为敏感。

（2）毒性

新红小鼠经口 LD_{50} 为 10 g/kg，ADI 为 0～0.1 mg/kg。

（3）使用

按照 GB 2760—2014，新红及其铝色淀的使用标准见表 4-4。

表 4-4　新红及其铝色淀的使用标准

功能：着色剂

食品名称	最大使用量/(g/kg)	备注
装饰性果蔬	0.1	以新红计，固体饮料按稀释倍数增加使用量
凉果类，可可制品、巧克力和巧克力制品（包括代可可脂巧克力及制品）以及糖果（可可制品除外），糕点上彩装，果蔬汁（浆）类饮料，碳酸饮料，风味饮料（仅限果味饮料），配制酒	0.05	

注意事项：当新红用于液体酱类或膏状食品，可将新红与食品搅匀。用于固态食品，可用水溶液喷涂表面着色。用于糖果生产可在熬糖后冷却前加入糖坯中，混匀。新红也不适用于发酵食品。

5. 诱惑红

诱惑红（allura red）也称 C. I. 食用红色 17 号。化学名称为 6-羟基-5-(2-甲氧基-4-磺酸-

5-甲苯基)偶氮萘-2-磺酸二钠盐,为水溶性偶氮类色素。分子式为 $C_{18}H_{14}N_2Na_2O_8S_2$,相对分子质量 496.43。

(1)特性

诱惑红为深红色粉末,无臭。溶于水,可溶于甘油与丙二醇。微溶于乙醇,不溶于油脂。溶于水呈微带黄色的红色溶液,中性和酸性水溶液呈红色,碱性水溶液呈暗红色。耐光、耐热性强,耐碱及耐氧化还原性差。着色牢度强。

(2)毒性

诱惑红小鼠经口 LD_{50} 为 10 g/kg,ADI 为 0～7 mg/kg。

(3)使用

按照 GB 2760—2014,诱惑红及其铝色淀的使用标准见表 4-5。

表 4-5 诱惑红及其铝色淀的使用标准

功能:着色剂

食品名称	最大使用量/(g/kg)	备注
半固体复合调味料(蛋黄酱、沙拉酱除外)	0.5	
可可制品、巧克力和巧克力制品(包括代可可脂巧克力及制品)以及糖果,调味糖浆	0.3	
粉圆	0.2	
熟制豆类,加工坚果与籽类,焙烤食品馅料及表面用挂浆(仅限饼干夹心),饮料类(包装饮用水除外),膨化食品	0.1	以诱惑红计,固体饮料、果冻粉按稀释倍数增加使用量
冷冻饮品(食用冰除外),水果干类(仅限苹果干,用于燕麦片调色调香载体),即食谷物[包括碾轧燕麦(片),仅限可可玉米片]	0.07	
装饰性果蔬,糕点上彩装,肉制品的可食用动物肠衣类,配制酒,胶原蛋白肠衣	0.05	
固体复合调味料	0.04	
西式火腿(熏烤、烟熏、蒸煮火腿)类,果冻	0.025	
肉灌肠类	0.015	

6. 柠檬黄

柠檬黄(tartrazine)也称酒石黄、肼黄、酸性淡黄、食用黄色 4 号,化学名称为 1-(4-磺酸苯基)-4-(4-磺酸苯基偶氮)-5-吡唑啉酮-3-羧酸三钠盐,为水溶性偶氮类色素。分子式为 $C_{16}H_9N_4O_9S_2Na_3$,相对分子质量 534.36。

(1)特性

柠檬黄为橙黄色粉末,无臭。易溶于水,0.1%的水溶液呈黄色,遇硫酸、硝酸、盐酸、氢氧化钠仍呈黄色。溶于甘油、丙二醇,微溶于乙醇,不溶于油脂。最大吸收波长为(428±2) nm,21 ℃时的溶解度为:水 11.8 g/100 mL,10%乙醇 9 g/100 mL,50%乙醇 3 g/100 mL。耐光性、耐热性(105 ℃)强,耐酸性、耐盐性好,耐氧化性较差,还原时褪色。着色牢度强。

在柠檬酸、酒石酸中稳定,是色素中最稳定的一种,可与其他色素复配使用,匹配性好。

是食用黄色素中使用最多的,应用广泛,占全部食用色素使用量的 1/4 以上。

（2）毒性

柠檬黄安全度比较高,基本无毒,不在体内贮积,绝大部分以原形排出体外,少量可经代谢,其代谢产物对人无毒性作用。

柠檬黄小鼠经口 LD_{50} 为 12.75 g/kg,大鼠经口 $LD_{50} > 2$ g/kg。ADI 为 0～7.5 mg/kg。

（3）使用

按照 GB 2760—2014,柠檬黄及其铝色淀的使用标准见表 4-6。

表 4-6　柠檬黄及其铝色淀的使用标准

功能:着色剂

食品名称	最大使用量/(g/kg)	备注
果酱,水果调味糖浆,半固体复合调味料	0.5	
焙烤食品馅料及表面用挂浆(仅限布丁、糕点),其他调味糖浆,面糊(如用于鱼和禽肉的拖面糊),裹粉,煎炸粉,除胶基糖果以外的其他糖果	0.3	
固体复合调味料,粉圆	0.2	
液体复合调味料(不包括醋、酱油)	0.15	
蜜饯凉果,装饰性果蔬,腌渍的蔬菜,熟制豆类,加工坚果与籽类,可可制品、巧克力和巧克力制品(包括代可可脂巧克力及制品)以及糖果(可可制品除外),虾味片,糕点上彩装,香辛料酱(如芥末酱、青芥酱),饮料类(包装饮用水除外),配制酒,膨化食品	0.1	以柠檬黄计,布丁粉、果冻粉、固体饮料按冲调倍数增加使用量
即食谷物[包括碾轧燕麦(片)]	0.08	
谷类和淀粉类甜品(如米布丁、木薯布丁)	0.06	
风味发酵乳,调制炼乳(包括加糖炼乳及使用了非乳原料的调制炼乳等),冷冻饮品(食用冰除外),焙烤食品馅料及表面用挂浆(仅限风味派馅料),焙烤食品馅料及表面用挂浆(仅限饼干夹心和蛋糕夹心),果冻	0.05	
蛋卷	0.04	

注意事项:柠檬黄不能用于婴幼儿食品,也不能用于饼干。人如果长期或一次性大量食用柠檬黄含量超标的食品,可能会引起过敏、腹泻等症状。当摄入量过大,超过肝脏负荷时,会在体内蓄积,对肾脏、肝脏产生一定伤害,严重的会致癌。

7. 日落黄

日落黄(sunset yellow)也称晚霞黄、夕阳黄。化学名称为 6-羟基-5-[（4-磺酸基苯基)偶氮]-2-萘磺酸二钠盐,为水溶性偶氮类色素。分子式为 $C_{16}H_{10}N_2Na_2O_7S_2$,相对分子质量 452.37。

（1）特性

日落黄为橙红色颗粒或粉末，无臭。易溶于水、甘油、丙二醇，0.1%水溶液呈橙黄色。微溶于乙醇，不溶于油脂。易吸湿，耐光性、耐热性强。在柠檬酸、酒石酸中稳定，耐酸性强，遇碱呈红褐色，耐碱性好，还原时褪色。最大吸收波长为（482±2）nm。着色牢度强。

（2）毒性

日落黄大鼠经口 LD_{50} > 2 g/kg，ADI 为 0～2.5 mg/kg。

（3）使用

按照 GB 2760—2014，日落黄及其铝色淀的使用标准见表4-7。

表 4-7   日落黄及其铝色淀的使用标准

功能：着色剂

食品名称	最大使用量/(g/kg)	备注
固体饮料	0.6	
果酱，水果调味糖浆，半固体复合调味料	0.5	
其他调味糖浆，巧克力和巧克力制品（以可可为主要原料的脂、粉、浆、酱、馅等可可制品除外），除胶基糖果以外的其他糖果，糖果和巧克力制品包衣，面糊（如用于鱼和禽肉的拖面糊），裹粉，煎炸粉，焙烤食品馅料及表面用挂浆（仅限布丁、糕点）	0.3	
装饰性果蔬，复合调味料，粉圆	0.2	
水果罐头（仅限西瓜酱罐头），蜜饯凉果，熟制豆类，加工坚果与籽类，可可制品、巧克力和巧克力制品（包括代可可脂巧克力及制品）以及糖果（以可可为主要原料的脂、粉、浆、酱、馅等可可制品、装饰糖果、顶饰和甜汁除外），虾味片，糕点上彩装，焙烤食品馅料及表面用挂浆（仅限饼干夹心），果蔬汁（浆）饮料，乳酸菌饮料，植物蛋白饮料，碳酸饮料，特殊用途饮料，风味饮料，配制酒，膨化食品	0.1	以日落黄计，布丁粉、果冻粉按冲调倍数增加使用量
冷冻饮品（食用冰除外）	0.09	
调制乳，风味发酵乳，调制炼乳（包括加糖炼乳及使用了非乳原料的调制炼乳等），含乳饮料	0.05	
果冻	0.025	
谷类和淀粉类甜品（如米布丁、木薯布丁）	0.02	

8. 亮蓝

亮蓝（brilliant blue）也称 C.I.食用蓝色2号。化学名称为3-[N-乙基-N-[4-[[4-[N-乙基-N-(3-磺基苄基)-氨基]苯基](2-磺基苯基)亚甲基]-2,5-环己二烯基-1-亚基]氨基甲基]-苯磺酸二钠盐，为水溶性非偶氮类色素。分子式为 $C_{37}H_{34}N_2Na_2O_9S_3$，相对分子质量792.84。

（1）特性

亮蓝为有金属光泽的深紫色至青铜色颗粒或粉末。无臭，易溶于水，水溶液呈蓝色。溶解度为18.7 g/100 mL。弱酸时呈青色，强酸时呈黄色，在沸腾碱液中呈紫色。可溶于甘油、乙二醇和乙醇,不溶于油脂。耐光性和耐热性(205 ℃)好。耐酸性、耐碱性、耐盐性、耐微生物性强,在酒石酸、柠檬酸中稳定。其水溶液加金属盐后会缓慢出现沉淀。其耐还原作用较偶氮类色素强,与柠檬黄并用可配成绿色色素。

(2)毒性

亮蓝大鼠经口 $LD_{50} > 2$ g/kg,ADI 为 $0 \sim 12.5$ mg/kg。用含有 0.5%、1%、2%、5% 亮蓝的饲料喂养大鼠 2 年,未发现异常。

(3)使用

按照 GB 2760—2014,亮蓝及其铝色淀的使用标准见表 4-8。

表 4-8　亮蓝及其铝色淀的使用标准

功能:着色剂

食品名称	最大使用量/(g/kg)	备注
果酱,水果调味糖浆,半固体复合调味料	0.5	
可可制品,巧克力和巧克力制品(包括代可可脂巧克力及制品)以及糖果	0.3	
固体饮料	0.2	
装饰性果蔬,粉圆	0.1	
熟制坚果与籽类(仅限油炸坚果与籽类),膨化食品,焙烤食品馅料及表面用挂浆(仅限风味派馅料)	0.05	
风味发酵乳,调制炼乳(包括加糖炼乳及使用了非乳原料的调制炼乳等),冷冻饮品(食用冰除外),凉果类,腌渍的蔬菜,熟制豆类,加工坚果与籽类,虾味片,焙烤食品馅料及表面用挂浆(仅限饼干夹心),调味糖浆,果蔬汁(浆)饮料,含乳饮料,碳酸饮料,风味饮料(仅限果味饮料),配制酒,果冻	0.025	以亮蓝计,果冻粉按冲调倍数增加使用量
饮料(包装饮用水除外)	0.02	
即食谷物[包括碾轧燕麦(片),仅限可可玉米片]	0.015	
香辛料及粉,香辛料酱(如芥末酱、青芥酱)	0.01	

9. 靛蓝

靛蓝(indigotine)也称酸性靛蓝、磺化靛蓝。化学名称为 $2,2'$-双氮苷型靛,为水溶性非偶氮类色素。分子式为 $C_{16}H_{10}N_2O_2$,相对分子质量 262.2628。

(1)特性

靛蓝为蓝色粉末,无臭。0.05%水溶液呈深蓝色。微溶于水、乙醇、甘油、丙二醇,不溶于油脂。25 ℃时在水中溶解度为 1.6%。耐光性。耐热性、耐酸性、耐碱性、耐盐性、耐氧化性、耐细菌性都差,还原时褪色,但染着力好。最大吸收波长为(610 ± 2) nm。

(2)毒性

靛蓝经动物实验证实其安全性高,在世界各国普遍允许使用。大鼠经口 LD_{50} 为 2 g/kg,小鼠经口 LD_{50} 为 2.5 g/kg。ADI 为 $0 \sim 5$ mg/kg。

（3）使用

按照 GB 2760—2014，靛蓝及其铝色淀的使用标准见表 4-9。

表 4-9　靛蓝及其铝色淀的使用标准

功能：着色剂

食品名称	最大使用量/(g/kg)	备注
除胶基糖果以外的其他糖果	0.3	
装饰性果蔬	0.2	
蜜饯类，凉果类，可可制品、巧克力和巧克力制品（包括代可可脂巧克力及制品）以及糖果（可可制品除外），糕点上彩装，焙烤食品馅料及表面用挂浆（仅限饼干夹心），果蔬汁（浆）类饮料，碳酸饮料，风味饮料（仅限果味饮料），配制酒	0.1	以靛蓝计，固体饮料按稀释倍数增加使用量
熟制坚果与籽类（仅限油炸坚果与籽类），膨化食品	0.05	
腌渍的蔬菜	0.01	

10. 叶绿素铜钠盐

叶绿素铜钠盐(chlorophyllin copper complex sodium salt)也称叶绿素铜钠，是以蚕粪或三叶草、苜蓿、竹子等植物的叶子为原料，经过丙酮或乙醇提取叶绿素后，用铜盐置换镁，再通过皂化过程制得。因而，叶绿素铜钠盐为半合成色素。主要包括铜叶绿酸二钠（分子式为 $C_{34}H_{30}O_5N_4CuNa_2$，相对分子质量 684.16）和铜叶绿酸三钠（分子式为 $C_{34}H_{31}O_6N_4CuNa_3$，相对分子质量 724.17）。

（1）特性

叶绿素铜钠盐为墨绿色至黑色粉末，无臭或略臭。易溶于水，水溶液呈蓝绿色，透明，无沉淀。1% 溶液 pH 为 9.5~10.2，当 pH 在 6.5 以下时，遇钙可产生沉淀。略溶于乙醇和氯仿，几乎不溶于乙醚和石油醚。耐光性比叶绿素强，加热至 110 ℃ 以上分解。

（2）毒性

叶绿素铜钠盐大鼠经口 LD_{50} >10 g/kg，ADI 为 0~15 mg/kg。安全性高，除美国外，世界其他各国普遍允许使用。日本按化学合成品对待。

（3）使用

按照 GB 2760—2014，叶绿素铜钠盐的使用标准见表 4-10。

表 4-10　叶绿素铜钠盐的使用标准

功能：着色剂

食品名称	最大使用量/(g/kg)	备注
冷冻饮品（食用冰除外），蔬菜罐头，熟制豆类，加工坚果与籽类，糖果，粉圆，焙烤食品，饮料类（包装饮用水除外），配制酒，果冻	0.5	固体饮料、果冻粉按稀释倍数增加使用量
果蔬汁（浆）类饮料按生产需要适量使用	按生产需要适量使用	

二、天然色素

1. 天然色素的类型

天然色素是从动植物及微生物中提取得到的色素,以植物性色素占多数,如叶绿素、类胡萝卜素、花色苷等。天然色素的类型有以下几类。

(1)根据形态分

①以其原貌使用的:如浓缩果汁、水果果酱。

②对天然物采用干燥、粉碎等手段获得的:如红曲米粉、红甜菜粉、姜黄粉等。

③从天然资源(包括发酵产物)中提取色素成分,浓缩、干燥制成的:如甜菜红、葡萄皮红、红曲红、栀子黄、红花黄、藻蓝等。

④经加热处理、酶处理而得到的:如加热处理的焦糖色、酶处理的栀子蓝等。

⑤以前是天然的,但现在也有被合成的:如β-胡萝卜素。

(2)根据原料来源分

①植物色素:含在植物体各部位的色素,如果实中的桑椹红、花萼中的玫瑰茄红、花瓣中的叶黄素、块根中的紫甘薯色素等。

②动物色素:含在动物体内的色素,如胭脂虫红。

③微生物色素:如红曲霉中的红曲红。

④矿物色素:通常不列入天然食用色素,如二氧化钛。

(3)根据化学结构分

①类胡萝卜素类色素:如β-胡萝卜素、番茄红素、栀子黄等。

②花色苷类色素:如红米红、玫瑰茄红、紫甘薯色素等。

③黄酮类及其他酮类色素:如红曲红、高粱红、姜黄素等。

④卟啉色素:如叶绿素、藻蓝等。

⑤醌类色素:如紫草红、紫胶红等。

⑥焦糖类色素:如焦糖色。

⑦β-花色苷及其他类色素:如甜菜红等。

2. 天然色素的优缺点

天然色素来源于天然产物,一般来讲其安全性相对较高,但与合成色素的比较,其不足之处主要体现在以下几方面。

(1)天然色素的使用

①稳定性较差:天然色素易受食品加工条件的影响。如耐加热能力、耐酸碱度程度不如合成色素。

②着色力较差:天然色素多为混合物,一般着色力不如合成色素。天然色素多为疏水性组分,应用范围受到一定的制约,而且其相对分子质量较大,从而影响与其他物质的吸附性或着色力。

③不适宜拼色:天然色素由于其组分复杂,很难随意实现与其他色素进行混合拼色和运用。

④用量大:由于天然色素的色价值比合成色素低,为达到着色效果,其添加的剂量往往大于合成色素。

⑤价格较高:几乎所有天然色素的价格都高于合成色素,因此在同样的情况下,使用天然色素的加工成本比较高。

(2)天然色素的生产和制备

①自然含量较低:天然色素在动植物中的含量一般比较低。因此,生产过程需要消耗大量的原料资源,导致产生更多需要回收处理的副产品与下脚料,从而增加了生产成本和副产物与溶剂的残留物。

②生产规模大:一般天然色素的生产需要繁多的预处理,需要大量的水、有机溶剂的提取及回收,相应的设备比较复杂和庞大。

③成品成分复杂:多数天然色素成品为混合物制剂,由于其成分复杂,较难实现产品成分的测试和质量管理,而且难以辨析成分特性和毒理学参数。

3. 常用的天然色素

根据 GB 2760—2014,我国批准使用的天然色素有 β-胡萝卜素、红曲红、番茄红素、辣椒红、甜菜红、胭脂虫红、高粱红、姜黄素、栀子黄、叶绿素、藻蓝、焦糖色、可可色素等 50 余种。实际使用时,要注意温度、氧气、pH、光线等条件对色素的影响。

(1)β-胡萝卜素

β-胡萝卜素(beta-carotene)又称 C. I.食用橙色 5 号,是胡萝卜素中的一种异构体,以异戊二烯残基为单元组成共轭双键,属多烯色素。分子式为 $C_{40}H_{56}$,相对分子质量 536.88。

①特性:β-胡萝卜素是一种橘黄色的脂溶性化合物,为深红紫色至暗红色结晶性粉末,略有特异臭味。不溶于水、甘油、丙二醇、酸和碱,溶于苯、二硫化碳、三氯甲烷,微溶于乙醚、石油醚、环己烷、植物油,几乎不溶于甲醇、乙醇。稀溶液呈橙黄色、黄色,浓度增大时呈橙色至橙红色。对光、热、氧不稳定,不耐酸,但对弱碱性比较稳定。不受抗坏血酸等还原剂的影响,重金属离子特别是 Fe^{3+} 可促使其褪色。对油脂性食品的着色性能良好。

β-胡萝卜素是维生素 A 的前体物质,在体内可转化为维生素 A,因此具有维生素 A 的生理活性,还具有抗氧化、提高免疫能力、抗肿瘤等活性,是一种功能性食品添加剂。天然 β-胡萝卜素以盐藻为原料提取制备,可通过微生物发酵法制备,或者通过化学方法合成制备。β-胡萝卜素(天然提取)按照 QB 1414—1991 执行,β-胡萝卜素(发酵法)按照 GB 28310—2012执行,β-胡萝卜素(化学合成)按照 GB 8821—2011 执行。

②毒性:β-胡萝卜素狗经口 $LD_{50} > 8$ g/kg,ADI 为 $0 \sim 5$ mg/kg。用添加 20 mg/kg β-胡萝卜素的饲料喂养大白鼠的实验组,连续 6 个月,未发现大白鼠有任何异常变化。在饲料中加入 0.01% 的 β-胡萝卜素,喂养大鼠四代,未发现不良影响。

③使用:按照 GB 2760—2014,β-胡萝卜素的使用标准见表 4-11。

表 4-11　β-胡萝卜素的使用标准

功能:着色剂

食品名称	最大使用量/(g/kg)	备注
糖果和巧克力制品包衣,装饰糖果(如工艺造型、用于蛋糕装饰)、顶饰(非水果材料)和甜汁	20.0	
肉制品的可食用动物肠衣类	5.0	
固体复合调味料,半固体复合调味料,果蔬汁(浆)类饮料,蛋白饮料类,碳酸饮料,茶(类)饮料,咖啡(类)饮料,特殊用途饮料,风味饮料	2.0	
调制乳,风味发酵乳,调制乳粉和调制奶油粉,熟化干酪,再制干酪,干酪类似品,以乳为主要配料的即食风味食品或其预制产品(不包括冰激凌和风味发酵乳),水油状脂肪乳化制品(黄油和浓缩黄油除外),水油状脂肪乳化制品类以外的脂肪乳化制品[包括混合的和(或)调味的脂肪乳化制品],脂肪类甜品,冷冻饮品(食用冰除外),醋、油或盐渍水果,水果罐头,果酱,蜜饯凉果,水果甜品(包括果味液体甜品),蔬菜泥(酱)(番茄沙司除外),其他加工蔬菜,其他加工食用菌和藻类,加工坚果与籽类,面糊(如用于鱼和禽肉的拖面糊),裹粉,煎炸粉,油炸面制品,杂粮罐头,方便米面制品,冷冻米面制品,谷类和淀粉类甜品(如米布丁、木薯布丁),粮食制品馅料,焙烤食品,冷冻鱼糜制品(包括鱼丸等),预制水产品(半成品),熟制水产品(可直接食用),蛋制品(改变其物理性状)(脱水蛋制品、蛋液与液态蛋除外),液体复合调味料(不包括醋、酱油),植物饮料,果冻	1.0	固体饮料、果冻粉按稀释倍数增加使用量
蒸馏酒,发酵酒(葡萄酒除外)	0.6	
其他果酱(如印度酸辣酱),糖果,水产品罐头	0.5	
即食谷物[包括碾轧燕麦(片)]	0.4	
发酵的水果制品,干制蔬菜,蔬菜罐头,食用菌和藻类罐头	0.2	
其他蛋制品	0.15	
腌渍的蔬菜,腌渍的食用菌和藻类	0.132	
装饰性果蔬,可可制品、巧克力和巧克力制品(包括代可可脂巧克力及制品),焙烤食品馅料及表面用挂浆,膨化食品	0.1	
其他油脂或油脂制品(仅限植脂末)	0.065	
非熟化干酪	0.06	
调味糖浆	0.05	
稀奶油(淡奶油)及其类似品(稀奶油除外),熟肉制品	0.02	

(2)红曲红

红曲红(monascus red)是指将红曲米用乙醇抽提得到的液体红曲色素或从红曲霉的深层培养液中提取、结晶、精制得到的产物。其主要有 6 种呈色成分,分别为红色色素(分子式为 $C_{21}H_{22}O_5$,相对分子质量 354)、红曲红素(分子式为 $C_{23}H_{26}O_5$,相对分子质量 382)、黄色色素(分子式为 $C_{21}H_{26}O_5$,相对分子质量 358)、红曲黄素(分子式为 $C_{23}H_{30}O_5$,相对分子质量 386)、紫色色素(分子式为 $C_{21}H_{23}NO_4$,相对分子质量 353)、红曲红胺(分子式为 $C_{23}H_{27}NO_4$,相对分子质量381)。

①特性:红曲红是深紫红色液体或粉末或糊状物,略带异臭。不溶于油脂及非极性溶剂,在pH<4.0介质中,溶解度降低,易溶于乙醇、丙二醇、丙三醇和它们的水溶液。熔点为160~192 ℃,水溶液最大吸收波长为(490±2) nm,乙醇溶液最大吸收波长为470 nm,溶液为薄层时为鲜红色,厚层时带黑褐色并有荧光。对环境pH稳定,几乎不受金属离子(Ca^{2+}、Mg^{2+}、Fe^{2+}、Cu^{2+})和0.1%过氧化氢、维生素C、亚硫酸钠等氧化剂、还原剂的影响。耐热性、耐酸性强,其醇溶液对紫外线相当稳定,但经阳光直射可使其褪色。对蛋白质着色性能好,一旦染着,经水洗也不掉色。

②毒性:红曲红小鼠经口$LD_{50}>20$ g/kg,小鼠腹腔注射LD_{50}为7 g/kg。Ames试验无致突变作用,亚急性毒性试验、霉菌素试验均未发现异常。

③使用:按照GB 2760—2014,红曲红的使用标准见表4-12。

表4-12　红曲红的使用标准

功能:着色剂

食品名称	最大使用量/(g/kg)	备注
焙烤食品馅料及表面用挂浆	1.0	
糕点	0.9	
风味发酵乳	0.8	
调制乳,调制炼乳(包括加糖炼乳及使用了非乳原料的调制炼乳等),冷冻饮品(食用冰除外),果酱,腌渍的蔬菜,蔬菜泥(酱)(番茄沙司除外),腐乳类,熟制坚果与籽类(仅限油炸坚果与籽类),糖果,装饰糖果(如工艺造型、用于蛋糕装饰)、顶饰(非水果材料)和甜汁,方便米面制品,粮食制品馅料,饼干,腌腊肉制品类(如咸肉、腊肉、板鸭、中式火腿、腊肠),熟肉制品,调味糖浆,调味品(盐及代盐制品除外),果蔬汁(浆)类饮料,蛋白饮料,碳酸饮料,固体饮料,风味饮料(仅限果味饮料),配制酒,果冻,膨化食品	按生产需要适量使用	果冻粉按稀释倍数增加使用量

注意事项:①红曲红适用于酸性食品着色,最适pH<3。使用中应避免接触铅和大量铁离子,以防褪色、沉淀,且注意避免遇碱而变色。②用于汽酒生产,应注意其产品3个月后有玫瑰样沉淀。

(3)番茄红素

番茄红素(lycopene)是由番茄的果实经油脂提取,或先脱水,再用己烷、醋酸乙酯或丙酮提取后脱去溶剂而得。它是一种类胡萝卜素,具有很强的抗氧化功能,但没有维生素A的生理活性。成熟的红色植物果实中含量较高,特别是在番茄、胡萝卜、木瓜、西瓜、番石榴等中更为丰富。分子式为$C_{40}H_{56}$,相对分子质量536.85。

①特性:番茄红素为深红色膏状物或油状液体或粉末(晶体)。易溶于氯仿、苯、油脂中,不溶于水,微溶于甲醇、乙醇。对光和氧不稳定,遇铁变成褐色,需贮存于阴凉干燥处,避光密封。

②毒性:在动物实验中,天然番茄红素的经口$LD_{50}>5$ g/kg,ADI值不作特殊规定。对合成番茄红素,每日给予大鼠1000 mg/kg剂量的番茄红素100 d,或每日给予20 mg/kg的番茄红素200 d,未观察到任何由受试物引起的毒性反应。番茄红素的遗传毒性试验研究

（体内微核试验、TK 基因突变试验、染色体畸变试验等）均表明其不具有诱变性。

③使用：按照 GB 2760—2014，番茄红素的使用标准见表 4-13。

表 4-13 番茄红、番茄红素的使用标准

功能：着色剂

食品名称	最大使用量/(g/kg)	备注
番茄红		
风味发酵乳，饮料类（包装饮用水除外）	0.006	固体饮料按稀释倍数增加使用量
番茄红素		
固体汤料	0.39	以纯番茄红素计，固体饮料、果冻粉按稀释倍数增加使用量
糖果	0.06	
即食谷物［包括碾轧燕麦（片）］，焙烤食品，果冻	0.05	
半固体复合调味料	0.04	
调制乳，风味发酵乳，饮料类（包装饮用水除外）	0.015	

（4）辣椒红

辣椒红（paprika red）是以红辣椒为原料，用酒精或丙酮反复提取，以石油醚重结晶而得。主要成分为辣椒红素（分子式为 $C_{40}H_{56}O_3$，相对分子质量 584.87）和辣椒玉红素（分子式为 $C_{40}H_{56}O_4$，相对分子质量 600.87）。

①特性：辣椒红为深红色黏性油状液体。不溶于水，可任意溶解于丙酮、氯仿、正己烷、食用油。易溶于乙醇，稍难溶于丙三醇。在石油醚（汽油）中最大吸收峰波长为 475.5 nm，在正己烷中为 504 nm，在苯中为 486 nm 和 519 nm，在二硫化碳中为 503 nm 和 542 nm。耐光性差，波长 210～440 nm，特别是 285 nm 紫外光可促使其褪色。对热稳定，160 ℃加热 2 h 几乎不褪色。

②毒性：辣椒红小鼠经口 LD_{50}>75 mL/kg（雄性，油溶型色素）。

③使用：按照 GB 2760—2014，辣椒红的使用标准见表 4-14。

表 4-14 辣椒红的使用标准

功能：着色剂

食品名称	最大使用量/(g/kg)	备注
冷冻米面制品	2.0	
焙烤食品馅料及表面用挂浆	1.0	
糕点	0.9	
调理肉制品（生肉添加调理料）	0.1	
冷冻饮品（食用冰除外），腌渍的蔬菜，熟制坚果与籽类（仅限油炸坚果与籽类），可可制品、巧克力和巧克力制品（包括代可可脂巧克力及制品），糖果，面糊（如用于鱼和禽肉的拖面糊），裹粉，煎炸粉，方便米面制品，粮食制品馅料，糕点上彩装，饼干，腌腊肉制品类（如咸肉、腊肉、板鸭、中式火腿、腊肠），熟肉制品，冷冻鱼糜制品（包括鱼丸等），调味品（盐及代盐制品除外），果蔬汁（浆）类饮料，蛋白饮料，果冻，膨化食品	按生产需要适量使用	固体饮料、果冻粉按稀释倍数增加使用量

（5）姜黄素

姜黄素（curcumin）是从姜科、天南星科中的一些植物的根茎中提取的一种二酮类化合

物,其中,姜黄中含姜黄素3%～6%,是植物界很稀少的具有二酮结构的色素。分子式为 $C_{21}H_{20}O_6$,相对分子质量368.38。

①特性:姜黄素为橙黄色结晶粉末,味稍苦。不溶于水和乙醚,溶于乙醇、丙二醇,易溶于冰醋酸和碱溶液,在酸性、中性时呈黄色,在碱性时呈红褐色。对还原剂的稳定性较强,着色力强,一经着色后就不易褪色,但对光、热、铁离子敏感,耐光性、耐热性、耐铁离子性较差。

②毒性:姜黄素小鼠经口 LD_{50} >2 g/kg,ADI值暂定0～3 mg/kg。

③使用:按照 GB 2760—2014,姜黄素的使用标准见表4-15。

表 4-15 姜黄素的使用标准

功能:着色剂

食品名称	最大使用量/(g/kg)	备注
糖果	0.7	
装饰糖果(如工艺造型、用于蛋糕装饰)、顶饰(非水果材料)和甜汁,方便米面制品,调味糖浆	0.5	
面糊(如用于鱼和禽肉的拖面糊),裹粉,煎炸粉	0.3	
冷冻饮品(食用冰除外)	0.15	固体饮料、果冻粉按稀释倍数增加使用量
复合调味料	0.1	
可可制品,巧克力和巧克力制品(包括代可可脂巧克力及制品)以及糖果,碳酸饮料,果冻	0.01	
熟制坚果与籽类(仅限油炸坚果与籽类),粮食制品馅料,膨化食品	按生产需要适量使用	

(6)栀子黄

栀子黄(gardenia yellow)别名藏花素,是将茜草科植物栀子的果实粉碎,用水或乙醇浸出制成黄色液体,然后浓缩、干燥而成。或将藏红花干燥后,先用乙醚热浸,再用7%乙醇冷浸,后添加95%乙醇放置后析出油状物质,用乙醇、乙醚热浸溶液处理而得晶体。属于类胡萝卜素系列。分子式为 $C_{44}H_{64}O_{24}$,相对分子质量976.975。

①特性:栀子黄为橙黄色结晶性粉末,微臭。易溶于水,在水中立即溶解成透明的黄色液体。溶于乙醇和丙二醇,不溶于油脂。pH对色调几乎无影响。其色调在酸性(pH为4～6)和碱性(pH为8～11)时都比 β-胡萝卜素稳定,特别在碱性中黄色更鲜明,在波长440 nm附近吸光度最大。耐盐性、耐还原性、耐微生物性较好,在中性或偏碱性条件下,耐光性、耐热性较好,而在低pH时耐热性、耐光性较差,易褐变。对蛋白质和淀粉染色效果较好,在水溶液中则不够稳定。在酸性时比在碱性时褪色显著。对金属离子相当稳定,但铁离子有使栀子黄变黑的倾向。

②毒性:栀子黄大鼠经口 LD_{50} 为4.64 g/kg(雄性)、3.16 g/kg(雌性);小鼠经口 LD_{50} > 2 g/kg。用添加2%栀子黄色素的饲料进行亚慢性毒性试验,结果无任何异常。

③使用:按照 GB 2760—2014,栀子黄的使用标准见表4-16。

表 4-16　栀子黄的使用标准

功能:着色剂

食品名称	最大使用量/(g/kg)	备注
人造黄油(人造奶油)及其类似制品(如黄油和人造黄油混合品),腌渍的蔬菜,熟制坚果与籽类(仅限油炸坚果与籽类),方便米面制品,粮食制品馅料,饼干,熟肉制品(仅限禽肉熟制品),调味品(盐及代盐制品除外),固体饮料	1.5	
生湿面制品(如面条、饺子皮、馄饨皮、烧卖皮),焙烤食品馅料及表面用挂浆	1.0	果冻粉按稀释倍数增加使用量
糕点	0.9	
冷冻饮品(食用冰除外),蜜饯类,坚果与籽类罐头,可可制品、巧克力和巧克力制品(包括代可可脂巧克力及制品)以及糖果,生干面制品,果蔬汁(浆)类饮料,风味饮料(仅限果味饮料),配制酒,果冻,膨化食品	0.3	

(7)藻蓝

藻蓝(spirulina blue)也称海藻蓝,取海水或淡水养殖螺旋藻,冲洗、破碎、提取、离心取上清液,浓缩,加入稳定剂后干燥制得。主要着色成分是 C-藻蓝蛋白、C-藻红蛋白、异藻蓝蛋白。藻蓝蛋白含量约 20%。主体结构分子式为 $C_{34}H_{39}N_3O_6$,相对分子质量 585.71。

①特性:藻蓝为亮蓝色粉末,属于蛋白质结合色素,具有与蛋白质相同的性质。易溶于水,有机溶剂对其有破坏作用。在 pH 3.5～10.5 范围内呈海蓝色,pH 为 4～8 时颜色稳定,pH 3.4 为其等电点,藻蓝析出。对光较稳定,对热敏感,金属离子对其有不良影响。

②毒性:藻蓝小鼠经口 LD_{50}＞33 g/kg。骨髓微核试验,无致突变作用。

③使用:按照 GB 2760—2014,藻蓝的使用标准见表 4-17。

表 4-17　藻蓝的使用标准

功能:着色剂

食品名称	最大使用量/(g/kg)	备注
冷冻饮品(食用冰除外),糖果,香辛料及粉,果蔬汁(浆)类料,风味饮料,果冻	0.8	固体饮料、果冻粉按稀释倍数增加使用量

(8)焦糖色

焦糖色(caramel colour)又称焦糖或酱色,是把糖煮到 170 ℃时焦化产生的物质。焦糖按生产过程中是否加入酸、碱、盐等,可分为:①焦糖色(普通法),即普通焦糖,生产中用或不用酸(食品级的硫酸、亚硫酸、磷酸、乙酸和柠檬酸)或碱(氢氧化钠、氢氧化钾、氢氧化钙),但不用铵或亚硫酸化合物加热制得。②焦糖色(苛性亚硫酸盐法),即苛性亚硫酸盐焦糖,在亚硫酸盐存下,用或不用酸或碱,但不使用铵化合物加热制得。③焦糖色(氨法),即氨法焦糖,在铵化合物存下,用或不用酸或碱,但不使用亚硫酸盐加热制得。④焦糖色(亚硫酸铵法),即亚硫酸铵焦糖,在亚硫酸盐和铵化合物两者存下,用或不用酸或碱加热制得。

①特性:焦糖色为深褐色的液体或固体,有特殊的甜香气和愉快的焦苦味。易溶于水,溶于稀醇溶液,不溶于有机溶剂、油脂。经稀释后的焦糖水溶液呈透明的棕红色。标准粉状制品的含水量为 5%。焦糖色耐光、耐热,在日光下至少能保存 6 h。具有胶体性质,有等电点。一

般 pH 为 3～4.5,焦糖的色调受 pH 和在大气中暴露时间的影响。pH>6.0 时易发霉。

在生产中,以砂糖为原料制得的焦糖色对酸、盐较稳定,红色色度高,着色力强。以葡萄糖、淀粉为原料,用碱作催化剂制得的焦糖色耐碱性强,红色色度高,对酸、盐不稳定。用酸作催化剂制得的焦糖色对酸、盐均较稳定,红色色度高,但着色力弱。

②毒性:焦糖色大鼠经口 LD_{50}>1.9 g/kg。普通法焦糖色安全性高,其 ADI 无需规定;苛性亚硫酸盐焦糖色的 ADI 为 0～160 mg/kg;氨法和亚硫酸铵焦糖色的 ADI 暂定为 0～200 mg/kg。

③使用:按照 GB 2760—2014,焦糖色的使用标准见表 4-18。

表 4-18　焦糖色的使用标准

食品名称	最大使用量/(g/kg)	备注
焦糖色(普通法)功能:着色剂		
威士忌,朗姆酒	6.0 g/L	
膨化食品	2.5	
果酱	1.5	
调制炼乳(包括加糖炼乳及使用了非乳原料的调制炼乳等),冷冻饮品(食用冰除外),可可制品、巧克力和巧克力制品(包括代可可脂巧克力及制品)以及糖果,面糊(如用于鱼和禽肉的拖面糊),裹粉,煎炸粉,即食谷物[包括碾轧燕麦(片)],饼干,焙烤食品馅料及表面用挂浆(仅限风味派馅料),调理肉制品(生肉添加调理料),调味糖浆,醋,酱油,酱及酱制品,复合调味料,果蔬汁(浆)类饮料,含乳饮料,风味饮料(仅限果味饮料),白兰地,配制酒,调香葡萄酒,黄酒,啤酒和麦芽饮料,果冻	按生产需要适量使用	固体饮料、果冻粉按稀释倍数增加使用量
焦糖色(苛性硫酸盐)功能:着色剂		
威士忌,白兰地,朗姆酒,配制酒	6.0 g/L	
焦糖色(加氨生产)功能:着色剂		
白兰地,配制酒,调香葡萄酒,啤酒和麦芽饮料	50.0 g/L	
果冻	50.0	
黄酒	30.0 g/L	
面糊(如用于鱼和禽肉的拖面糊),裹粉,煎炸粉	12.0	
威士忌,朗姆酒	6.0 g/L	
风味饮料(仅限果味饮料)	5.0	
调制炼乳(包括加糖炼乳及使用了非乳原料的调制炼乳等),冷冻饮品(食用冰除外),含乳饮料	2.0	
果酱	1.5	
醋	1.0	
可可制品,巧克力和巧克力制品(包括代可可脂巧克力及制品)以及糖果,粉圆,即食谷物[包括碾轧燕麦(片)],饼干,调味糖浆,酱油,酱及酱制品,复合调味料,果蔬汁(浆)类饮料	按生产需要适量使用	

食品名称	最大使用量/(g/kg)	备注
焦糖色(亚硫酸铵法)功能:着色剂		
饼干,复合调味料	50.0	
白兰地,配制酒,调香葡萄酒,啤酒和麦芽饮料	50.0 g/L	
黄酒	30.0 g/L	
酱及酱制品,料酒及制品,茶(类)饮料	10.0	
粮食制品馅料(仅限风味派)	7.5	
威士忌,朗姆酒	6.0 g/L	
面糊(如用于鱼和禽肉的拖面糊),裹粉,煎炸粉,即食谷物[包括碾轧燕麦(片)]	2.5	固体饮料、果冻粉按稀释倍数增加使用量
冷冻饮品(食用冰除外),含乳饮料	2.0	
调制炼乳(包括加糖炼乳及使用了非乳原料的调制炼乳等)	1.0	
咖啡(类)饮料,植物饮料	0.1	
可可制品,巧克力和巧克力制品(包括代可可脂巧克力及制品)以及糖果,酱油,果蔬汁(浆)类饮料,碳酸饮料,风味饮料(仅限果味饮料),固体饮料	按生产需要适量使用	

④应用实例

在软饮料中的应用。焦糖色在软饮料中用量最大,如碳酸饮料,焦糖色被广泛应用。特别是可乐型饮料,是由焦糖色素中的亚硫酸铵法焦糖色形成的。像汽水、茶饮料、果汁等对色调要求高的饮料,通常选择红色指数高、耐酸性的焦糖色素。

在酒类中的应用。焦糖色可用于啤酒、威士忌、葡萄酒、朗姆酒等酒类制品中。在啤酒生产中,可通过添加焦糖色来提高啤酒的色度。啤酒一般选用氨法焦糖色。而其他乙醇浓度较高的酒类则选择其他种类的焦糖色。

在调味品中的应用。焦糖色可应用于酱油、醋、酱料等调味品的调色。在酱油生产中,常添加氨法焦糖色,以满足消费者对深色酱油色泽的需求。

其他应用。焦糖色还可用于肉制品中,如以植物蛋白为原料来模拟肉的着色。还可采用较高浓度的焦糖色液体或粉末状固体,来弥补面包、蛋糕着色不均匀的情况。

第二节 护色剂

护色剂又称发色剂,是指在加工过程中能与肉制品中呈色物质反应,使其不致分解、破坏,呈现良好色泽的非色素物质。食品护色剂的种类有:(1)护色剂:主要为硝酸盐和亚硝酸盐两大类。(2)护色助剂:是指可提高护色剂效果,同时可降低护色剂用量而提高其安全性的一类物质。一般是具有还原作用的有机酸,如 L-抗坏血酸及其钠盐、D-异抗坏血酸及其钠盐、烟酰胺等。

一、护色机制与毒理分析

1. 肉色物质及其变化

原料肉的红色,是由肌红蛋白(Mb)和血红蛋白(Hb)所呈现的一种感官性质。由于肉的部位不同和家畜禽品种的差异,其含量比例也不一样。对一块放血完全的原料肉,一般肌红蛋白所含血色素占剩余血色素的70%～90%,而血红蛋白只占10%～30%。因此,肌红蛋白是表现原料肉颜色的主要成分。

鲜肉中还原型的肌红蛋白稍呈暗紫红色,很不稳定,易被氧化。一开始形成氧合肌红蛋白(MbO_2),呈鲜红色。氧化后,肌红蛋白中的Fe^{2+}被氧化为Fe^{3+},变成高铁肌红蛋白,色泽变成褐色。再继续氧化,则变成氧化卟啉,呈绿色或黄色。

2. 硝酸盐作用机理

为了使肉制品呈鲜艳的红色,一般在加工过程中添加硝酸盐和亚硝酸盐。它们在肉类腌制中,是以混合盐的形式添加的。硝酸盐在细菌还原作用下,转变为亚硝酸盐。宰后成熟的肉类因有氧呼吸的中断而含乳酸,pH在5.6～5.8的范围,亚硝酸盐在此弱酸性条件下生成亚硝酸,反应式为:

$$NaNO_2 + CH_3CHOHCOOH \Longleftrightarrow HNO_2 + CH_3CHOHCOONa \tag{1}$$

亚硝酸很不稳定,即使在常温下也可分解产生亚硝基,反应式为:

$$3HNO_2 \Longleftrightarrow H^+ + NO_3^- + 2NO + H_2O \tag{2}$$

生成的亚硝基很快地与肌红蛋白反应生成鲜红色的亚硝基肌红蛋白,反应式为:

$$Mb + NO \Longleftrightarrow MbNO \tag{3}$$

亚硝基肌红蛋白遇热后,放出硫基(—SH),成为具有鲜红色的亚硝基血色原,使肉制品呈鲜红色。

反应式(2)中生成的亚硝基在含水体系中且有氧气存在的前提下最终也能形成少量的硝酸,反应式为:

$$2NO + O_2 \Longleftrightarrow 2NO_2 \tag{4}$$

$$2NO_2 + H_2O \rightarrow HNO_3 + HNO_2 \tag{5}$$

少量的硝酸,不仅可使亚硝基氧化,抑制了亚硝基肌红蛋白的生成,同时由于硝酸具有很强的氧化作用,即使肉类中含有类似于巯基的还原性物质,也无法阻止部分肌红蛋白被氧化成高铁肌红蛋白。因此,常使用护色助剂来防止肌红蛋白的氧化,同时还可以把氧化型褐色高铁肌红蛋白还原成红色的还原型肌红蛋白,再与亚硝基结合,以助护色。

护色助剂在使用L-抗坏血酸时,亚硝酸盐的用量一定要合适,否则会发生不利现象。相对于一定量的亚硝酸盐,L-抗坏血酸的用量比例大,将促进绿变。增加亚硝酸盐的用量,可防止绿变。反之,对于一定的L-抗坏血酸来说,亚硝酸盐的用量比例大,由于其氧化作用,可促进变色。

在肉制品腌制过程中,可加入适量的烟酰胺,它能与肌红蛋白结合形成稳定的烟酰胺肌红蛋白,避免肉类的氧化,防止氧化变色。将抗坏血酸与烟酰胺进行复配,用于肉制品的腌制,效果更好,能保持长时间不变色。

亚硝酸盐除了具有护色作用外,还具有独特的抑菌作用,尤其是对肉毒梭状芽孢杆菌、金黄色葡萄球菌、绿色乳杆菌等有抑制其增殖和产毒作用。另外,护色剂还具有增强肉制品特殊风味的作用。

3. 毒理分析

亚硝酸盐的使用虽然很大程度上改善了肉制品的感官与风味效果,但其毒理特性及其对食品安全的影响也不容忽视。亚硝酸盐对消费者可能构成的危害主要表现在:

(1)无论是硝酸盐还是亚硝酸盐在微生物或酸性条件下,均有可能转化为亚硝酸和亚硝基。当过量摄入后,人体血液中会出现过量的亚硝酸和亚硝基成分,可能使正常的血红蛋白变成高铁血红蛋白,失去携氧功能,最终导致机体组织缺氧,表现为头晕、恶心、呕吐,严重者会出现血压急剧下降、呼吸困难,直至休克、死亡。因此,亚硝酸盐的使用一定要有严格的控制和监管。

(2)亚硝酸在一定条件下会转化为具有强致癌性的亚硝胺(R_2N_2O),这个条件是存在一定高浓度的胺类物质,因此,亚硝酸盐不宜在鱼类等水产品中使用,尤其是不新鲜的海产品,易产生胺类物质。同时在使用亚硝酸盐时,适当补充一定的还原性物质,如 L-抗坏血酸等,会抑制和缓解亚硝胺的生成反应。

二、常用的护色剂

主要为硝酸钠、亚硝酸钠、硝酸钾、亚硝酸钾。另外,D-异抗坏血酸及其钠盐作为发色助剂添加,能起到增强发色效果,防止亚硝胺生成的作用。

1. 亚硝酸钠

亚硝酸钠(sodium nitrite)分子式为 $NaNO_2$,相对分子质量 68.995。

(1)特性

亚硝酸钠为白色结晶性粉末,易溶于水,微溶于乙醇、甲醇、乙醚。是食品添加剂中急性毒性较强的物质之一。亚硝酸钠除了护色作用外,还可产生腌肉的特殊风味。此外,对多种厌氧性梭状芽孢菌(如肉毒梭状杆菌、绿色乳杆菌等)有抑菌和抑制其产毒的作用。

(2)毒性

亚硝酸钠大鼠经口 LD_{50} 为 0.18 g/kg。人中毒量为 0.3~0.5 g,致死量为 3 g。ADI 值暂定为 0~0.2 mg/kg(亚硝酸盐总量,以亚硝酸钠计)。

(3)使用

按照 GB 2760—2014,亚硝酸钠的使用标准见表 4-19。

表 4-19　亚硝酸钠、亚硝酸钾的使用标准

功能:护色剂、防腐剂

食品名称	最大使用量/(g/kg)	备注
腌腊肉制品类(如咸肉、腊肉、板鸭、中式火腿、腊肠),酱卤肉制品类,熏、烧、烤肉类,油炸肉类,肉灌肠类,发酵肉制品类	0.15	以亚硝酸钠计,残留量≤30 mg/kg
肉罐头类	0.15	≤50 mg/kg
西式火腿(熏烤、烟熏、蒸煮火腿)类	0.15	≤70 mg/kg

2. 亚硝酸钾

亚硝酸钾(potassium nitrite)分子式为 KNO_2,相对分子质量 85.1038。

（1）特性

亚硝酸钾为白色至黄色结晶性粉末，易溶于水，不溶于丙酮，微溶于乙醇，溶于热乙醇，易溶于液氨，也有很强的吸湿性。在潮湿空气中可缓慢转变成硝酸钾。

（2）毒性

亚硝酸钾大鼠经口 LD_{50} 为 0.2 g/kg，数值比亚硝酸钠略大。ADI 和亚硝酸钠相同。

（3）使用

按照 GB 2760—2014，亚硝酸钾的使用标准同亚硝酸钠。

3. 硝酸钠

硝酸钠（sodium nitrate）分子式为 $NaNO_3$，相对分子质量 84.99。

（1）特性

硝酸钠为吸湿性无色透明三角系晶体。加热至 380 ℃时分解。极易溶于水、液氨，能溶于乙醇和甲醇，极微溶于丙酮，微溶于甘油。溶于水时吸热，溶液变冷，水溶液为中性。

硝酸钠是通过转变成亚硝酸钠，由亚硝酸钠来发挥作用。

（2）毒性

硝酸钠大鼠经口 LD_{50} 为 1.1～2.0 g/kg，ADI 为 0～5 mg/kg。用含有 0.1％、1％、5％、10％硝酸钠的饲料喂养大鼠 2 年，结果发现：添加 5％的实验群，仅仅成长稍受抑制；添加 10％的实验群发生由于饥饿而引起的形态变化。硝酸钠的主要毒性在食物中、水中、胃肠道内，特别是在婴儿的胃肠道内，被还原成亚硝酸钠，导致中毒。

（3）使用

按照 GB 2760—2014，硝酸钠的使用标准见表 4-20。

表 4-20　硝酸钠、硝酸钾的使用标准

功能：护色剂、防腐剂

食品名称	最大使用量/(g/kg)	备注
腌腊肉制品类（如咸肉、腊肉、板鸭、中式火腿、腊肠），酱卤肉制品类，熏、烧、烤肉类，油炸肉类，西式火腿（熏烤、烟熏、蒸煮火腿）类，肉灌肠类，发酵肉制品类	0.5	以亚硝酸钠（钾）计，残留量≤30 mg/kg

注意事项：使用时，硝酸钠常与亚硝酸钠复配使用，复配护色剂的组成为 66％硝酸钠、7％亚硝酸钠、27％食盐。使用量约为 0.3％。

4. 硝酸钾

硝酸钾（potassium nitrate）俗称火硝或土硝，分子式为 KNO_3，相对分子质量 101.10。

（1）特性

硝酸钾为无色透明斜方晶体或菱形晶体或白色粉末，无臭，无毒，有咸味和清凉感。在空气中吸湿微小，不易结块。易溶于水，能溶于液氨、甘油，不溶于无水乙醇、乙醚。

（2）毒性

硝酸钾大鼠经口 LD_{50} 为 3.2 g/kg，ADI 为 0～5 mg/kg。在硝酸盐中，硝酸钾的毒性较强，其所含的钾离子对人体心脏有影响。

（3）使用

按照 GB 2760—2014，硝酸钾的使用标准同硝酸钠。

三、护色剂的注意事项

(1)在肉制品加工中应严格控制亚硝酸盐及硝酸盐的使用量。

(2)虽然硝酸盐与亚硝酸盐的使用受到很大限制,但目前国内外仍在继续使用。这与它的护色功能、抑菌功能、改善食品风味的功能分不开,迄今为止尚未发现理想的替代物质,最重要的原因可能是亚硝酸盐对肉毒杆菌的抑制作用。

(3)在使用护色剂时,复配使用一些护色助剂,一方面可以提高护色效果,改善食品色泽;另一方面可适当减少硝酸盐、亚硝酸盐的添加量,降低最终有毒物质亚硝胺在人体内的积累。如用亚硝酸钠 0.01～0.03 g/kg,复配 L-抗坏血酸 0.05 g/kg。亚硝酸盐理想的护色 pH 为 5.5 左右,在碱性的条件下(如使用磷酸盐类化合物时),护色效果将会受到影响。

(4)为了降低亚硝酸根的残留量,减少亚硝胺形成的可能,尽量采用亚硝酸盐替代品。目前使用的替代品有两类:①是由着色剂、抗氧化剂/多价螯合剂和抑菌剂组成,着色剂用赤藓红,抗氧化剂/多价螯合剂用磷酸盐、多聚磷酸盐,抑菌剂用对羟基苯甲酸、山梨酸及其钾盐。②是使用抗坏血酸等助剂,能与亚硝酸盐作用以减少亚硝胺的形成。另外,山梨酸、鞣酸、没食子酸等也可以抑制亚硝胺的形成。替代品配方如:L-抗坏血酸钠 20%,L-谷氨酸钠 15%,葡萄糖酸-δ-内酯 5%,无水焦磷酸钠 4%,多磷酸钠 3%。添加量为原料肉的 0.1%～0.5%。这种助色剂不仅可产生良好的色泽,还能大幅度降低亚硝酸根残留量,防止原料肉褪色。

四、新型食品护色技术

1. 氨基酸护色技术

某些氨基酸和肽对肌红蛋白有发色效果,如在 10 mg/kg 的亚硝酸钠中加入 0.3% 的氨基酸和肽混合物,或者添加 0.5%～1.0% 赖氨酸和精氨酸等量混合物,灌肠制品的色调较好。

2. 一氧化氮护色技术

在腌肉中加入一氧化氮(NO)溶液,可产生稳定色泽。此外,NO 还有抑菌作用。如在肉制品中加入 NO 饱和的 0.025%～0.05% 的 L-抗坏血酸溶液,亚硝酸根残留量最少,色泽更好。

3. 一氧化碳护色技术

一氧化碳(CO)作为一种新型气体发色剂,在畜禽类等红色肉类加工中,如鱼类特别是金枪鱼及罗非鱼片加工中,使用较为广泛。目前直接或间接利用 CO 处理动物产品的方式主要有两种:一种是利用气调包装,将待处理产品置于包装袋中进行发色;另一种是烟熏技术,可间接利用烟过滤技术以浓缩烟中的风味成分及 CO 达到保持食品色泽的目的。

4. 亚硝基血红蛋白护色技术

采用新鲜猪血和亚硝酸盐反应可制备糖化亚硝基血红蛋白,能替代亚硝酸盐的发色作用,明显降低肉制品中亚硝酸钠的残留量。同时,血红蛋白中含有的血红素铁为有机铁,它在人体的消化吸收过程中不受植酸、磷酸盐的影响,其吸收率较普通无机铁高 3 倍以上,还能起到一定的补铁作用。另外,亚硝基血红蛋白具有普通蛋白质的全部功能特性,特别是乳化性、起泡性,在生产中受热形成胶膜,提高肉制品的弹性、保水性、切片性、粒度、产品率等。

5. 蛋黄粉发色技术

蛋黄粉中含有大量的硫化氢。硫化氢同亚硝酸盐一样,能够与肌红蛋白结合,使肉呈现鲜艳的红色。使用的蛋黄粉末要求是蛋黄的冻结干燥品或喷雾干燥品等。在酸菜液中，蛋黄粉末的含量为 5%～15%，为了加强发色效果和缩短浸渍时间，可以适当添加食盐、砂糖、L-抗坏血酸、山梨糖醇等。

6. 乙基麦芽酚和柠檬酸铁发色技术

以乙基麦芽酚和柠檬酸铁为发色剂，可长期护色。乙基麦芽酚是采用淀粉发酵而成的一种香料，柠檬酸铁是一种营养强化剂，两者对人体都无害，复配后能起到良好的呈色效果，使食品呈现美丽的红色。

7. 其他新型护色技术

其他新型护色剂，如在五碳糖和碳酸钠混合物中，添加一定量的烟酰胺，发色效果与亚硝酸盐相同，还能延缓肉类的褪色。这种新型肉类护色剂的具体成分为：在每 10 kg 的肉中加入碳酸钠 20 g、木糖 80 g、烟酰胺 30 g。

第三节　漂白剂

漂白剂是指能破坏、抑制食品的发色因素，使其褪色或使食品免于褐变的食品添加剂。漂白剂除了可改善食品色泽外，还有钝化生物酶活性、控制酶促褐变、抑制细菌繁殖等作用。按作用机制的不同，食品漂白剂分为：(1)还原型漂白剂：主要包括硫黄、二氧化硫(SO_2)、焦亚硫酸钾、焦亚硫酸钠、亚硫酸钠、亚硫酸氢钠、低亚硫酸钠。(2)氧化型漂白剂：通过本身的氧化作用破坏着色物质或发色基团，从而达到漂白的目的。常被用于小麦面粉等原料中，氧化面粉中的色素，增加面粉白度，增强面筋的韧性，因此常称为面粉处理剂，如偶氮甲酰胺。

一、还原型漂白剂

1. 使用方法

(1)熏蒸法

在密闭室内，将原料分散架放，通过燃烧硫黄粉产生 SO_2 蒸气，对食物直接进行熏蒸处理，但后处理比较复杂。特别是熏蒸时产生的 SO_2 浓度较大，操作时需格外小心，以免泄漏后造成环境污染。同时，熏蒸室应有良好的密封与通风条件，否则会影响操作人员的安全。熏蒸法多用于果脯、草药、干货等原料类的漂白和防腐处理。

(2)浸渍法

先配制一定浓度的亚硫酸盐和辅助剂溶液，将食品或原料放入溶液中，浸泡一定时间，然后经漂洗除去残留漂白剂。浸渍法效果较好，也易于操作。为提高漂白效果，可在浸泡液中补充一定的有机酸，如柠檬酸、醋酸、抗坏血酸等。

(3)直接混入法

将一定量的亚硫酸盐直接加入食物、浆汁中，用于原料、半成品的保藏，也可制成包装和罐装食品，如蘑菇罐头等。但应注意残留漂白剂对成品的影响。

(4)气体通入法

集中燃烧硫黄，将产生的 SO_2 气体不断地通入原料浸泡液中，达到漂白的效果，如淀粉糖浆生产中对淀粉乳的处理。通入的 SO_2 气体一般是过量的,因此需要有脱除的措施和处理设备。

2. 作用机理

还原型漂白剂起漂白作用的物质是 SO_2。亚硫酸盐在酸性环境中生成还原性的亚硫酸(H_2SO_3),完全酸化后形成水合二氧化硫($SO_2 \cdot H_2O$),SO_2 可直接与一些色素中的发色基团反应,使其褪色或产生漂白作用。

在溶液中,SO_2 稳定性较差,容易被氧化,更容易从溶液中逸出。因此,使用亚硫酸盐进行脱色或漂白处理时,应控制处理液为弱酸性介质或使用缓冲溶液(pH 为 4~6),控制分解 SO_2 的反应速度,以维持水溶液中含有一定浓度的 SO_2。酸度过高,会使 SO_2 浓度过大而流失。

3. 常用种类

(1)二氧化硫

二氧化硫(sulfur dioxide)又称亚硫酸酐,分子式为 SO_2,相对分子质量 64.07(含硫 50%)。

①特性:SO_2 为无色透明气体,有刺激性臭味。有毒,具窒息性。易溶于乙醇、水,对水的溶解度为 22.8%(0 ℃)、5%(50 ℃)。SO_2 溶于水后,一部分水化合成亚硫酸,亚硫酸不稳定,即使在常温下,特别是暴露在空气中时,很容易分解,当加热时更为迅速地分解而放出 SO_2。熔点为 −76.1 ℃,沸点为 −10 ℃,在 −10 ℃时冷凝成无色的液体。

在果蔬制品加工中,熏蒸法中的 SO_2 可破坏酶氧化系统,阻止氧化,使果实中单宁类物质不致氧化而变色,达到漂白的目的。如可保持果脯、蜜饯类产品的浅黄色或金黄色。SO_2还可以改变细胞膜的通透性,在脱水蔬菜的干制过程中,明显促进干燥,提高干燥率。另外,SO_2 在溶于水后形成亚硫酸,对微生物具有强烈的抑制作用,可达到防腐的效果。

②毒性:SO_2 是一种有害气体,在空气中浓度较高时,对于眼和呼吸道黏膜有强刺激性。ADI 为 0~0.7 mg/kg。

③使用:按照 GB 2760—2014,二氧化硫的使用标准见表 4-21。

表 4-21　二氧化硫、焦亚硫酸钾、焦亚硫酸钠、亚硫酸钠、亚硫酸氢钠、低亚硫酸钠的使用标准

功能:漂白剂、防腐剂、抗氧化剂

食品名称	最大使用量/(g/kg)	备注
干制蔬菜(仅限脱水马铃薯)	0.4	
蜜饯凉果	0.35	
葡萄酒,果酒	0.25 g/L	
干制蔬菜,腐竹类(包括腐竹、油皮)	0.2	
水果干类,腌渍的蔬菜,可可制品,巧克力和巧克力制品(包括代可可脂巧克力及制品)及糖果,饼干,食糖	0.1	最大使用量均以 SO_2 残留量计,甜型葡萄酒及果酒系列产品最大使用量为 0.4 g/L
经表面处理的鲜水果,蔬菜罐头(仅限竹笋、酸菜),干制的食用菌和藻类,食用菌和藻类罐头(仅限蘑菇罐头),坚果与籽类罐头,生湿面制品(仅限拉面),冷冻米面制品(仅限风味派),调味糖浆,半固体复合调味料,果蔬汁(浆),果蔬汁(浆)类饮料	0.05	
淀粉糖(果糖、葡萄糖、饴糖、部分转化糖等)	0.04	
食用淀粉	0.03	
啤酒和麦芽饮料	0.01	

（2）亚硫酸钠

亚硫酸钠（sodium sulfite）的分子式为 Na_2SO_3，相对分子质量 126.043（无结晶水，含硫 25%）。

①特性：亚硫酸钠为无色至白色六角形棱柱结晶或白色粉末，易溶于水（0℃，13.9 g/100 mL；80 ℃，28.3 g/100 mL），微溶于乙醇。在空气中缓慢氧化成硫酸盐。无臭或几乎无臭，具有清凉咸味和亚硫酸味。其水溶液呈碱性，与酸作用产生 SO_2。1%水溶液的 pH 为 8.3～9.4，具有强烈的还原性。

②毒性：亚硫酸钠大鼠静脉注射 LD_{50} 为 0.115 g/kg，ADI 为 0～0.7 mg/kg（以 SO_2 残留量计）。

③使用：按照 GB 2760—2014，亚硫酸钠的使用标准见表 4-21。使用亚硫酸钠时必须注意调节好浸渍用亚硫酸钠水溶液的 pH，以防 SO_2 超标，而且，漂白后的食品都要经过水洗，以去除多余的 SO_2。

（3）焦亚硫酸钠

焦亚硫酸钠（sodium pyrosulfite）也称偏亚硫酸钠，分子式为 $Na_2S_2O_5$，相对分子质量 190.107。

①特性：焦亚硫酸钠为白色或黄白色结晶或粉末，有强烈的 SO_2 气味。高于 50 ℃，即分解出 SO_2。溶于水，水溶液呈酸性，与强酸接触则释放出 SO_2 并生成相应的盐类。久置空气中，则氧化成低亚硫酸钠，不能长久保存。

②毒性：焦亚硫酸钠大鼠经口 LD_{50} 为 1.131 g/kg，ADI 为 0～0.7 mg/kg（以 SO_2 残留量计）。

③使用：按照 GB 2760—2014，焦亚硫酸钠的使用标准见表 4-21。

（4）低亚硫酸钠

低亚硫酸钠（sodium hydrosulfite）也称连二亚硫酸钠、次亚硫酸钠，SO_2 通入锌粉悬浮液中生成连二亚硫酸锌，在其中加入碳酸钠或氢氧化钠溶液，则生成低亚硫酸钠，再用氯化钠将其析出并干燥。分子式为 $Na_2S_2O_4$，相对分子质量 174.108。

①特性：低亚硫酸钠为白色或灰白色结晶性粉末，无臭或稍有 SO_2 特异臭。易溶于水，不溶于乙醇。极不稳定，有强还原性，易氧化分解而析出硫。受潮或露置空气中失效，并可能燃烧。加热至 75～85 ℃以上时容易分解，至 190 ℃时发生爆炸。它在亚硫酸盐类漂白剂中还原、漂白性最强。

②毒性：低亚硫酸钠兔经口 LD_{50} 为 0.6～0.7 g/kg，ADI 为 0～0.7 mg/kg（以 SO_2 残留量计）。

③使用：按照 GB 2760—2014，低亚硫酸钠的使用标准见表 4-21。

二、氧化型漂白剂

氧化型漂白剂是利用其强氧化性破坏色素的生色结构或基团，以达到漂白的效果。主要包括氯制剂、过氧化物类物质，如二氧化氯、过氧化氢、过氧化丙酮、过氧化苯甲酰等。它们借助氧化作用显示其漂白功能，同时也具有较强的杀菌功能，其杀菌功能较一般防腐剂如山梨酸、苯甲酸要强。

氧化型漂白剂的性质普遍都不稳定，易于分解，作用不能持久，有的漂白剂有异味，所以一般很少直接添加到食品中去,即使添加到食品中,由于氧化型漂白剂的毒副作用较强,一般在形成成品前,都要将其除去或严格控制其残留量。例如过氧化氢,根据 GB 2760—2014,仅将过氧化氢列为食品工业加工助剂,不能作为直接添加到食品中的添加剂使用。由于过氧化氢极易破坏维生素 C,现已很少使用。2018 年国家食品安全风险评估中心发布的 GB 2760—2014 修订征求意见稿中,进一步将过氧化氢的使用功能与范围规定为淀粉糖加工工艺。

食品添加剂中的面粉处理剂(flour treatment agent)是促进面粉的熟化、增白,提高面制品质量的物质。其使用目的除了提高和改善面粉质量,还能利用其氧化特性破坏或消除小麦粉中的杂色,以达到漂白的目的。具体应用以偶氮甲酰胺(azodicarbonamide)为例:

偶氮甲酰胺也称偶氮二甲酰胺,分子式为 $C_2H_4N_4O_2$,相对分子质量 116.079。

(1)特性

偶氮甲酰胺为白色至浅黄色细粉末,无毒,无臭。难溶于水,溶于碱液,不溶于醇等有机溶剂。具有漂白与氧化双重作用,是一种面粉快速处理剂,常用作面粉强筋剂,增强面筋的弹性和韧性,改善面团流变学特性和机械加工性能。

偶氮甲酰胺本身与面粉不起作用或作用较小,但是当添加到面粉中,并加水搅拌成面团时,会很快释放出活性氧,使面粉蛋白质中氨基酸的巯基(—SH)被氧化成二硫键(—S—S—),相互连接蛋白质而形成网状结构,改善面团的弹性、韧性、均匀性,进而改良面制品的组织结构和物理性质,使生产出的面制品具有较大的体积和较好的组织结构。

(2)毒性

偶氮甲酰胺大鼠经口 $LD_{50} > 6.4$ g/kg,ADI 为 0~45 mg/kg。

(3)使用

按照 GB 2760—2014,偶氮甲酰胺作为面粉处理剂用于小麦粉中,最大使用量为 0.045 g/kg。

第四节 食品色泽调节剂应用实例

一、着色剂应用举例

天然着色剂最主要的优势是在食品加工中不仅可以起到着色的作用,还可能具有保健和医疗功能。如着色剂姜黄可以起到抗诱变、降血脂、抗动脉粥状硬化的作用。花青素在抗氧化方面优势突出,大大降低了心血管病的发生概率,而且还有明目的作用,如紫甘薯花青素具有较好的清除超氧阴离子、羟基自由基和 DPPH 自由基的能力。红花黄可以起到止血的作用。类胡萝卜素能对白内障起到抑制效果,并在抗癌方面功效独特,其应用以枇杷醋饮料的制作为例。

枇杷醋饮料是以新鲜水果或果品的加工下脚料为主要原料,在适宜的条件下,依次接种酵母菌和醋酸菌,利用全液态发酵法使得果品中糖酸类物质分别进行酒精发酵和醋酸发酵,从而酿制出营养丰富、风味优良的酸味调味品。

1. 加工工艺

枇杷浓缩液预处理→高温杀菌、冷却→酵母活化→酒精发酵→醋酸发酵→调配(加 β-胡萝卜素、维生素 C、柠檬酸、柠檬酸钠、香精等)→均质→杀菌→灌装、冷却→成品。

2. 着色剂操作要点

在调配中,枇杷醋原液通过 250 目的过滤网过滤,分离得到枇杷醋原汁。按 15％枇杷醋原汁、1.5％ β-胡萝卜素(0.01％)、8％白砂糖配比调配,再加入少许香精、蜂蜜、维生素 C、柠檬酸、柠檬酸钠等,调配得到枇杷醋。

二、护色剂应用举例

护色剂主要应用于肉制品和果蔬制品中。其中果蔬在加工过程中颜色发生变化主要是由于化学成分发生变化而造成的褐变现象,从而影响了果蔬制品的感官品质。褐变现象分为酶促褐变和非酶促褐变。酶促褐变是指果蔬中含有的酚类物质、酪氨酸等在多酚氧化酶和过氧化物酶等氧化酶的催化作用下发生氧化反应,并且生成物进一步聚合成黑色素,使果蔬制品失去原有风味和色泽,通常使用 D-异抗坏血酸及其钠盐进行护色。而肉制品中使用的护色剂一般泛指硝酸盐和亚硝酸盐类,其应用如下:

1. 午餐肉罐头的制作

午餐肉主要是以猪肉或牛肉为原料,加入一定量的食盐、亚硝酸钠、淀粉、香辛料加工制成的。

(1)加工工艺

原料处理→腌制(加入亚硝酸盐)→绞肉斩拌→搅拌→装罐→排气及密封→杀菌及冷却→成品。

(2)基本配方

以猪肉为例,基本配方:猪肥肉 30 kg,净瘦肉 70 kg,淀粉 11.5 kg,玉果粉 58 g,白胡椒粉 190 g,冰屑 19 kg,混合盐 2.5 kg(配料为食盐 98％、白糖 1.7％、亚硝酸钠 0.3％)。亚硝酸钠在产品中的残留量不超过 50 mg/kg。

2. 火腿肠的制作

火腿肠是指以动物肉为主要原料,经绞碎、腌制、斩拌乳化,灌入 PVDC 肠衣中,经高温杀菌而制成的肉肠制品。

(1)加工工艺

原料冻猪肉→解冻→绞碎→搅拌→腌制(加入亚硝酸盐)→斩拌→灌肠→蒸煮杀菌→冷却→成品检验→贴标→入库保存。

(2)基本配方

经绞碎的肉,放入搅拌机中,同时加入食盐(2.5％)、亚硝酸钠(0.003％)、复合磷酸盐(0.1％)、异抗坏血酸钠(0.04％)、各种香辛料、调味料等进行腌制(温度为 0～4 ℃,湿度为 85％～90％),腌制 24 h。腌制好的肉颜色鲜红,且色调均匀,富有弹性和黏性,同时腌制过程可提高制品的持水性。

三、漂白剂应用举例

漂白剂在食品加工中应用较广。其中氧化型漂白剂除了作为面粉处理剂的过氧化苯甲酰、二氧化氯等少数品种,实际应用很少。主要使用还原型漂白剂,如 SO_2、亚硫酸钠、硫黄等,其中 SO_2 的应用以葡萄酒为例。

葡萄酒是以新鲜的葡萄或葡萄汁为原料,经全部或部分酒精发酵酿造而成,含有一定酒精度的发酵酒,酒精度≥7.0％(20 ℃,V/V)。

1. 加工工艺

葡萄→分选→破碎、除梗(加 SO_2)→分离→葡萄汁→静置澄清→发酵→换桶(加 SO_2)→葡萄酒→贮藏→调整成分→澄清→检验→包装→葡萄酒。

2. SO_2 添加量

SO_2 的添加是目前葡萄酒酿造过程中一项不可缺少的基本技术,其在澄清、护色、抗氧化、抑制微生物以及提升葡萄酒感官质量等方面有着重要的作用。目前用于葡萄酒酿造过程的 SO_2 形式主要有偏重亚硫酸钾、亚硫酸、液体 SO_2、硫黄片等(表 4-22)。

表 4-22 SO_2 形式和使用方法

名称	SO_2 含量/％	应用工序	使用方法
偏重亚硫酸钾	以 50 计	前处理	用 10 倍软化水溶解,立即加入
亚硫酸	6～8	前处理、容器杀菌、调硫	直接加入
液体 SO_2	100	SO_2 调整	用 SO_2 添加器直接加入
硫黄片		容器杀菌	在不锈钢杀菌器中点燃后放入容器

(1)干白葡萄酒

①前处理阶段 SO_2 用量:质量状况好的葡萄,60～80 mg/L(以总 SO_2 为准);染有葡萄孢霉的葡萄,80～120 mg/L(以总 SO_2 为准)。

②陈酿、后处理阶段 SO_2 用量:30～40 mg/L(以游离 SO_2 为准)。

(2)干红葡萄酒

①前处理阶段 SO_2 用量:质量状况好的葡萄,40～60 mg/L(以总 SO_2 为准);染有葡萄孢霉的葡萄,60～70 mg/L(以总 SO_2 为准)。

②陈酿、后处理阶段 SO_2 用量:20～30 mg/L(以游离 SO_2 为准)。

3. 葡萄汁的澄清处理

为了酿造优质葡萄酒,提高酒的稳定性,葡萄汁在发酵前必须经过澄清处理。果汁澄清处理办法一般有静置澄清、加澄清剂、果胶酶澄清、皂土澄清等方法。

(1)静置澄清

静置澄清常与 SO_2 澄清同时进行处理。当果汁温度在 20～25 ℃时,加入 150～200 mg/L SO_2,随着温度的下降,适当减少 SO_2 添加量。然后换桶,分离杂质,在 24 h 内可以得到澄清的果汁。

(2)加澄清剂

在果汁中加入明胶或蛋清,澄清后换桶,分离杂质。明胶用量一般为 0.1～0.15 g/L。蛋清用量为每 100 L 加 1～2 个。

(3)果胶酶澄清

葡萄果汁中的果胶影响酒的风味和澄清,也不易过滤。解决的办法是在果汁中添加果胶酶,其加入量一般为 0.10～0.15 g/L。

（4）皂土澄清

皂土以二氧化硅、三氧化铝为主要成分，为白色粉末，具有极强的吸附力，与蛋白质形成胶状沉淀物，是白葡萄酒良好的澄清剂。一般用量为 1.5 g/L 左右。

思考题

1. 着色剂如何分类？

2. 常用的合成色素有哪些？如何使用？

3. 天然色素如何分类？天然色素的不足之处主要体现在哪里？

4. 常用的天然色素有哪些？如何使用？

5. 什么是护色剂？常用的护色剂有哪些？如何使用？

6. 什么是漂白剂？常用的漂白剂有哪些？如何使用？

7. 着色剂在枇杷醋饮料的制作中如何应用？

8. 护色剂在火腿肠的制作中如何应用？

9. 漂白剂在葡萄酒的制作中如何应用？

第五章　食品调味剂

调味是利用风味材料进行调整和改善食品的不同口味或滋味,以获得良好的感官效果。为了得到色、香、味俱佳的美食产品,通过运用调味类食品添加剂,使加工食品更加香甜可口,味道鲜美,激发消费者的食欲。

一般来讲,食品进入口腔引起人的味觉是判断食品风味的重要指标。食品的风味是指食物进入口腔咀嚼时或者饮用时通过口腔内的味道受体细胞所感受的一种综合感觉,这主要取决于舌头表面的味蕾组织。我国将味觉分为 7 种:酸、甜、苦、辣、咸、鲜、涩。在生理学上只有酸、甜、苦、咸 4 种基本口味,近年来鲜味已被列为第 5 种基本味道。

(1)酸味。酸味是食品和饮料中的重要成分或调味料,能给人以爽快、刺激的感觉,能增加食欲、促进消化、杀菌解毒、防止腐败,还能改良风味。酸味是有机酸、无机酸、酸性盐产生的氢离子引起的味感。

(2)甜味。具有糖和蜜一样的味道,常作为饮料、糕点等焙烤食品的原料,甜味能够改进食品的可口性和某些食用性质。

(3)苦味。存在于许多天然食物中,如茶叶、咖啡、可可、苦瓜、陈皮、啤酒花等,能起到丰富和改善食品风味的作用。常用的苦味物质主要有 4 类:①生物碱类:如茶碱、咖啡碱、可可碱等,存在于茶叶、巧克力、可可制品中。②苷类:如橙皮苷、柚皮苷等,存在于果汁、饮料、柑橘类制品中。③酮类:如绿草酮和蛇麻酮,存在于酒花、啤酒中,使啤酒具有独特的风味。④肽类:如亮氨酸、苯丙氨酸、精氨酸等肽都有苦味,因此一些有苦味的天然食物中大多含有氨基酸。

(4)辣味。辣味是刺激口腔黏膜、鼻腔黏膜、皮肤、三叉神经而引起的一种痛觉。调味料和蔬菜中在的某些化合物能引起特征的辛辣刺激感觉,如红辣椒、黑胡椒、生姜中的某些辣味成分,非挥发性,它们能作用于口腔组织。另外,某些芳香调味料和蔬菜所含的辣味成分(如丁香、芥末、洋葱、小萝卜、水田菜等)具有微弱的挥发性,可产生香味和辣味,在食品中能提供特征风味,并增强口味。

(5)咸味。在食品加工中,常将精制食盐、加碘食盐直接加入食品中,使用量最多,使用也最简单。

(6)鲜味。由于鲜味物质的呈味物质与其他味感物质相配合时,能使食品的整个风味更为鲜美,因此,欧美各国都将鲜味物质列为风味增效剂或强化剂,而不看作一种独立的味感。

(7)涩味。涩味是口腔蛋白质受到刺激而凝固时所产生的一种收敛的感觉,与触觉神经末梢有关。适宜的涩味可使口腔有清凉收敛的感觉。通常是由单宁或多酚与唾液中的蛋白质缔合而产生沉淀或聚集体而引起的。另外,难溶解的蛋白质(如某些干奶粉中存在的蛋白质)与唾液的蛋白质和黏多糖结合也产生涩味。

调味剂是赋予食品的某种味感、产生某种鲜味或为适当地调整食品的味道而添加的食品添加剂。食品调味剂主要包括酸度调节剂、甜味剂和增味剂。

第一节　酸度调节剂

一、酸度调节剂的类型

酸度调节剂是指用以维持或改变食品酸碱度的物质。主要指酸味剂:能赋予食品酸味并具有一定的防腐和抑菌作用的物质。作为食品添加剂,可增进食欲,同时有助于纤维素和钙、磷等物质的溶解,促进人体对营养素的消化、吸收。

酸味是由质子(H^+)与存在于味蕾中的磷脂相互作用而产生的味感。因此,凡是在溶液中能离解出氢离子的化合物都具有酸味。在相同的 pH 下,有机酸的酸味一般大于无机酸,这是因为有机酸的酸根、负离子在磷脂受体表面的吸附性较强,从而减少受体表面的正电荷,降低其对质子的排斥能力,有利于质子与磷脂作用。有机酸的酸味阈值 pH 为 3.7~4.9,而无机酸的阈值 pH 为 3.5~4.0。

在相同的 pH 下酸味的强度可能不同,其强度从大到小依次为:乙酸＞甲酸＞乳酸＞草酸＞盐酸。如果在相同浓度下把结晶柠檬酸(一个结晶水)的酸味强度定为 100,则无水柠檬酸为 110,苹果酸为 125,酒石酸的强度为 120~130,磷酸为 200~230,延胡索酸为 263,L-抗坏血酸为 50。

目前在食品中常用的酸味剂有以下几种:柠檬酸、磷酸、苹果酸、酒石酸、偏酒石酸、乳酸、乙酸、延胡索酸、琥珀酸、葡萄糖酸、抗坏血酸。按其口感(愉快感)的不同可分成:

(1)令人愉快的酸味剂,如柠檬酸、抗坏血酸、L-苹果酸、葡萄糖酸。

(2)伴有苦味的酸味剂,如 DL-苹果酸。

(3)伴有涩味的酸味剂,如磷酸、酒石酸、偏酒石酸、乳酸、延胡索酸。

(4)有刺激性气味的酸味剂,如乙酸。

(5)有鲜味的酸味剂,如谷氨酸。

二、酸度调节剂的作用

酸度调节剂主要是酸味剂,在食品中的作用包括:

1. 调节食品体系的酸碱性

在果酱、果冻、干酪、凝胶等食品加工过程中,调节 pH 可获得食品的最佳性状和韧性,不仅可降低食品体系的 pH,还有利于抑制微生物的繁殖和不良的发酵过程,增强酸性防腐剂的防腐效果,缩短食品高温灭菌的时间,从而减少高温处理可能对食品风味产生的不利影响。

2. 用作香味辅助剂

酸味剂广泛用于调香,可修饰甜味,平衡食品风味,辅助构成特定的香味。如添加酒石酸可辅助葡萄的香味,磷酸可辅助可乐的香味,苹果酸可辅助多种水果型饮料的香味。

3. 用作螯合剂

食品或接触材料中某些金属离子如铜、铁、镍等能加速食品氧化,引起变色、腐败、营养素损失等不良影响,许多酸味剂具有螯合金属离子的能力,能与抗氧化剂、防腐剂等复配使用,具有增效作用。

4. 稳定泡沫

酸味剂和碳酸盐反应可产生 CO_2 气体,是化学膨松剂产气的基础,其性质决定膨松剂的反应速率。

5. 具有还原性

酸味剂可作为水果、蔬菜制品加工中的护色剂,也可作为肉类加工中的护色助剂。

6. 具有缓冲作用

在糖果生产中酸味剂具有缓冲作用,用于蔗糖的转化,并抑制褐变。

另外,在使用中应注意酸味剂与其他调味剂的相互作用,主要有:

(1)酸味剂与甜味剂之间有拮抗作用。二者容易相互抵消,因此在食品加工中需要控制一定的糖酸比。

(2)酸味与苦味、咸味一般无拮抗作用,但与涩味物质混合,会使酸味增强。

三、酸度调节剂使用的注意事项

(1)酸味剂多数能电离出 H^+,会影响到食品加工条件,可与纤维素、淀粉等食品原料作用,也同其他食品添加剂相互影响,因此,在食品加工工艺中一定要注意酸味剂的添加顺序和时间,避免产生不良影响。

(2)当使用固体酸味剂时,要考虑其吸湿性和溶解性,因此必须采用适当的包装材料和包装容器。

(3)酸味剂的阴离子能影响食品风味。如盐酸、磷酸都具有苦涩味,会使食品风味变差。酸味剂的阴离子常使食品产生另一种味,这种味称副味,一般有机酸具有爽快的酸味,而无机酸的酸味并不适口。

(4)酸味剂有一定的刺激性,能引起消化系统的疾病。

四、常用的酸度调节剂

1. 柠檬酸

柠檬酸(citric acid)又称枸橼酸,化学名称为 3-羟基-羧基戊二酸。分子式为 $C_6H_8O_7 \cdot H_2O$,相对分子质量 210.14。

(1)特性

柠檬酸为白色结晶性粉末。无臭,有强酸味,酸味爽快可口。易溶于乙醇、水(25 ℃,20 g/100 mL),1%水溶液的 pH 为 2.31,溶于乙醚。柠檬酸有一水合物和无水物 2 种,含 1 分子结晶水的柠檬酸,相对密度为 1.542(20 ℃/4 ℃),熔点为 100～133 ℃,在空气中放置易风化,失去结晶水。无水柠檬酸在潮湿空气中吸潮能形成一水合物,其刺激阈的最大值为 0.08%,最小值为 0.02%,易与多种香料配合而产生清爽的酸味,适用于各类食品的酸化。

柠檬酸有较好的防腐作用,特别是能较好地抑制细菌的繁殖。螯合金属离子的能力较强,作为金属封锁剂,在有机酸中作用最强,能与本身质量 20% 的金属离子螯合。还可作为抗氧化增效剂,延缓油脂酸败。作为色素稳定剂,防止果蔬褐变。

柠檬酸与柠檬酸钠、柠檬酸钾等配成缓冲液,可与碳酸氢钠配成起泡剂和酸度调节剂等,可改善冰激凌质量,制作干酪时容易成型和切开。

(2)毒性

柠檬酸大鼠经口 LD_{50} 为 0.975 g/kg。ADI 不需要规定。在人体中,柠檬酸为三羧酸循环的重要中间体,无蓄积作用,正常的使用量可认为是无害的。

(3)使用

按照 GB 2760—2014,柠檬酸可在各婴幼儿配方食品、婴幼儿辅助食品、浓缩果蔬汁(浆)中,按生产需要适量使用。

柠檬酸和其他酸味剂,都不能与防腐剂山梨酸钾、苯甲酸钠等溶液同时添加。必要时可分别先后添加,以防止形成难溶于水的山梨酸和苯甲酸结晶,影响食品的防腐效果。在乳饮料等生产过程中,应在搅拌条件下缓慢添加。

2. 磷酸

磷酸(phosphoric acid)的分子式为 H_3PO_4,相对分子质量 97.995,是一种常见的无机酸。

(1)特性

磷酸为无色透明结晶或无色透明糖浆状液体,无臭。稀溶液有令人愉快的酸味,42.35 ℃时熔化。磷酸在空气中容易潮解,能与水、乙醇混溶,接触有机物易着色。食品级磷酸浓度在 85% 以上,相对密度为 1.69(20 ℃/4 ℃)。磷酸加热至 215 ℃会失水得到焦磷酸,到 300 ℃左右再进一步失水得到偏磷酸。焦磷酸为二磷酸,是无色结晶,熔点为 61 ℃,比磷酸酸性更强。偏磷酸为玻璃状物质,有毒。

磷酸属中强酸,其酸味比柠檬酸大 2.3～2.5 倍,有强烈的收敛味和涩味,多用于可乐型饮料。磷酸是酵母菌的营养成分,可加强其发酵能力。酿酒时可作为酵母菌的磷酸源,还能防止杂菌生长。

(2)毒性

磷酸大鼠经口 LD_{50} 为 1.53 g/kg,ADI 为 0～70 mg/kg(以食品和食品添加剂总磷量计)。用含 0.4%、0.75% 磷酸的饲料喂养大鼠,经 90 周三代实验,结果表明对生长和生殖没有不良影响,在血液及病理学上也无异常。

(3)使用

按照 GB 2760—2014,磷酸的使用标准见表 5-1。

表 5-1 磷酸、焦磷酸二氢二钠、焦磷酸钠、磷酸二氢钙、磷酸二氢钾、磷酸氢二铵、磷酸氢二钾、磷酸氢钙、
磷酸三钙、磷酸三钾、磷酸三钠、六偏磷酸钠、三聚磷酸钠、磷酸二氢钠、磷酸氢二钠、焦磷酸四钾、
焦磷酸一氢三钠、聚偏磷酸钾、酸式焦磷酸钙的使用标准

功能:水分保持剂、膨松剂、酸度调节剂、稳定剂、凝固剂、抗结剂

食品名称	最大使用量/(g/kg)	备注
其他固体复合调味料(仅限方便湿面调味料包)	80.0	
复合调味料,其他油脂或油脂制品(仅限植脂末)	20.0	
焙烤食品	15.0	
再制干酪	14.0	
乳粉和奶油粉,调味糖浆	10.0	
乳及乳制品(巴氏杀菌乳、灭菌乳、特殊膳食用食品涉及品种除外),稀奶油,水油状脂肪乳化制品,水油状脂肪乳化制品类以外的脂肪乳化制品[包括混合的和(或)调味的脂肪乳化制品],冷冻饮品(食用冰除外),蔬菜罐头,可可制品,巧克力和巧克力制品(包括代可可脂巧克力及制品)以及糖果,小麦粉及其制品[小麦粉,生湿面制品(如面条、饺子皮、馄饨皮、烧卖皮),面糊(如用于鱼和禽肉的拖面糊),裹粉,煎炸粉],杂粮粉,食用淀粉,即食谷物[包括碾轧燕麦(片)],方便米面制品,冷冻米面制品,预制肉制品,肉制品,冷冻水产品,冷冻鱼糜制品(包括鱼丸等),热凝固蛋制品(如蛋黄酪、松花蛋肠),饮料类(包装饮用水除外),果冻	5.0	最大使用量以磷酸根(PO_4^{3-})计
熟制坚果与籽类(仅限油炸坚果与籽类),膨化食品	2.0	
杂粮罐头,其他杂粮制品(仅限冷冻薯条、冷冻薯饼、冷冻土豆泥、冷冻红薯泥)	1.5	
米粉(包括汤圆粉等),谷类和淀粉类甜品(如米布丁、木薯布丁)(仅限谷类甜品罐头),预制水产品(半成品),水产品罐头,婴幼儿配方食品,婴幼儿辅助食品(仅限使用磷酸氢钙和磷酸二氢钠)	1.0	

在饮料中,磷酸是构成可乐风味不可缺少的风味促进剂,还用作清凉饮料的酸度调节剂。因其酸味强度大,用量少,通常为 0.02%～0.06%,用于甜味可乐饮料时用量为 0.05%～0.08%。

在其他食品中,磷酸可用作螯合剂、抗氧化增效剂、酸度调节剂、增香剂。用作酿造时的酸度调节剂,其使用量小于 0.035%。在果酱中使用少量磷酸,以调节果酱能形成最大胶凝体的 pH。在软饮料、糖果和焙烤食品中用作增香剂。

3. 乳酸

乳酸(lactic acid)的化学名称为 2-羟基丙酸,分子式为 $C_3H_6O_3$,相对分子质量 90.08。

(1)特性

乳酸为无色液体,在常压下加热分解,浓缩至 50% 时,部分变成乳酸酐,因此产品中常

含有 10%～15% 的乳酸酐。无气味,具有吸湿性。水溶液显酸性,可与水、乙醇、丙酮、甘油混溶。存在于发酵食品、酱油、果酒、清酒、乳制品、腌渍物中,具有较强的杀菌作用,防止杂菌生长,抑制异常发酵。具特异收敛性酸味。

(2)毒性

乳酸大鼠经口 LD_{50} 为 3.73 g/kg。乳酸异构体有 DL-型、D-型、L-型 3 种。L-型为哺乳动物体内正常代谢产物,在体内分解为氨基酸及二羧酸物,在胃中大部分分解,几乎无毒。但 3 个月以下婴儿不宜用 DL-型乳酸、D-型乳酸,以 L-乳酸为好。ADI 不需要规定(DL-型乳酸、D-型乳酸不应加入 3 个月以下的婴儿食品中)。

(3)使用

按照 GB 2760—2014,乳酸可在婴幼儿配方食品中按生产需要适量使用。

乳酸在果酱、果冻中的添加使用,添加量以保持食品 pH 为 2.8～3.5 较为合适。在乳酸饮料和果味露,多与柠檬酸并用,乳酸的添加量一般为 0.4～2 g/kg。配制酒、果酒调酸时,配制酒添加量为 0.03%～0.04%;果酒如葡萄酒,一般使酒中总酸度达 0.55～0.65 g/100 mL(以酒石酸计)。在白酒调香时,如玉冰烧酒和曲香白酒中分别添加 0.7～0.8 g/kg 和 0.05～0.2 g/kg。在调味品中,一般添加量为 2%。在酱菜食品中,一般添加量为 1%～2%。在加工干酪时,添加量可达 4%。

4. 苹果酸

苹果酸(malic acid)又名羟基丁二酸,分子式为 $C_4H_6O_5$,相对分子质量 134.09。苹果酸有 L-苹果酸、D-苹果酸和 DL-苹果酸 3 种异构体,天然存在的苹果酸都是 L 型的,几乎存在于一切果实中。

(1)特性

苹果酸为白色结晶体或结晶状粉末,易溶于水(20 ℃,55.5 g/100 mL),溶于乙醇,不溶于乙醚。有吸湿性,1% 水溶液的 pH 为 2.4。酸味较柠檬酸强 20%。酸味爽口且微有苦涩。苹果酸在口中呈味缓慢,维持酸味时间显著地长于柠檬酸,效果好,与柠檬酸合用,有强化酸味的效果。因此具有酸度大、味道柔和、持久性长的特点。

(2)毒性

苹果酸大鼠经口 LD_{50} 为 1.6～3.2 g/kg,其 ADI 值不作规定。

(3)使用

苹果酸和柠檬酸在获得同样效果的情况下,苹果酸用量平均可比柠檬酸少 8%～12%,最少可比柠檬酸少用 5%,最多可达 22%。苹果酸能掩盖一些蔗糖替代物所产生的后味。同时,苹果酸用于水果香型食品(例如果酱)、碳酸饮料、其他食品中,可以有效地提高其水果风味。L-苹果酸为天然果汁的重要成分,与柠檬酸相比酸度大,但味道柔和,具有特殊香味,不损害口腔与牙齿,代谢上有利于氨基酸吸收,不积累脂肪,是新一代的食品酸味剂,在食品和医药中具有良好的应用前景。

按照 GB 2760—2014,苹果酸可在各类食品中按生产需要适量使用。

5. 酒石酸

酒石酸(tartaric acid)又名 2,3-二羟基丁二酸,是一种羧酸,分子式为 $C_4H_6O_6$,相对分子质量 150.09。酒石酸分子中有 2 个不对称的碳原子,存在 D-酒石酸(右旋)、L-酒石酸(左旋)、DL-酒石酸、内消旋酒石酸 4 种异构体。DL-酒石酸和内消旋酒石酸的溶解性不及

D-型和 L-型异构体,因此,用作酸味剂主要是 D-酒石酸和 L-酒石酸。

(1)特性

酒石酸为无色至半透明结晶性粉末,无臭,味酸。在空气中稳定,易溶于水(20 ℃,139.44 g/100 mL),可溶于乙醇(33 g/100 mL)。稍有吸湿性,较柠檬酸弱。酸味为柠檬酸的 1.2～1.3 倍,稍有涩感,但酸味爽口。

(2)毒性

酒石酸大鼠经口 LD_{50} 为 4.36 g/kg。L-酒石酸的 ADI 为 0～30 mg/kg。

(3)使用

按照 GB 2760—2014,酒石酸的使用标准见表 5-2。

表 5-2　酒石酸的使用标准

功能:酸度调节剂

食品名称	最大使用量/(g/kg)	备注
面糊(如用于鱼和禽肉的拖面糊),裹粉,煎炸粉,油炸面制品,固体复合调味料	10.0	
果蔬汁(浆)类饮料,植物蛋白饮料,复合蛋白饮料,碳酸饮料,茶、咖啡、植物(类)饮料,特殊用途饮料,风味饮料	5.0	以酒石酸计
葡萄酒	4.0 g/L	

注意事项:酒石酸一般很少单独使用,多与柠檬酸、苹果酸等并用,特别适合于添加到葡萄酒及其制品中。一般清凉饮料中用量为 0.1%～0.2%,葡萄汁、葡萄酒中用量为 0.12%～0.13%。用于果酱、果冻时,其用量以保持食品的 pH 为 2.8～3.5 较合适,对浓缩番茄制品以保持 pH 不高于 4.3 为宜。

第二节　甜味剂

一、甜味剂的类型

甜味剂是以赋予食品甜味为主要目的的食品添加剂。

甜味剂甜味的高低、强弱称为甜度,是甜味剂的重要指标。甜度只能凭借人们的味觉感官判断,目前尚无标准来表示甜度的绝对值。一般以蔗糖为标准,其他甜味剂的甜度是与它比较而得出的相对甜度(表 5-3)。

表 5-3　各种甜味剂的相对甜度

名称	相对甜度	名称	相对甜度
蔗糖	1.0	木糖醇	0.6～1.0
葡萄糖	0.7	山梨糖醇	0.6～0.7
果糖	1.03～1.73	麦芽糖醇	0.85～0.95

续表

名称	相对甜度	名称	相对甜度
麦芽糖	0.46	甘露糖醇	0.7
乳糖	0.16～0.27	赤藓糖醇	0.75
鼠李糖	0.3	三氯蔗糖	400～800
棉籽糖	0.23	阿斯巴甜	160～200
半乳糖	0.3～0.6	甜蜜素	50
甘露糖	0.3～0.6	甜菊糖苷	200～300
木糖	0.4～0.7	甘草素	200～500
低聚果糖	0.3～0.6	甘茶素	600～800
大豆低聚糖	0.7	罗汉果素	300

1. 甜味剂按其营养价值分类

按其营养价值分类,甜味剂可分为营养性甜味剂和非营养性甜味剂。

(1)营养性甜味剂

特点是其本身含有热量,主要是碳水化合物,甜度与蔗糖相同,热值为蔗糖热值2%以上时为营养性甜味剂。包括蔗糖、葡萄糖、果糖、乳糖、麦芽糖、异构糖浆等,以及多元醇和糖苷类,如麦芽糖醇、山梨糖醇和木糖醇等,不仅能赋予食品甜味,还具有较高的营养价值。

(2)非营养性甜味剂

热值为蔗糖的2%以下,又称低热量或无热量甜味剂,几乎不提供热量,如甜菊糖苷、甜蜜素、阿斯巴甜、三氯蔗糖、糖精钠等。

2. 甜味剂按其甜度分类

按其甜度分类,甜味剂可分为低甜度甜味剂和高甜度甜味剂。

(1)低甜度甜味剂

如蔗糖、异构糖浆,在甜味剂中仍占有重要位置。

(2)高甜度甜味剂

如阿斯巴甜、三氯蔗糖等。

3. 按其来源分类

甜味剂可分为天然甜味剂和合成甜味剂。

(1)天然甜味剂

主要有食糖、淀粉糖,以及以天然物质为原料提取精制或通过生物技术加工成的低聚糖、糖醇、糖苷、蛋白质类甜味剂,如蜂蜜、淀粉糖浆、果葡糖浆、树糖等。

(2)合成甜味剂

是人工合成的非营养性甜味剂,有些虽是合成但也是天然存在的,如D-山梨醇等;有些则是纯合成的,如糖精钠等。

二、甜味剂的作用

甜味剂在食品中的作用主要有以下几方面。

1. 天然甜味剂对人体有重要的营养价值

天然甜味剂是最适合、最有效的能量来源，其来源充足，纯度高，价格相对较低，食入后会很快被消化吸收，转化为血糖，成为人体最主要的能源。

2. 食品风味的调节和增强

在饮料中，风味的调整涉及"糖酸比"，酸味、甜味相互作用，可使产品获得新的风味，又可保留新鲜的味道。

3. 不良风味的掩蔽

甜味和许多食品的风味是相互补充的，许多产品的味道就是由风味物质和甜味剂相结合而产生的，因此，许多食品和饮料中都添加甜味剂。

4. 改进食品的可口性和工艺特性

甜度是许多食品的指标之一，为使食品具有适口的感觉，需要加入一定量的甜味剂。

三、人工合成甜味剂

人工合成甜味剂是人工合成的具有甜味的复杂有机化合物。其主要优点为：①化学性质稳定，耐热、耐酸碱，使用范围较广泛。②不参与机体代谢，不提供能量，适合于糖尿病、肥胖症等特殊营养消费群体食用。③甜度高，一般是蔗糖甜度的 50 倍以上。④价格便宜，不会引起龋齿。主要缺点为：①甜味不够纯正，甜味特性和蔗糖存在一定差距，可能带有苦味或金属异味。②对其安全性的担忧。

1. 糖精钠

糖精钠(sodium saccharin)也称可溶性糖精，分子式为 $C_7H_5O_3NSNa \cdot 2H_2O$，相对分子质量 241.21。

（1）特性

糖精钠为白色结晶性粉末，无臭，微有芳香气味。味极甜并微带苦，甜度是蔗糖的 200～700 倍。稀释 1000 倍的水溶液仍有甜味，甜味阈值约为 0.00048%。糖精钠在空气中慢慢风化，失去一半结晶水而成为白色粉末。易溶于水，溶解度随温度升高迅速增大，10% 的水溶液呈中性，微溶于乙醇。糖精钠在水中离解出来的阴离子有极强的甜味，但分子状态却无甜味反而有苦味，因此，高浓度的水溶液也有苦味，使用时注意浓度应低于 0.02%。它在酸性介质中加热，甜味消失，并可形成邻氨基磺酰苯甲酸，呈苦味。在常温时，糖精钠的水溶液长时间放置后甜味也降低，因此最好现配现用。

糖精钠在食品加工过程中稳定，不提供热量，也无营养价值。

（2）毒性

糖精钠小白鼠腹腔注射 LD_{50} 为 17.5 g/kg，ADI 暂定为 0～2.5 mg/kg。以 90 mg/kg、270 mg/kg、810 mg/kg、2430 mg/kg 剂量分别喂养 4 组大鼠，经过 26 个月喂养，高剂量组的体重减轻，雄鼠寿命缩短。试验结果表明，糖精钠无致癌性。

（3）使用

按照 GB 2760—2014，糖精钠的使用标准见表 5-4。

表 5-4　糖精钠的使用标准

功能:甜味剂、增味剂

食品名称	最大使用量/(g/kg)	备注
水果干类(仅限芒果干、无花果干),凉果类,话化类,果糕类	5.0	
带壳熟制坚果与籽类	1.2	
蜜饯凉果,新型豆制品(大豆蛋白及其膨化食品、大豆素肉等),熟制豆类,脱壳熟制坚果与籽类	1.0	以糖精计
果酱	0.2	
冷冻饮品(食用冰除外),腌渍的蔬菜,配制酒,复合调味料	0.15	

注意事项:糖精钠不被人体代谢吸收,不提供能量,可用于低热量食品生产,适用于糖尿病、心脏病、肥胖症等患者。糖精钠在食品生产中不会引起食品染色、发酵,但不得用于婴幼儿食品。我国农业行业标准规定在生产绿色食品中禁止使用糖精钠。

2. 环己基氨基磺酸钠

环己基氨基磺酸钠(sodium cyclamate)也称甜蜜素,分子式为 $C_6H_{12}NNaO_3S$,相对分子质量 201.219。

(1)特性

环己基氨基磺酸钠为白色结晶粉末,易溶于水,具有柠檬甜味。熔点为 169~170 ℃。环己基氨基磺酸是一种强酸,10%水溶液 pH 为 0.8~1.6。环己基氨基磺酸钠(或其钙盐)是强电解质,在溶液中具有较高离解度。钠盐(及钙盐)均溶于水,溶解度远超过常规应用所需的溶解度,当水中亚硝酸盐、亚硫酸盐含量高时,可产生石油、橡胶样气味。在脂肪及非极性溶剂中溶解度较低。甜蜜素溶液在较宽的 pH 范围内对热、光和空气等稳定。不易受微生物感染,无吸湿性。与蔗糖相比,甜蜜素的甜度是蔗糖的 30 倍,但甜味刺激来得较慢,持续时间较长。甜蜜素风味良好,不带异味,还能掩盖糖精等甜味剂所带有的苦涩味。

(2)毒性

环己基氨基磺酸钠小鼠经口 LD_{50} 为 18 g/kg,ADI 为 0~11 mg/kg。用含 1.0%甜蜜素的饲料喂养大鼠 2 年,无异常现象。人口服甜蜜素,无蓄积现象,40%由尿排出,60%由粪便排出。

(3)使用

按照 GB 2760—2014,环己基氨基磺酸钠的使用标准见表 5-5。

表 5-5　环己基氨基磺酸钠、环己基氨基磺酸钙的使用标准

功能:甜味剂

食品名称	最大使用量/(g/kg)	备注
凉果类,话化类,果糕类	8.0	
带壳熟制坚果与籽类	6.0	以环己基氨基
面包,糕点	1.6	磺酸计,固体
脱壳熟制坚果与籽类	1.2	饮料、果冻粉
果酱,蜜饯凉果,腌渍的蔬菜,熟制豆类	1.0	按稀释倍数增
冷冻饮品(食用冰除外),水果罐头,腐乳类,饼干,复合调味料,饮料类(包装饮用水类除外),配制酒,果冻	0.65	加使用量

3. 乙酰磺胺酸钾

乙酰磺胺酸钾（acesulfame potassium）又名安赛蜜，分子式为 $C_4H_4KNO_4S$，相对分子质量 201.2422。

（1）特性

安赛蜜为白色结晶状粉末，易溶于水，微溶于乙醇。安赛蜜具有强烈甜味，甜度较高，约为蔗糖的 200 倍。味质较好，没有令人不愉快的后味，味觉不延留，高浓度时有苦味。不参与机体代谢，不提供能量。无致龋齿性。对热、酸稳定性好。价格便宜。

（2）毒性

安赛蜜小鼠经口 LD_{50} 为 2.2 g/kg，安全性高，ADI 为 0～15 mg/kg。

（3）使用

按照 GB 2760—2014，乙酰磺胺酸钾的使用标准见表 5-6。

表 5-6　乙酰磺胺酸钾的使用标准

功能：甜味剂

食品名称	最大使用量/(g/kg)	备注
胶基糖果	4.0	
熟制坚果与籽类	3.0	
糖果	2.0	
酱油	1.0	
调味品	0.5	固体饮料、果冻粉按稀释倍数增加使用量
风味发酵乳	0.35	
以乳为主要配料的即食风味食品或其预制产品（不包括冰激凌和风味发酵乳，仅限乳基甜品罐头），冷冻饮品（食用冰除外），水果罐头，果酱，蜜饯类，腌渍的蔬菜，加工食用菌和藻类，杂粮罐头，其他杂粮制品（仅限黑芝麻糊），谷类和淀粉类甜品（仅限谷类甜品罐头），焙烤食品，饮料类（包装饮用水类除外），果冻	0.3	
餐桌甜味料	0.04 g/份	

安赛蜜可与其他甜味剂混合使用，如安赛蜜与甜味素、甜蜜素（质量比 1∶5）共用时会有明显的协同增效作用，但它与糖精的协同增效作用较小。安赛蜜与木糖醇或糖混合使用，能使口感特性增效，特别是与山梨糖醇混合使用，具有良好的果味和甜味。安赛蜜作为甜味剂，广泛应用于食品中，包括糖尿病患者的食品、低能量食品等。此外，还可作为糖的替代品。

四、天然甜味剂

1. 糖与糖醇类

糖与糖醇为多元醇类化合物。糖以单糖为基本单元进行聚合，但只有低聚糖有甜味，甜度随聚合度的增高而降低，以至消失。在糖类中一般形成结晶的都具有甜味。果葡糖浆是一种淀粉糖品，在其制备过程中，由于异构酶的作用，一部分葡萄糖转变成果糖，因此又称异构糖。其成分主要是果糖和葡萄糖,是一种液体甜味剂。乳糖易溶,风味清爽,甜度较低,但对亚洲人有某些不适应性,可适当地用于某些食品中,如糖果、巧克力中。

糖醇是世界上广泛使用的甜味剂,采用以相应的糖为原料催化加氢还原的方法制成。口味好,化学性质稳定,对微生物的稳定性好,不易引起龋齿,还可调理肠胃。常以多种糖醇混用,代替部分或全部蔗糖。糖醇产品有 3 种形态:糖浆、结晶、溶液。目前使用较多的糖醇类有由葡萄糖还原的山梨糖醇,由麦芽饴糖还原的麦芽糖醇,由木糖还原的木糖醇,由砂糖还原的甘露糖醇,以及由葡萄糖发酵而成的赤藓糖醇。糖醇类的主要特性有:①不会褐变:糖醇没有还原基,与氨基酸共同加热时不会发生褐变。②耐热性强:山梨糖醇在 180 ℃时加热也不会分解和着色,麦芽糖醇在 140～150 ℃下稳定。③甜度低:相对于蔗糖的甜度,木糖醇为 0.6～1.0,山梨糖醇为 0.6～0.7。④不会引起龋齿:糖醇不会被口腔微生物分解生成有机酸,对牙齿无腐蚀作用。⑤其他特性:具有保水性、降低水分活性、增加光泽等特性。

(1)木糖醇

木糖醇(xylitol)的分子式为 $C_5H_{12}O_5$,相对分子质量 152.146。

①特性:木糖醇为白色粉状晶体,有甜味。与葡萄糖的热量相同,易溶于水(1.6 g/mL),微溶于乙醇和甲醇。热稳定性好,10%水溶液的 pH 为 5～7,不与可溶性氨基化合物发生美拉德反应。溶于水中会吸收一定的热量,因此,食用时会伴有清凉的口感。木糖醇是人体糖类代谢的中间体,不需胰岛素,而且还能促进胰脏分泌胰岛素,是糖尿病患者理想的食糖替代品。

②毒性:木糖醇小鼠经口 LD_{50} 为 22 g/kg,FAO/WHO 对木糖醇 ADI 不作规定。

③使用:按照 GB 2760—2014 规定,木糖醇可在各类食品中按生产需要适量使用。

木糖醇作为一种功能性甜味剂,用于防止龋齿性糖果(如口香糖、糖果、巧克力等)和糖尿病患者的专用食品,也用于医药品和洁齿品。可代替葡萄糖作浸渍溶液,代替蔗糖用于焙烤食品。但木糖醇具有抑制酵母菌发酵的特性,不适用于酵母菌制作的食品,如面包中。

(2)山梨糖醇

山梨糖醇(sorbitol)的分子式为 $C_6H_{14}O_6$,相对分子质量 182.172。

①特性:山梨糖醇为无色无味的针状晶体,易溶于水(1 g/0.45 mL),微溶于甲醇、乙醇和乙酸等。吸湿性强,在水溶液中不易结晶析出,能螯合各种金属离子。由于其分子中不含还原性基团,在通常情况下化学性质稳定,不与酸、碱起作用,不易被空气氧化,也不易与可溶性氨基化合物发生美拉德反应。

山梨糖醇甜度是蔗糖的 60%～70%,甜味爽快。有持水性,可防止糖、盐等析出结晶,这是因为分子环状结构外围的羟基呈亲水性,而环状结构内部呈疏水性。对热稳定性较好,对微生物抵抗力也较强,浓度在 60%以上时不易受微生物侵蚀。

另外,山梨糖醇液为含有 68%～76%山梨糖醇的水溶液,是无色、透明、糖浆状液体,有甜味,耐酸、耐热,不产生美拉德反应,有持水性,不易被各种微生物发酵。

②毒性:山梨糖醇小鼠经口 LD_{50} 为 23.2～25.7 g/kg,FAO/WHO 对 ADI 不作规定。

③使用:按照 GB 2760—2014,山梨糖醇的使用标准见表 5-7。

表 5-7　山梨糖醇、山梨糖醇液的使用标准

功能：甜味剂、膨松剂、乳化剂、水分保持剂、稳定剂、增稠剂

食品名称	最大使用量/(g/kg)	备注
生湿面制品(如面条、饺子皮、馄饨皮、烧卖皮)	30.0	
冷冻鱼糜制品(包括鱼丸等)	0.5	
炼乳及其调制产品，水油状脂肪乳化制品类以外的脂肪乳化制品[包括混合的和(或)调味的脂肪乳化制品](仅限植脂奶油)，冷冻饮品(食用冰除外)，果酱，腌渍的蔬菜，熟制坚果与籽类(仅限油炸坚果与籽类)，巧克力和巧克力制品，除以可可为主要原料的脂、粉、浆、酱、馅等以外的可可制品，糖果，面包，糕点，饼干，焙烤食品馅料及表面用挂浆(仅限焙烤食品馅料)，调味品，饮料类(包装饮用水除外)，膨化食品，其他(豆制品工艺、酿造工艺、制糖工艺)	按生产需要适量使用	固体饮料按稀释倍数增加使用量

　　山梨糖醇具有良好的吸湿性，可以保持食品具有一定水分以调整食品的干湿度。利用其吸湿性和保湿性，用于食品中可防止食品干燥、老化，延长产品货架期，但不适宜用于酥、脆食品中。

　　山梨糖醇与其他糖醇类共存时会出现吸湿性增强的现象，山梨糖醇的吸湿性能有效地防止糖、盐等结晶析出，维持甜、酸、苦味强度平衡，增加食品风味。山梨糖醇属于不挥发多元醇，因此能保持食品的香气。

　　(3)麦芽糖醇

　　麦芽糖醇(maltitol)的分子式为 $C_{12}H_{24}O_{11}$，相对分子质量 344.31。

　　①特性：纯净的麦芽糖醇为无色透明的晶体。易溶于水，难溶于甲醇和乙醇。对热、酸都很稳定，甜味特性接近于蔗糖。麦芽糖醇的保湿性能比山梨糖醇好。在体内不被消化吸收，不产生热量，不使血糖升高，不增加胆固醇，不被微生物利用，为疗效食品的理想甜味剂。甜度为蔗糖的 85%～95%。热值仅为蔗糖的 5%，是难发酵性和非结晶性的糖醇，具有保香、保湿作用。

　　②毒性：麦芽糖醇在人体内不被分解利用，无毒性。FAO/WHO 对 ADI 不作规定。

　　③使用：按照 GB 2760—2014，麦芽糖醇的使用标准见表 5-8。

表 5-8　麦芽糖醇、麦芽糖醇液的使用标准

功能：甜味剂、稳定剂、水分保持剂、乳化剂、膨松剂、增稠剂

食品名称	最大使用量/(g/kg)	备注
冷冻鱼糜制品(包括鱼丸等)	0.5	
调制乳，风味发酵乳，炼乳及其调制产品，稀奶油类似品，冷冻饮品(食用冰除外)，加工水果，腌渍的蔬菜，熟制豆类，加工坚果与籽类，可可制品，巧克力和巧克力制品(包括代可可脂巧克力及制品)，糖果，粮食制品馅料，面包，糕点，饼干，焙烤食品馅料及表面用挂浆，餐桌甜味料，半固体复合调味料，液体复合调味料(不包括醋、酱油)，饮料类(包装饮用水除外)，果冻，其他(豆制品工艺、酿造工艺、制糖工艺)	按生产需要适量使用	固体饮料、果冻粉按稀释倍数增加使用量

作为甜味剂,麦芽糖醇具有难发酵性,可添加于乳酸饮料,维持较长甜味,还可用作防龋齿甜味剂。可与糖精钠复配使用,改善糖精钠的风味。作为低热量的糖类甜味剂,它可用于制造糖尿病、心血管病、动脉硬化、高血压病、肥胖症等病人的食品。另外,作为功能性甜味剂,麦芽糖醇可在糖果、口香糖、巧克力、果酱、果冻和冰激凌等食品中应用。例如:

巧克力:用结晶麦芽糖醇生产巧克力时,在粗磨、精磨、精炼、调温缸中的温度都不应超过 46 ℃,因为温度上升会迅速提高产品黏度,影响产品的质构。影响程度还会随水分的增加而加重,因此要注意避免有水分。通常生产可可巧克力的温度不应超过 31 ℃,生产奶油巧克力的温度不应超过 28 ℃。

糖果:结晶麦芽糖醇可用来生产硬糖,其玻璃质外观、甜度、口感等品质均很好。由于麦芽糖醇分子中无还原性基团,不会发生美拉德反应,因此在熬糖过程中色泽稳定。液体麦芽糖醇含较多的麦芽三糖醇、其他高级糖醇,因此,制出的糖果吸湿性小,抗结晶的能力大,但需用防水性好的包装材料包装以延长产品的货架寿命。在生产过程中,必须将熬糖温度提高至135～140 ℃,而使用蔗糖时熬糖温度为 120～124 ℃,但是成型温度必须低些,一般为30～35 ℃。

2. 非糖天然甜味剂

非糖天然甜味剂是从一些植物的果实、叶、根等提取的物质,如甜菊糖苷、甘草素等。

(1)甜菊糖苷

甜菊糖苷(steviol glycosides)也称甜菊苷、甜菊糖,它是从菊科植物甜叶菊的叶子中提取出来的一种糖苷。分子式为 $C_{38}H_{60}O_{18}$,相对分子质量 804.872。

①特性:甜菊糖苷为白色或微黄色粉末。易溶于水(0.12 g/100 mL),在空气中易吸湿,微溶于乙醇。甜度为蔗糖的 200～300 倍,是味感近似砂糖的天然甜味剂。熔点为 198～202 ℃,耐高温。

甜菊糖苷与蔗糖、葡萄糖、果糖、麦芽糖等其他甜味料复配使用,不仅使甜味更纯正,而且甜度可达到协同增效效果。

②毒性:甜菊糖苷小鼠经口 $LD_{50} > 16$ g/kg(甜菊糖结晶)。美国食品与药物管理局将甜菊糖苷列为一般公认安全物质。

③使用:按照 GB 2760—2014,甜菊糖苷的使用标准见表5-9。

表 5-9 甜菊糖苷的使用标准

功能:甜味剂

食品名称	最大使用量/(g/kg)	备注
茶制品(包括调味茶和代用茶类)	10.0	
糖果	3.5	
蜜饯凉果	3.3	以甜菊醇当量计,固体饮料、果冻粉按稀释倍数增加使用量
熟制坚果与籽类	1.0	
冷冻饮品(食用冰除外),果冻	0.5	
调味品	0.35	
糕点	0.33	
风味发酵乳,饮料类(包装饮用水除外)	0.2	
膨化食品	0.17	
餐桌甜味料	0.05 g/份	

甜菊糖苷的热值仅为蔗糖的 1/300,食用后不产生热能,是糖尿病、肥胖症患者良好的天然甜味剂,用于糖果还有防龋齿的作用。甜菊糖苷可与乳糖、果糖、山梨糖醇、麦芽糖醇等一起用于制造硬糖,还可用于生产口香糖、泡泡糖、各种风味糖果,如具有苹果、橘子、葡萄、番木瓜、菠萝、番石榴、草莓风味的软糖。

（2）甘草素

甘草素(liquiritigenin)是从甘草中提炼制成的甜味剂,又称甘草甜素。甘草素主要存在于甘草根茎中,国产带皮甘草中的甘草素含量为 7%～10%,去皮甘草中为 5%～9%。将甘草干燥后加氨水萃取,再经真空浓缩、硫酸沉淀,最后以 95% 的酒精使其结晶析出,故又称甘草酸铵。也可将粗碎的甘草根茎用 60 ℃ 的水萃取,所得水萃取物与硫酸混合后生成甘草酸沉淀,再将沉淀用碱调节 pH 至 6 左右,成为甘草酸溶液后使用。甘草素的分子式为 $C_{42}H_{62}O_{16}$,相对分子质量 822.92。

①特性:甘草素为白色结晶粉末,其甜刺激与蔗糖比,来得较慢,去得也较慢,甜味持续时间较长。少量甘草素与蔗糖共用,可少用 20% 的蔗糖,而甜度保持不变。甘草素的甜度为蔗糖的 200～500 倍,但有特殊风味,不习惯者常有持续性不快的感觉,但与蔗糖、糖精配合效果较好。若添加适量的柠檬酸,则甜味更佳。甘草素本身并不带香味物质,但有增香作用。由于它不是微生物的营养成分,因此,不像糖类那样易引起发酵。在腌制品中用甘草素代替糖,可避免加糖出现的发酵、变色、硬化等现象。

②毒性:甘草是我国传统的调味料与中药,自古以来作为解毒剂及调味品,未发现对人体有危害,正常使用量是安全的。

③使用:按照 GB 2760—2014,甘草素可在蜜饯凉果、糖果、饼干、肉罐头类、调味品、饮料类(包装饮用水类除外)中,按生产需要适量使用。

甘草素是一种低热量甜味料,产生甜味刺激的时间与食盐大体相同,因此,将甘草素与食盐并用时,可以缓冲含盐量高的食品的咸味,使口感不致过咸,并产生浑圆柔和的味感。可将甘草素用于腌渍食品的调味,如将甘草素与食盐、味精合用,除增进调味效果外,还可节省味精用量。将甘草素与糖精以(3～4)∶1 的比例混合,再与蔗糖和柠檬酸钠合用于食品,甜味效果更佳。

甘草素有很强的掩蔽性,可以掩蔽食品中的苦味,如它对咖啡因的掩蔽作用是蔗糖的 40 倍,用于咖啡中可以减少苦味感。

甘草素在水中有一定的乳化作用,如与蔗糖、蛋白等混合使用时,可形成细腻稳定的泡沫,适于汽水、糖果、糕点、啤酒的制作。另外,甘草素还有很强的增香作用,应用于乳品、巧克力、蛋制品和饮料时,效果较好。但是甘草素不溶于脂肪,因此用于脂肪(如奶油、巧克力)中时,要采取一些方法使其分散均匀。

3. 天然物的衍生物甜味剂

天然物的衍生物甜味剂是从天然物中经过提炼合成,制成的高甜度的安全甜味剂。

（1）三氯蔗糖

三氯蔗糖(sucralose)是以蔗糖为原料经氯化作用而制得的,属于蔗糖衍生物,又称蔗糖素。分子式为 $C_{12}H_{19}Cl_3O_8$,相对分子质量 397.64。

①特性:三氯蔗糖为白色粉末,甜度是蔗糖的 400～800 倍,甜味纯正。甜味特性与蔗糖十分类似,没有任何苦味,是目前世界上公认的强力甜味剂。极易溶于水、甲醇和乙醇,微

溶于乙醚。耐高温、耐酸碱,温度及 pH 对它几乎无影响,适用于食品加工中的高温灭菌、喷雾干燥、焙烤、挤压等工艺。三氯蔗糖在人体内不参与代谢,不被人体吸收,热量值为零,而且可以起到抗龋齿作用。

②毒性:三氯蔗糖小鼠经口 LD_{50} 为 16 g/kg,ADI 为 0～15 mg/kg。

③使用:按照 GB 2760—2014,三氯蔗糖的使用标准见表 5-10。

表 5-10　三氯蔗糖的使用标准

功能:甜味剂

食品名称	最大使用量/(g/kg)	备注
其他杂粮制品(仅限微波爆米花)	5.0	
蜜饯凉果,糖果	1.5	
蛋黄酱,沙拉酱	1.25	
调制乳粉和调制奶油粉,腐乳类,加工坚果与籽类,即食谷物〔包括碾轧燕麦(片)〕	1.0	
发酵酒	0.65	
方便米面制品	0.6	固体饮料、果冻粉按稀释倍数增加使用量
果酱,果冻	0.45	
香辛料酱(如芥末酱、青芥酱)	0.4	
调制乳,风味发酵乳,加工食用菌和藻类	0.3	
冷冻饮品(食用冰除外),水果罐头,腌渍的蔬菜,杂粮罐头,焙烤食品,醋,酱油,酱及酱制品,复合调味料,饮料类(包装饮用水除外),配制酒	0.25	
水果干类,煮熟的或油炸的水果	0.15	
餐桌甜味料	0.05 g/份	

(2)天冬氨酸苯丙氨酸甲酯

天冬氨酸苯丙氨酸甲酯(aspartyl-phenylalanine methyl ester,APME)也称阿斯巴甜(aspartame)、甜味素,分子式为 $C_{14}H_{18}N_2O_5$,相对分子质量 294.31。

①特性:阿斯巴甜为白色结晶状粉末,有清凉感,无苦味或金属味。微溶于水,难溶于乙醇,不溶于油脂。仅在 pH 为 3～5 的环境中较稳定,其酯键在高温下不稳定,在强酸碱及中性水溶液中或高温加热后易水解。

阿斯巴甜是一种二肽化合物,进入人体可被消化吸收,并提供 16.72 kJ/g 的能量,因此 FDA 将其列入营养型甜味剂中。尽管它的能量值较高,但因其甜度很高,在各种应用中的添加量很少,因此,提供的能量值实际很低或几乎为零。甜度是蔗糖的 160～200 倍。热稳定性差,高温加热后,其甜味下降或消失。味质好,可作糖尿病、肥胖症等患者疗效食品的甜味剂,也可作防龋齿食品的甜味剂。

②毒性:阿斯巴甜小鼠经口 $LD_{50}>10$ g/kg,属无毒级。ADI 为 0～40 mg/kg。

③使用:按照 GB 2760—2014,阿斯巴甜的使用标准见表 5-11。注意:添加甜味素的食

品应标明阿斯巴甜(含苯丙氨酸)。

表 5-11 阿斯巴甜的使用标准

功能:甜味剂

食品名称	最大使用量/ (g/kg)	备注
胶基糖果	10.0	
面包	4.0	
可可制品,巧克力和巧克力制品(包括代可可脂巧克力及制品),除胶基糖果以外的其他糖果,调味糖浆,醋	3.0	
发酵蔬菜制品	2.5	
调制乳粉和调制奶油粉,冷冻水果,水果干类,蜜饯凉果,固体复合调味料,半固体复合调味料	2.0	
糕点,饼干,其他焙烤食品	1.7	
液体复合调味料(不包括醋、酱油)	1.2	
风味发酵乳,稀奶油(淡奶油)及其类似品(稀奶油除外),非熟化干酪,干酪类似品,以乳为主要配料的即食风味食品或其预制产品(不包括冰激凌和风味发酵乳),水油状脂肪乳化制品类以外的脂肪乳化制品[包括混合的和(或)调味的脂肪乳化制品],脂肪类甜品,冷冻饮品(食用冰除外),水果罐头,果酱,果泥,装饰性果蔬,水果甜品(包括果味液体甜品),发酵的水果制品,煮熟的或油炸的水果,冷冻蔬菜,干制蔬菜,蔬菜罐头,蔬菜泥(酱)(番茄沙司除外),经水煮或油炸的蔬菜,其他加工蔬菜,食用菌和藻类罐头,经水煮或油炸的藻类,其他加工食用菌和藻类,装饰糖果(如工艺造型、用于蛋糕装饰),顶饰(非水果材料)和甜汁,即食谷物[包括碾轧燕麦(片)],谷类和淀粉类甜品(如米布丁、木薯布丁),焙烤食品馅料及表面用挂浆,其他蛋制品,果冻	1.0	固体饮料、果冻粉按稀释倍数增加使用量
调制乳,果蔬汁(浆)类饮料,蛋白饮料,碳酸饮料,茶、咖啡、植物(类)饮料,特殊用途饮料,风味饮料	0.6	
加工坚果与籽类,膨化食品	0.5	
醋、油或盐渍水果,腌渍的蔬菜,腌渍的食用菌和藻类,冷冻挂浆制品,冷冻鱼糜制品(包括鱼丸等),预制水产品(半成品),熟制水产品(可直接食用),水产品罐头	0.3	
餐桌甜味料	按生产需要 适量使用	

阿斯巴甜在食品或饮料中的主要作用有:①提供甜味,口感类似蔗糖。②能量可降低95%左右。③增强食品风味,延长味觉停留时间,对水果香型风味效果更佳。④避免营养素的稀释,保持食品的营养价值。⑤可与蔗糖、合成甜味剂一起配合使用。

第三节　增味剂

一、增味剂的类型

食品增味剂也称鲜味剂,是指补充或增强食品原有风味的物质。增味剂按来源不同可分为动物性增味剂、植物性增味剂、微生物增味剂、化学合成增味剂等;按化学成分不同可分为氨基酸类、核苷酸类、有机酸类、复合增味剂。

1. 氨基酸类增味剂

以谷氨酸为代表,是第一代增味剂产品,如 L-谷氨酸钠。其他如 L-丙氨酸和甘氨酸,也具有一定的鲜味。

2. 核苷酸类增味剂

以肌苷酸和鸟苷酸为代表,属于芳香杂环化合物,是第二代增味剂产品。

3. 有机酸类增味剂

以琥珀酸二钠为代表,它是目前我国唯一允许使用的有机酸类增味剂。琥珀酸即丁二酸,作为增味剂常用于酒类、清凉饮料、糖果食品,其钠盐用于酿造品及肉制品。

4. 复合增味剂

复合增味剂是由氨基酸、核苷酸、天然的水解物或萃取物、有机酸、甜味剂、无机盐、香辛料、油脂等各种具有不同增味作用的原料,经科学方法组合、调配、制作而成的调味产品,也称为复合调味料。

大多数复合增味剂由天然的动物、植物、微生物经过水解或发酵而制成,包括肉类抽提物、水产抽提物、水解动物蛋白等动物性增味剂,植物性抽提物、水解植物蛋白等植物性增味剂,以及酵母菌抽提物等。是第三代增味剂产品。

复合增味剂的特点包括:

(1)复配性好,可根据实际需要进行随意复配。

(2)鲜味饱满有层次,容易被人接受。

(3)耐高温效果好。

(4)鲜味持续时间较长。

(5)增鲜效果回味好,不易发生口干现象。

(6)应用广泛,增鲜效果明显。

二、常用的增味剂

1. L-谷氨酸钠

L-谷氨酸钠(monosodium L-glutamate,MSG)俗称味精,分子式为 $C_5H_8O_4NNa \cdot H_2O$,相对分子质量187.13。

(1)特性

L-谷氨酸钠为无色至白色结晶或晶体粉末,无臭,微有甜味或咸味,有特有的鲜味。易溶于水（7.71 g/100 mL），微溶于乙醇，不溶于乙醚和丙酮等有机溶剂。无吸湿性。味精以蛋白质组成成分或游离态广泛存在于植物组织。通常的食品加工和烹饪时不分解，但在高温条件下，会出现部分水解，如 100 ℃下加热 3 h，分解率为 0.3%，1200 ℃失去结晶水；在 155～160 ℃或长时间受热，会发生失水生成焦谷酸钠，鲜味下降。

味精是第一代增味剂的主要成分，也是人类最早发现的增味剂成分。它还广泛用作复配其他增味剂的基础料。味精具有很强的肉类鲜味，特别在微酸性溶液中味道更佳。鲜味阈值为 0.03%，一般使用时加入量为 0.2～1.5 g/kg。味精的呈味能力与其解离度有关。pH 为 3.2 时，呈味能力最低；pH 为 6～7 时，味精几乎全部解离，其呈味能力最强，鲜味最高；pH 大于 7 时，由于形成二钠盐，鲜味消失。作为增味剂，味精还具有调节咸、酸、苦味的作用，并能激发食品所具有的自然风味。

（2）毒性

味精小鼠经口 LD_{50} 为 16.2 g/kg，属无毒。ADI 为 0～120 mg/kg（以谷氨酸计，食品中原有者除外。本 ADI 不适用于 12 周以内的婴儿）。空腹大量食用后会有头晕现象发生，这是由于体内氨基酸暂时失去平衡，与蛋白质或其他氨基酸一起食用，则无此现象。

（3）使用

按照 GB 2760—2014，L-谷氨酸钠可在各类食品中，按生产需要适量使用。

①味精适用于家庭、饮食业、食品加工业，如罐头、醋、汤类添加量为 0.1%～0.3%。浓缩汤料、速食粉添加量为 3%～10%。水产品、肉类添加量为 0.5%～1.5%。酱油、酱菜、腌渍食品添加量为 0.1%～0.5%。面包、饼干、酿造酒添加量为 0.015%～0.06%。

②味精除作为鲜味剂，在豆制品、曲香酒中有增香作用外，在竹笋、蘑菇罐头中有防止混浊、保形和改良色、香、味等作用，其添加量为 0.05%～0.2%。

③味精与 5′-肌苷酸二钠（IMP）、5′-鸟苷酸二钠（GMP）等其他调味料混合使用时，用量可减少一半以上。

④味精对热稳定，但在酸性食品中应用时，最好加热后期或食用前添加。

⑤在酱油、食醋及其他酸性食品，由于 pH 越低，呈味越弱，可增加 20%用量。

⑥食盐中添加少量味精就有明显的鲜味，一般 1 g 食盐加入 0.1～0.15 g 味精呈味效果最佳。味精还有缓和苦味的作用，如糖精的苦味在加入味精后可缓和。

2. 5′-肌苷酸钠

5′-肌苷酸钠（inosine 5′-monophosphate，IMP）也称 5′-肌苷酸二钠，分子式为 $C_{10}H_{11}N_4Na_2O_8P$，相对分子质量 392.17（无水）。

（1）特性

5′-肌苷酸钠为白色结晶或粉末，含约 7.5 分子结晶水，40 ℃开始失去结晶水，120 ℃以上成无水物。易溶于水（13 g/100 mL），微溶于乙醇，不溶于乙醚。稍有吸湿性，但不潮解。无臭、味鲜，鲜味阈值为 0.025%。在 pH 为 4～6 的食品加工条件下非常稳定，100 ℃加热 1 h 无分解现象，但在 pH 为 3 或以下长时间加热，会分解而失去鲜味。经油炸（170～180 ℃）加热 3 min，其保存率为 99.7%。

（2）毒性

5′-肌苷酸钠小鼠经口 LD_{50} 为 12 g/kg。肌苷酸与鸟苷酸是构成核酸的成分，所组成的核蛋白是生命和遗传现象的物质基础。它对人体是有益、安全的，广泛存在于肉类、鱼类、贝类,ADI 不需特殊规定。

(3)使用

按照 GB 2760—2014,5′-肌苷酸钠可在各类食品中,按生产需要适量使用。

5′-肌苷酸钠可加到酱油、食醋、鱼制品、速溶汤粉、速煮面条及罐头等食品中,增强食品的鲜味,使用量为 0.01～0.1 g/kg。5%～12%的 5′-肌苷酸钠与味精复配使用,其呈味作用比只用味精高约 8 倍,有"强力味精"的称号。用 2.5%IMP＋2.5%GMP＋95%MSG 复合产品 4.7～7 kg,可以代替 45 kg 味精。

但是核苷酸类鲜味剂对酶的稳定性较差,很容易被生鲜食品中的磷酸酯酶分解,生成不呈鲜味的物质。由于磷酸酯酶对热不稳定,一般在 85 ℃左右就失去活性,因此发酵食品、其他食品在加入 5′-肌苷酸钠之前,最好先加热到 85 ℃左右,破坏磷酸酯酶的活性后再添加。

3. 5′-鸟苷酸钠

5′-鸟苷酸钠(guanosine 5′-monophosphate,GMP)也称 5′-鸟苷酸二钠,分子式为 $C_{10}H_{12}N_5Na_2O_8P$,相对分子质量 407.19。

(1)特性

5′-鸟苷酸钠为无色或白色结晶或粉末,易溶于水(25 g/100 mL),微溶于乙醇,不溶于乙醚。吸湿性较强。无臭,具有类似香菇的鲜味,鲜味阈值为 0.0125%。5′-鸟苷酸钠的鲜味程度为 5′-肌苷酸钠的 3 倍以上。与味精有协同效应,增鲜倍数为 5～6 倍。对热、酸、碱、盐都较稳定。油炸条件下,3 min 后其保存率为 99.3%。

(2)毒性

5′-鸟苷酸钠小鼠经口 LD_{50} 为 10 g/kg,ADI 不需特殊规定。

(3)使用

按照 GB 2760—2014,5′-鸟苷酸钠可在各类食品中,按生产需要适量使用。

和 5′-肌苷酸钠一样,5′-鸟苷酸钠也会被磷酸酯酶分解失去呈味力,因此,不宜在生鲜食品中使用,或可通过将食品加热到 85 ℃左右,钝化磷酸酯酶后使用。

5′-鸟苷酸钠多与味精、5′-肌苷酸钠复配使用。混合时,其用量为味精总量的 1%～5%。酱油、食醋、肉、鱼制品、罐头食品等均可添加,其用量为 0.01～0.1 g/kg。也可与赖氨酸等混合后,添加到干蒸煮米饭、速煮面条、快餐中,用量约为 0.5 g/kg。

GMP 与 IMP 以 1∶1 配合,商品名为 I＋G,称为 5′-呈味核苷酸二钠。为白色至淡黄色结晶或粉末,溶于水,微溶于乙醇和乙醚。对热、酸、碱、盐都较稳定。无臭,味鲜,5′-肌苷酸钠的鲜味是味精的 40 倍,5′-鸟苷酸钠的鲜味是味精的 160 倍,5′-呈味核苷酸二钠的鲜味是味精的 100 倍。在各类食品中按生产需要适量使用。在食品加工中,与味精合用具有显著的增效作用。以 1%～5%的比例添加到味精中,即配成鲜味更强的强力味精,其鲜味更丰厚、滋润。还用于特鲜酱油、汤料等。

4. 琥珀酸二钠

琥珀酸二钠(disodium succinate)也称干贝素。有两种存在形式,分别是结晶琥珀酸二钠和无水琥珀酸二钠,分子式为 $C_4H_4Na_2O_4 \cdot nH_2O(n=6$ 或 $0)$,相对分子质量六水物为 270.14,无水物为 162.05。

(1)特性

琥珀酸二钠六水物为结晶颗粒,无水物为结晶性粉末,无色至白色。易溶于水(35 g/100 mL),

不溶于乙醇,在空气中稳定。无臭,有特殊酸味,也有特殊的贝类滋味,是海鲜类的风味基础之一,味觉阈值为 0.03%。

(2)毒性

琥珀酸二钠小鼠经口 $LD_{50} > 10$ g/kg。

(3)使用

琥珀酸二钠是我国许可的一种有机酸类食品鲜味剂,常与谷氨酸钠配合使用,一般使用量为谷氨酸钠的 10% 左右。

按照 GB 2760—2014,琥珀酸二钠作为增味剂,可用于调味品中,最大使用量为 20 g/kg。

5. 动物蛋白质水解物

动物蛋白质水解物(hydrolyzed animal protein,HAP)是指在酸或酶的作用下,水解蛋白质含量高的动物组织得到的产物。这些原料如畜禽的肉、骨和鱼等,其蛋白质含量高,且所含的氨基酸构成模式更接近人体需要,是完全蛋白质,具有很好的风味。相对分子质量为 2000～6000,是小分子肽类,具有动物蛋白的鲜香味。

(1)特性

HAP 为淡黄色液体、糊状物、粉状体或颗粒,黏度低,具有较好的耐酸碱性、耐热性,不易发生褐变、变性。产品有浓缩汁、粉末状和微胶囊等形式。HAP 一般总氮量为 8%～9%,脂肪<1%。

HAP 除了保留原料的营养成分外,蛋白质被水解为小肽和游离的 *L*-型氨基酸,易溶于水,有利于人体消化吸收,原有风味更为突出,是一种优质的蛋白质源。

(2)毒性

HAP 无毒性,安全性高。

(3)使用

HAP 用于各种食品加工和烹饪中调味料的配合使用,可产生独特风味。

①火腿和香肠等肉制品:可增强肉制品的风味,提高其营养价值,产品口感细腻,香味浓郁。

②果奶饮料:可增强产品的乳化能力,提高产品稳定性,并能增加饮料的蛋白含量,易被人体吸收。

③面包、乳酸饮料等发酵食品:促进酵母菌等微生物的生长,提高产品的营养。

④营养品、保健食品:可提供优质的蛋白质,易被机体吸收,促进机体生长发育、新陈代谢。

⑤其他:如可作为味精的填充底料,也可作为优质的蛋白源,添加到婴幼儿食品中。

6. 植物蛋白质水解物

植物蛋白质水解物(hydrolyzed vegetable protein,HVP)是指在酸或酶作用下,水解含蛋白质的植物组织得到的产物。这些产物不仅含有营养保健成分,而且可用作食品调味料、风味增强剂。植物蛋白质来源丰富,经水解、脱色、中和、除臭、除杂、调味、杀菌、喷雾干燥等工艺制得 HVP,可机械化、大规模、自动化生产。HVP 集色、香、味等营养成分于一体,由于其氨基酸含量高,逐渐成为取代味精的新一代调味品。

(1)特性

HVP 为淡黄色至黄褐色液体、糊状体、粉状体、颗粒。制品的鲜味程度和风味因原料和加工工艺而异。

（2）毒性

目前常用酶法代替酸法进行水解，以保证水解物的安全性。若采用酸法，则需严格控制工艺条件参数，以减少微量致癌物质 3-氯丙醇（3-CPD）的产生。

（3）使用

HVP 用于各种食品加工和烹饪中调味料的配合使用。

①调味品：在酱油、蚝油、酱料、汤料中，起增鲜作用。

②糖果、糕点：如在糖果生产中，可增加香气，提高产品中蛋白质含量；在糕点中，可改善口味品质。

③膨化食品、饼干：可增加产品的风味和香气，使其结构疏松，口感改善。

④饮料：可改善饮料风味，提高蛋白质含量。

7. 酵母抽提物

酵母抽提物（yeast extract，YE）也称酵母精或酵母味素，是一种以食用酵母菌为生产原料，通过生物技术手段将酵母菌中的蛋白质、核苷酸类物质进行水解，经精制加工而得到的粉状、液体状、膏状的产品。成分较复杂，呈肉香味，味道鲜美浓郁。酵母菌抽提物具有强烈的呈味功能，是一种新型的天然高级调味品。

（1）特性

酵母抽提物为深褐色、淡黄褐色。粉末制品含水量 5%～10%，具有很强的吸湿性。糊状制品一般含水量 20%～30%。产品总氮含量要求＞9%，氨基氮含量＞3.5%。

（2）使用

酵母抽提物广泛应用于各种加工食品。

①复合调味料、汤料等：可作为调味料的基料使用。如在酱油、蚝油、食醋、鸡精、各种酱类中加入 1%～5% 的酵母抽提物，可与调味料中的动植物提取物、香辛料配合，引发出强烈的鲜香味，具有协同效果。另外，含丰富谷氨酸、核苷酸的酵母菌抽提物可替代味精，此类产品中的 I+G 含量可达到 20%。

②榨菜、咸菜、梅菜等：可替代肉类抽提物，添加 0.8%～1.5% 酵母抽提物，可降低咸味，掩盖异味，使酸味更加柔和，风味更加香浓持久。

使用过程中应注意：①酵母菌抽提物中含有丰富的氨基酸、核苷酸，应减少或调整原配方中其他增味剂的用量。②若在鱼糕、香肠、生肉、生鱼等食品中添加酵母抽提物，由于原料中含有脱氨酶、脱羧酶、转氨酶，可能会导致酵母抽提物中的呈味氨基酸、核苷酸的降解，因此添加之后不能放置过长时间，最好先进行高温灭酶处理或冷冻处理。③酵母抽提物用于食品的适宜 pH 为 4～7，当食品的 pH 为 6～7 时，其鲜味最强。

第四节　调味剂应用实例

一、酸度调节剂应用实例

酸度调节剂除了调节酸味以外，还有改善食品风味、抑制菌类（防腐）、防褐变、缓冲、螯合等作用,因此广泛用于食品工业中,且常复配使用。在绿茶吐司中,复配酸度调节剂的最佳组合是:焦磷酸钠的添加量为 0.062%,柠檬酸钠的添加量为 0.20%,乳酸钠的添加量为 0.20%。现以柠檬酸在冻干即食用银耳羹制作中的应用为例:

银耳羹是以银耳为主料,红枣、枸杞、冰糖为辅料制作的药膳。

1. 加工工艺

干银耳→碱液改性($NaHCO_3$,30 min)→清洗→切粒→煮制(加枸杞、红枣,柠檬酸调配)→铺盘→冷冻→冻干→复水。

2. 基本配方

鲜银耳 100 g,白砂糖 15 g,冰糖 5 g,枸杞 4 g,红枣片 3 g,柠檬酸 0.16 g,$NaHCO_3$ 0.05%。

3. 操作要点

在浸泡中,将干银耳在热水中用浓度 0.05% 的 $NaHCO_3$ 浸泡 30 min,浸泡温度为 50～84 ℃,中途水温降低时,需加热水。

在熬煮中,将切粒的银耳与白砂糖、冰糖、枸杞、红枣片、柠檬酸等进行熬制,熬煮时间为 12 min,熬煮料水比为 1∶10,然后测定银耳羹的黏稠度。

二、甜味剂应用实例

甜味剂,特别是天然甜味剂如糖醇、甜菊糖苷、甜茶苷、罗汉果甜苷、甘草酸盐、索马甜等,为食品饮料提供新的配方。其中糖醇类甜味剂应用较广,且常复配使用。在绿茶吐司中,复配甜味剂的最佳组合是:木糖醇的添加量为 1.50%,山梨糖醇的添加量为 3.14%,麦芽糖醇的添加量为 2.49%。现以木糖醇在红枣灵芝多糖饮料制作中的应用为例:

红枣灵芝多糖饮料是以红枣和灵芝多糖为原料的一款新型功能饮料,能起到一定保健作用。

1. 加工工艺

红枣汁、灵芝多糖→调配(加木糖醇、柠檬酸)→灌装→密封杀菌→冷却→成品。

2. 基本配方

红枣汁 250 g/L,灵芝多糖 50 g/L,柠檬酸 15 g/L,木糖醇 40 g/L。

3. 操作要点

在纯净水中按一定比例加入红枣汁、灵芝多糖、木糖醇、柠檬酸,搅拌均匀后立即加热至 100 ℃,趁热装罐,在 115 ℃ 的高压蒸汽锅中灭菌 20 min 后,放入冷水中冷却,即为成品。

三、增味剂应用实例

增味剂以其特殊的风味,已广泛应用于各种食品中,如调味品、零食等。鸡精是一种具有鸡肉鲜味的复合调味料,现以增味剂在鸡精生产中的应用加以介绍。

1. 加工工艺

颗粒原料→粉碎→搅拌混合(加鸡类抽提物)→制粒→烘干→筛分→增香(加鸡肉香精)→检验→包装→成品。

鸡类抽提物是一种绿色天然的食品调味料,是鸡肉(或鸡骨)的粉末或其浓缩抽提物成分,保持了鸡的原汁原味原香原色,味道鲜美,口感醇厚,风味自然。

2. 基本配方

常用的鸡精配方主要包括食盐、白砂糖、鸡类抽提物、味精、I＋G、HVP、抗结剂、麦芽糊精、鸡肉香精、辛香料,其中味精所占比例较高(≥35％),食盐的比例也较高(表5-12)。

表 5-12　鸡精配方

单位:%

配方	食盐	白砂糖	原味纯鸡粉	味精	I＋G	精制纯鸡油	HVP	胡椒粉	抗结剂	麦芽糊精	鸡肉香精	洋葱粉	生姜粉	淀粉	大蒜粉
1	40	10	2～2.5	40	1.5	1～1.5	1	0.5	0.5	2～5	0.5				
2	32	11	2.5	45	1.8		1	0.5	0.5	3	0.7	0.6	0.4	2	
3	22	9	3	50	2	1～1.5		0.3	0.5	10	0.5	0.5	0.2		0.1

思考题

1. 什么是酸度调节剂? 如何分类?

2. 常用的酸度调节剂有哪些? 如何使用?

3. 什么是甜味剂? 如何分类?

4. 甜味剂在食品中的作用主要有哪些?

5. 常用的人工合成甜味剂有哪些? 如何使用?

6. 常用的天然甜味剂有哪些? 如何使用?

7. 什么是增味剂? 如何分类? 复合增味剂有哪些特点?

8. 常用的增味剂有哪些? 如何使用?

9. 酸度调节剂在冻干即食用银耳羹制作中如何应用?

10. 甜味剂在红枣灵芝多糖饮料制作中如何应用?

11. 增味剂在鸡精中如何应用?

第六章 食品用香料与香精

通常人们在选择食物的时候,会考虑色、香、味、形等因素。香味诱人的食品更易获得人们的青睐,因此,香味在食品中占有举足轻重的地位。

食品中香味的来源主要有:(1)肉、鱼、水果、蔬菜等食品原料本身所具有的,这些原料是人类饮食的主体,也是人体所需营养的主要来源。(2)食品原料中的香体物质在加热、发酵等加工过程中发生化学变化所产生的。(3)在食品加工过程中有意添加的,如食品用香料、食品用香精等。

现代化生产工艺中,为了提高和改善食品的香味和香气,有时需要添加少量的($\mu g/kg \sim$ mg/kg级)香精或香料,这些香精和香料被称为增香剂、赋香剂。食品用香精、香料的应用大大满足和丰富了人们的口味,给人们创造了各种新鲜美味的食品,促进了食品工业的快速发展。

第一节 食品用香料

食品用香料是能被嗅觉闻出气味或味觉尝出味道的、用来配制香精或直接给食品和饮料等加香的物质。它是由一种或多种具有气味的有机物组成的,这些有机物的分子结构中都含有一定的发香基团(表 6-1),它们在分子内以不同的方式结合,使食用香料具有不同类型的香气和香味。

表 6-1 不同物质的发香基团

发香基团	结构	发香基团	结构
羟基	R—OH	苯基	RCH
酮基	RC＝OR′	硝基	R—NO$_2$
醛基	RCHO	亚硝酸基	R—ONO
羧基	RCOOH	酰胺基	R—CONH$_2$
醚基	ROR′	氰基	R—CN
酯基	RCOOR	内酯	RCOO—C

一、食品用香料的分类

食品用香料常按其来源和制法不同分为食品用天然香料和食品用合成香料。

1. 食品用天然香料

食品用天然香料是通过物理方法、酶法、微生物法工艺,从动植物来源材料中获得的香味物质的制剂或化学结构明确的具有香味特性的物质,包括食品用天然复合香料和食品用天然单体香料。(1)食品用天然复合香料:通过物理方法、酶法、微生物法工艺,从动植物来源材料中获得的香味物质的制剂(由多种成分组成)。如精油、蛋白质水解物、经焙烤加热或酶解的产物。(2)食品用天然单体香料:通过物理方法、酶法、微生物法工艺,从动植物来源材料中获得的化学结构明确的具有香味特性的物质。这些动植物材料可以是未经加工的,也可以是通过传统食品制备工艺加工的。

食品用天然香料几乎全是植物性天然香料。已知可从1500多种植物中得到香味物质,目前用作食品香料的植物有200多种,其中被国际标准化组织(ISO)承认的有70多种。香料的挥发性比较大,需要置于密封容器中避光、避热保存。

根据食品用天然香料产品和产品形态可分为香辛料、精油、浸膏、酊剂、油树脂、净油等制品。其产品的特点如下所述。

(1)香辛料

香辛料主要是指在食品调香调味中使用的芳香植物或干燥粉末。其精油含量较高,具有强烈的呈味、呈香作用,不仅能促进食欲,改善食品风味,而且还有杀菌防腐功能。常见的有5类:①辣椒、姜、花椒、胡椒等具有热感和辛辣感的香料。②大蒜、葱、洋葱、韭菜等具有辛辣作用的香料。③丁香、孜然、月桂、肉桂、香荚兰豆、肉豆蔻等具有芳香性的香料。④甘草、茴香、葛缕子、百里香、枯茗等香草类香料。⑤姜黄、红椒、藏红花等带有上色作用的香料。

(2)精油

精油又称香精油、挥发油或芳香油,是植物性天然香料的主要品种。对于多数植物性原料,主要用水蒸气蒸馏法(如玫瑰油、薄荷油、八角茴香油等)和压榨法(如红橘油、甜橙油、柠檬油等)制取。

(3)浸膏

浸膏是一种含有精油、植物蜡等呈膏状浓缩的非水溶剂萃取物。是用挥发性有机溶剂浸提香料植物原料,然后蒸馏回收有机溶剂,得到的蒸馏残留物。在室温下多数浸膏呈深色膏状、蜡状,如桂花浸膏、大花茉莉浸膏、香荚兰豆浸膏等。

(4)酊剂

酊剂又称乙醇溶液,是以乙醇为溶剂,在室温或加热条件下,浸提植物原料、天然树脂、动物分泌物所得到的乙醇浸出液,经冷却、澄清、过滤而得,如可可酊、咖啡酊、香荚兰豆酊等。

(5)油树脂

油树脂是指用溶剂萃取天然香辛料,然后蒸除溶剂,而得到的具有特征香气或香味的浓缩萃取物。通常为黏稠液体,色泽较深,呈不均匀状态,如黑胡椒油树脂、辣椒油树脂、姜黄油树脂等。

(6)净油

净油是用乙醇萃取浸膏、香脂、树脂所得到的萃取液,经过冷冻处理,滤去不溶的蜡质等杂质,再经减压蒸馏蒸去乙醇,得到的流动或半流动的液体,如玫瑰净油、小花茉莉净油、大花茉莉净油等。

2. 食品用合成香料

食品用合成香料是通过化学合成方式形成的化学结构明确的具有香味特性的物质。目前全世界使用的食品用合成香料有 3000 种左右。在化学结构上合成香料可按照其中的官能团和碳原子骨架进行分类。

(1)按官能团分类

按官能团可分为醇类香料、醛类香料、酮类香料、酸类香料、酯类香料、内酯类香料、酚类香料、醚类香料、缩醛基类香料、烃类香料、腈类香料、硫醇类香料、硫醚类香料等。

(2)按碳原子骨架分类

按碳原子骨架可分为萜烯类(萜烯、萜醇、萜醛、萜酮、萜酯)、芳香族类(芳香族醇、醛、酮、酸、酯、内酯、酚、醚)、脂肪族类(脂肪族醇、醛、酮、酸、酯、内酯、酚、醚)、杂环和稠环类(呋喃类、吡咯类、吡啶类、吡嗪类、噻吩类、噻唑类、喹啉类)。

二、常用的天然香料

食品中常用的天然香料主要为柑橘油类和柠檬油类,即水果型香料。这两种香料均属于芸香科植物的产物,包括甜橙油、酸橙油、橘子油、红橘油、柚子油、柠檬油、香柠檬油等品种。最常用的是甜橙油、橘子油、柠檬油、薄荷素油。

1. 甜橙油

甜橙油(orange oil)由芸香科植物甜橙的果皮,用水蒸气蒸馏法、压榨法等方法提取制得。

(1)特性

甜橙油为黄色至橙色或深橙黄色的挥发性油状液体,带有清甜的橙子香气和柔和的芳香滋味。溶于乙醇,难溶于水。主要成分为柠檬烯、月桂烯、芳樟醇、橙花醇、松油醇、香叶醇、柠檬醛、甜橙醛、辛醛、癸醛、乙酸辛酯、乙酸癸酯、邻氨基苯甲酸甲酯等。一般密封保存于深褐色玻璃瓶、铝桶内,置于阴凉处。

(2)使用

甜橙油广泛用于配制多种食品用香精,是橘子、甜橙等果香型香精的主要原料,可直接添加到饼干、糕点、糖果、冷饮等食品中。按照 GB 2760—2014,甜橙油在各类食品中按生产需要适量使用。

美国香料生产者协会(FEMA)规定(单位:mg/kg):甜橙油用于饮料为 210,冷饮为 330,焙烤制品为 430,布丁类为 1300,糖果为 1000,胶姆糖为 4200,糖浆为 0.34,早餐谷类为 49,肉类制品为 10,酒类为 5,调味料为 32,涂层为 190。

2. 橘子油

橘子油(mandarin oil)是由芸香科植物柑的果皮经压榨或蒸汽蒸馏而得。

(1)特性

橘子油为黄色油状液体,具有清甜的橘子香气,能溶于 7～10 倍容积的 90% 乙醇中。橘子油主要成分为柠檬烯、癸醛、N 甲基-邻氨基苯甲酸甲酯等。

(2)使用

橘子油广泛用于配制多种食品用香精,是橘子型香精的主要原料,可直接添加于食品中,常用于浓缩柑橘汁、柑橘酱等产品中。按照 GB 2760—2014,橘子油在各类食品中按生产需要适量使用。

FEMA 规定(单位:mg/kg):橘子油用于软饮料为 62,冷饮为 160,焙烤食品为 190,布丁类为 30,糖果为 350,胶姆糖为 83。

3. 柠檬油

柠檬油(lemon oil)是由芸香科植物柠檬的果皮经冷磨法、压榨法、蒸馏而得。

(1)特性

柠檬油为鲜黄色澄明的油状液体,具有清新的柠檬果香气,味辛辣微苦。易溶于乙醇。柠檬精油成分主要为萜烯类、醇类、醛类、酯类等化合物。主要成分是苎烯,含量 80%~90%。香气主要是由于含有 3.0%~5.5% 的柠檬醛。

(2)使用

柠檬油广泛用于配制多种食品用香精,是柠檬型香精的主要原料,可直接添加到各种食品中。GB 2760—2014 规定,柠檬油在各类食品中按生产需要适量使用。

FEMA 规定(单位:mg/kg):柠檬油用于软饮料为 230,冷饮为 280,焙烤食品为 580,布丁类为 340,糖果为 1100,胶姆糖为 1900,糖浆为 65。

4. 薄荷素油

薄荷素油(mentha arvensis oil)也称脱脑油,是唇形科植物薄荷的茎、叶经蒸馏而得的薄荷原油,再经分离去除大部分薄荷脑后所剩的油状物。

(1)特性

薄荷素油为无色、淡黄色或黄绿色的澄清液体,有薄荷香气,味初辛后凉。在水中溶解度很小,溶于乙醇、乙醚、氯仿及油脂中。遇热易挥发,易燃。薄荷素油主要成分为薄荷脑(约占 50% 以上)、薄荷酮乙酸、薄荷酯等。薄荷素油需避光密封保存。

(2)使用

薄荷素油是配制薄荷型香精的主要原料之一。GB 2760—2014 规定,薄荷素油在各类食品中按生产需要适量使用。

FEMA 规定(单位:mg/kg):薄荷素油用于烘焙食品为 2000,非酒精类饮料为 4000,酒精类饮料为 5000,胶姆糖为 16000,硬糖为 4000,软糖为 2000,糖类食品为 1500,冻奶为 200,水果冰为 200,布丁为 4000,速溶咖啡/茶为 400,啫喱为 1000,香料为 4000,肉制品为 20,调味品为 1000,甜酱汁为 200。

三、常用的天然等同香料

食品用香料中大部分为天然等同香料。天然等同香料是指从芳香原料中用化学方法离析出来的或是用化学合成法制取的香味物质,它们在化学性质上与供人类食用的天然产品中存在的物质相同。其中有代表性的是香兰素、苯甲醛、DL-薄荷脑、柠檬醛等。

1. 香兰素

香兰素(vanillin)也称香草粉,化学名称为 3-甲氧基-4-羟基苯甲醛。香兰素天然存在于香荚兰豆、安息香膏、秘鲁香膏、叶鲁香膏中。目前,在我国的制法主要是:先由邻氨基苯甲醚经重氮水解,生成愈创木酚,再用愈创木酚在亚硝基二甲基苯胺和催化剂存在下,与甲醛缩合,生成香兰素,最后通过萃取分离、真空蒸馏、结晶提纯而制得。分子式为 $C_8H_8O_3$,相对分子质量 152.15。

（1）特性

香兰素为白色至微黄色晶体，具有香荚兰豆特有的香气。易溶于乙醇、乙醚、氯仿等有机溶剂，微溶于水，能溶于热水。易受光照影响，在空气中能发生氧化，故需密封避光保存。

（2）毒性

香兰素大鼠经口 LD_{50} 为 1580 mg/kg，ADI 为 0～10 mg/kg。

（3）使用

香兰素是配制香草型香精的主要香料，可单独使用。广泛用于糕点、饼干、糖果、冷饮等食品，特别是以乳制品为主要原料的食品。在生产糕点或饼干的过程中，和面前应用温水溶解后加入，以防赋香不均、结块影响口味。应注意遇碱或碱性物质会发生变色的现象。

按照 GB 2760—2014，香兰素为允许使用的食品用天然等同香料，在各类食品中按生产需要适量使用。

注意：①较大婴儿和幼儿配方食品中可使用香兰素，最大使用量为 5 mg/100 mL（其中 100 mL 以即食食品计，企业应按照冲调比例折算成配方食品中的使用量）。②婴幼儿谷类辅助食品中可使用香兰素，最大使用量为 7 mg/100 g（其中 100 g 以即食食品计）。③凡使用范围涵盖 0～6 个月婴幼儿的配方食品不得添加任何食品用香料。

FEMA 规定（单位：mg/kg）：香兰素用于软饮料为 63，冷饮为 95，焙烤食品为 220，布丁类为 120，糖为 100，胶姆糖为 270，糖浆为 330～2000，巧克力为 970，裱花层为 150，人造奶油为 0.20。

FAO/WHO 规定：香兰素用于方便食品的罐头、婴儿食品和谷类食品的最高允许用量为 70 mg/kg。

2. 苯甲醛

苯甲醛（benzaldehyde）也称人造苦杏仁油，天然存在于苦杏仁油、桂皮油等精油中，是苦杏仁油的主要香气成分。食品工业中由甲苯经催化氧化或由苯乙烯经臭氧氧化而制得。分子式为 C_7H_6O，相对分子质量 106.13。

（1）特性

苯甲醛为无色或淡黄色液体。具有苦杏仁的特异芳香气味。性质不稳定，在空气中易氧化成苯甲酸，还原可变为苯甲醇。微溶于水，溶于乙醇、乙醚、氯仿等溶剂。需密封避光保存。

（2）毒性

苯甲醛大鼠经口 LD_{50} 为 1300 mg/kg，ADI 为 0～5 mg/kg。

（3）使用

苯甲醛广泛用于配制杏仁、樱桃、草莓、苹果、梅、椰子、胡桃、甘草、奶油、白兰地、朗姆酒等食品用香精。按照 GB 2760—2014，苯甲醛为允许使用的食品用天然等同香料，在各类食品中按生产需要适量使用。

FEMA 规定（单位：mg/kg）：苯甲醛用于软饮料为 36，酒类饮料为 50～60，焙烤食品为 110，糖果为 120，胶姆糖为 840，冰激凌、冰制食品为 42，胶冻及布丁为 160。

3. DL-薄荷脑

DL-薄荷脑（*DL*-menthol）是以从柠檬油中分离出来的香茅醛为原料，经环化、催化加

氢而制得。分子式为 $C_{10}H_{20}O$,相对分子质量 156.27。

(1)特性

DL-薄荷脑为白色晶体或无色透明液体,具有类似天然薄荷油的清凉的气息,性质与 L-薄荷脑相似。微溶于水,易溶于乙醇、乙醚、氯仿和石油醚。

(2)毒性

DL-薄荷脑大鼠经口 LD_{50} 为 3180 mg/kg,ADI 为 0~0.2 mg/kg。由于薄荷脑对皮肤、眼睛有刺激作用及一定的毒性,大量使用时必须戴好手套和安全眼镜。

(3)使用

DL-薄荷脑是配制薄荷型香精的主要原料,如在有些薄荷型香精的配方中薄荷脑占 10%~18%。它可单用或与其他香料合用于糖果、胶姆糖、饮料、冰激凌等食品的赋香。

按照 GB 2760—2014,DL-薄荷脑为允许使用的食品用天然等同香料,在各类食品中按生产需要适量使用。

FEMA 规定(单位:mg/kg):薄荷脑用于软饮料为 35,烘烤食品为 130,糖果为 400,口香糖为 1100,冰激凌为 68。

4. 柠檬醛

柠檬醛(citral)的化学名称为 2,6-二甲基-2,6-辛二烯-8-醛,有 α-、β-、顺-、反-4 种异构体,属萜类。其制法有:①从山苍子油中分离精制。②由香叶醇、橙花醇等经氧化而制得。③从工业香叶(及橙花醇)中用铜催化剂减压气相脱氢得到。④从脱氢芳樟醇在钒催化剂作用下合成。分子式为 $C_{10}H_{16}O$,相对分子质量 152.24。

(1)特性

柠檬醛为无色或淡黄色液体,有浓郁的柠檬香味。相对密度为 0.8889(20 ℃/4 ℃)。柠檬醛易被氧化生成聚合物而着色,产品需密封避光保存。柠檬醛的保质期较短,一般为 3 个月。

(2)毒性

柠檬醛大鼠经口 LD_{50} 为 4960 mg/kg,ADI 为 0~0.5 mg/kg。

(3)使用

柠檬醛具有新鲜柠檬的香气,作为单体香料用以调制柠檬油、白柠檬油、橘子油等各种果香型香精,广泛用于清凉饮料、糖果、冰激凌、焙烤制品等食品的赋香。

按照 GB 2760—2014,柠檬醛为允许使用的食品用天然等同香料,在各类食品中按生产需要适量使用。

FEMA 规定(单位:mg/kg):柠檬醛用于软饮料为 9.2,冷饮为 23,糖果为 41,胶姆糖为 170,焙烤食品为 43。

四、常用的合成香料

食品中常用的合成香料有乙基麦芽酚、乙基香兰素。

1. 乙基麦芽酚

乙基麦芽酚(ethyl maltol)的化学名称为 2-乙基-3-羟基-4-吡喃酮,分子式为 $C_7H_8O_3$,相对分子质量 140.15。

(1)特性

乙基麦芽酚为白色晶体粉末,有非常甜蜜的持久的焦甜香气,味甜,稀释后有香甜水果香气。1 g 溶于约 55 倍水中或 10 倍乙醇或 17 倍丙二醇,微溶于苯和乙醇。在室温下较易挥发,但香气较持久。

乙基麦芽酚具有风味乳化作用,可以使两个或两个以上的风味更加协调,在香味之间架起桥梁,使整体香味更统一,产生令人满意的独特风味。

(2)毒性

乙基麦芽酚小鼠经口 LD_{50} 为 1.2 g/kg,大鼠经口 LD_{50} 为 1.5 g/kg。ADI 为 0～2 mg/kg。以 0.2 g/kg 量每日对大鼠灌胃,历经 2 年,其生长、体重、血检等均正常。

(3)使用

乙基麦芽酚主要用于草莓、葡萄、菠萝等水果型香精的配制。

按照 GB 2760—2014,乙基麦芽酚为允许使用的食品用合成香料,在各类食品中按生产需要适量使用。

FEMA 规定(单位:mg/kg):乙基麦芽酚用于软饮料为 12.4,冷饮为 144,焙烤食品为 152,硬糖为 27.9,软糖为 139,胶姆糖为 83,布丁、果酱、胶冻制品为 119,肉类制品、汤料为 19.6,酒类为 18.6。

2. 乙基香兰素

乙基香兰素(ethyl vanillin)的化学名称为 3-乙氧基-4-羟基苯甲醛,是以邻硝基氯苯为原料经一系列化学反应合成邻羟基乙醚,再套用香兰素生产工艺而制得。分子式为 $C_9H_{10}O_3$,相对分子质量 166.18。

(1)特性

乙基香兰素为白色至微黄色晶体或晶体粉末,具有类似香荚兰豆的香气,香气较香兰素浓郁。能溶于 95% 乙醇,呈澄清透明溶液。需避光密封保存。

(2)毒性

乙基香兰素大鼠经口 LD_{50} 为 1.59～2.0 g/kg,ADI 为 0～10 mg/kg。一组短期毒性试验,16 只大鼠,剂量为 20 mg/kg,经 18 周无不良影响,但剂量为 64 mg/kg 者,经 10 周,生长率降低,对内脏有影响。

(3)使用

乙基香兰素的香型与香兰素相同,纯品香气比香兰素强 3～4 倍。其使用与香兰素相同,特别适用于乳基食品的赋香。它广泛地以单体或与香兰素、甘油等配合使用。

按照 GB 2760—2014,乙基香兰素为允许使用的食品用合成香料,在各类食品中按生产需要适量使用。

FEMA 规定(单位:mg/kg):乙基香兰素用于软饮料为 20,冷饮为 47,焙烤食品为 63,布丁类为 74,糖果为 65,胶姆糖为 110,糖霜和裱花层为 140～200,酒类为 100,调味品为 250,香兰汁为 28000。

第二节　食品用香精

在食品加工过程中,有时需要添加少量的香精、香料,用以改善或增强食品的香气和香味,满足消费者对食品的嗜好要求。但是在实际使用过程中,大多数天然香料、人工合成香料,在香气、香味上相对单调,不能满足改善或增强食品香气、香味的需求。因此,生产上多使用食品用香精。

食品用香精是由各种香料经过调配,与溶剂或载体及其他某些食品添加剂组成的具有一定香型和浓度的混合体。其中载体主要为蔗糖、糊精、阿拉伯树胶等。

一、香精的分类

1. 根据香精的香型分类

(1)果香型香精

模仿果实的香气调配而成,如苹果、香蕉、橘子、葡萄、草莓、梨、柠檬、甜瓜等。

(2)酒用香型香精

如清香型、浓香型、米香型、酱香型、杜松酒香、朗姆酒香、白兰地酒香、威士忌酒香等。

(3)坚果香型香精

如杏仁香精、核桃香精、榛子香精、咖啡香精、可可香精、糖炒栗子香精、花生香精、椰子香精等。

(4)肉味香精

如牛肉香精、羊肉香精、鸡肉香精、海鲜香精等。

(5)乳香型香精

如奶油香精、奶酪香精、乳用香精等。

(6)辛香型香精

如大蒜香精、生姜香精、丁香香精、肉桂香精、八角茴香香精、芫荽香精、辣椒香精等。

(7)凉香型香精

如薄荷香精、桉叶香精、留兰香香精等。

(8)蔬菜香型香精

如番茄香精、黄瓜香精、蘑菇香精、芹菜香精等。

(9)其他香型食品香精

如巧克力香精、可乐香精、香草香精、蜂蜜香精、泡菜香精、粽子香精、香油香精、爆玉米花香精等。

2. 根据香精的形态分类

(1)液体香精

①水溶性香精:水溶性香精所用的各种香料成分必须能溶于水或醇类溶剂中。广泛用于果汁、果冻、果子露、汽水、酒类、冰激凌中。

②油溶性香精:油溶性香精是选用天然香料、合成香料溶解在油性溶剂中配制而成的。主要用于巧克力、糖果等食品中。

③乳化香精:乳化香精是以香料、乳化剂、稳定剂、蒸馏水为主要组分的混合物。主要用于冰激凌、乳制品、巧克力、糕点、果汁、奶糖等食品中。

(2)膏状香精

膏状香精是一种形态介于固体和液体之间的香精,如肉味香精。

（3）固体香精

固体香精大体上可分为固体香料磨碎混合制成的粉末香精、粉末状担体吸收香精制成的粉末香精、由赋形剂包覆香料而形成的微胶囊粉末香精、通过冷冻干燥形成的粉末香精4种类型。粉末香精广泛应用于固体饮料、固体汤料、奶粉中。

3. 按味道分类

食品香精根据主要味感可分为甜味香精和咸味香精两大类。有的甜味香精中会有酸味，咸味香精中会有鲜味。

（1）甜味香精

甜味香精指具有甜味的食品香精，按香型可分为果香型香精、乳香型香精、坚果香型香精等。

（2）咸味香精

咸味香精指由热反应香料、食品香料化合物、香辛料（或其提取物）等香味成分中的一种或多种与食用载体和或其他食品添加剂构成的混合物，用于咸味食品的加香。主要包括猪肉、牛肉、鸡肉等肉味香精，鱼、虾、蟹、贝类等海鲜香精，各种菜肴香精，其他调味香精。

二、香精的基本组成

一个完整的香精配方主要包括主香剂、辅助剂、头香剂、定香剂、稀释剂。

1. 主香剂

主香剂也称香基，是形成香精主体香韵的基础，是构成香精香型的基本原料。要调配某种香精，首先要确定其香型，然后找出能体现该香型的调香剂。在香精调配过程中，用一种或多种香料作主香剂。如调和玫瑰香精，常用苯乙醇、香叶醇、香茅醇、玫瑰醇、玫瑰醚、玫瑰油、香叶油、甲酸香叶酯等作主香剂。

2. 辅助剂

辅助剂起着辅助调节香气和香味，弥补主香剂不足的作用。添加辅助剂后，可使香精的香气更加完美，以满足不同类型的消费者对香精的需求。辅助剂可分为协调剂和变调剂。

（1）协调剂

协调剂也称调合剂，其香型与主香剂属于同一类型，其作用是协调各种成分的香气，使主香剂的香气更加明显突出。如在调配玫瑰香精时，常用芳樟醇、柠檬醛、羟基香茅醛、丁香酚、玫瑰木油等作协调剂。

（2）变调剂

变调剂也称矫香剂或修饰剂，其香型与主香剂不属于同一类型，是一种使用少量即可起作用的暗香成分。其作用是使香精变化格调别具风韵。如在调配玫瑰香精时，常用苯乙醛、苯乙二甲缩醛、檀香油、柠檬油、乙酸苄酯、丙酸苯乙酯等作变调剂。

3. 头香剂

头香剂也称顶香剂。用作头香剂的香料挥发度高，香气扩散能力强。其作用是使香精的香气更加明快、透发，增加人们最初的喜爱感。如在调配玫瑰香精时，常用壬醛、癸醛等高级脂肪族醛作头香剂。

4. 定香剂

定香剂也称保香剂,其作用是使香精中各种香料成分挥发均匀,防止快速蒸发,使香气更加持久,香气稳定。适合作定香剂的香料非常多,可分为动物性天然香料定香剂、植物性天然香料定香剂、合成香料定香剂。

(1)动物性天然香料定香剂

最常见的有麝香、灵猫香、海狸香、龙涎香等动物性天然原料,它们不但能使香精香气留香持久,还能使香精的香气更加柔和、圆熟。

(2)植物性天然香料定香剂

凡是沸点比较高,挥发度较低的天然香料都可作定香剂。常用的精油、浸膏类定香剂有广藿香油、檀香油、岩兰草油、鸢尾油等。常用的树脂、天然香膏类定香剂有乳香香树脂、安息香香树脂、吐鲁香膏、秘鲁香膏等。

(3)合成香料定香剂

合成香料定香剂包括合成麝香、某些结晶高沸点香料化合物和多元酸、酯类等。如香兰素、乙基香兰素、香豆素、洋茉莉醛、乙酸岩兰草酯、乙酸玫瑰酯、苯甲酸苯乙酯、苯甲酸桂酯、邻苯二甲酸二甲酯、邻苯二甲酸二乙酯、邻苯二甲酸二丁酯、丙二酸二乙酯、苯乙酸苯乙酯、丁二酸二乙酯、癸二酸二乙酯等。

5. 稀释剂

稀释剂起稀释作用,经稀释的香气较未稀释前更为幽雅。常用的稀释剂有蒸馏水、酒精、甘油、丙二醇、邻苯二甲酸二丁酯、精制的茶油、杏仁油、胡桃油、色拉油及乳化液等。

调香师在确定香精配方之前,应做到:

(1)明确所配制香精的香型、香韵、用途。确定香精的组成,要考虑选择哪些香料作此种香精的主香剂、协调剂、变调剂和定香剂。

(2)按香料挥发程度,将可能应用的香料按头香(顶香)、体香(主香)和基香(尾香)进行比例排序。一般头香占20%~30%,体香占35%~45%,基香占25%~35%。在用量上要使香精的头香突出、体香统一、留香持久,并做到3个阶段的衔接与协调。

(3)提出香精配方的初步方案。可用嗅觉辨别香精样品、食品等实物,确定其香气特征、香韵,定格局,定配比,提出模仿型香精调配方案。

(4)正式调配。调香是从体香部分开始,基本符合要求以后,逐步加入容易透发的头香香料、使香气浓郁的协调香料、使香气更加优美的修饰香料、使香气持久的定香香料。

(5)确定配方。经过多次加料、嗅辨、修改以后,配制出数种小样(10 g)进行评估,经过闻香评估认可后,放大配成香精大样(约500 g),大样通过在加香产品中的应用后,确定香精配方。

三、食品用香精的作用

食品用香精能补充和增强食品的香气,增加人们的愉快感和食欲,同时也促进消化系统的唾液分泌,增强对食物的消化和吸收。食品用香精的功能主要包括以下几个方面。

1. 赋香作用

使食品产生香味。某些原料本身没有香味,要靠食品用香精使产品带有香味,如饮料等。加入香精后,使这些食品带有各种风味,以满足人们对食品香味的需要。

2. 增香作用

使食品增加或恢复香味。因为食品加工中的某些工艺,如加热、抽真空、脱臭等,会使香味成分挥发,造成食品香味减弱。添加香精可以恢复食品原有的香味,甚至可根据需要强化某些特征味道。

3. 矫味作用

改变食品原有的风味,或消杀其中的不良味道。食品加工中,对某些带难闻气味的食品原料需要矫正、掩饰,如羊肉、鱼类的膻、腥气味的消除。添加适当的香精可矫正、去除或抑制不良味道。

4. 赋予产品特征

许多风味性食品,其特征需要通过使用香精表现出来,否则就没有风味的差异。

四、香精的配方与应用

1. 甜味香精

甜味香精常用于软饮料、冰制品、糖果、烘烤食品、乳制品等食品中。

(1)软饮料

①香精:用于软饮料的香精配方见表 6-2。

表 6-2　软饮料的香精配方

香精类型	组分	用量/g	组分	用量/g
菠萝香型	乙酸乙酯	25.0	3-环己基丙酸烯丙酯	2.0
	丁酸乙酯	30.0	香兰素	2.0
	己酸乙酯	30.0	麦芽酚	1.0
	己酸烯丙酯	10.0	酒精(95%)	60.0
	蒸馏水	40.0		
樱桃香型	乙酸乙酯	6.2	苯甲醛	1.4
	丁酸乙酯	1.8	大茴香醛	0.2
	丁酸戊酯	2.5	香兰素	0.4
	乙酸戊酯	0.9	洋茉莉醛	0.9
	庚酸乙酯	0.2	甜橙油	1.0
	甲酸戊酯	1.4	丁香花蕾油	0.5
	蒸馏水	40.0	酒精(95%)	60.0
葡萄香型	乙酸乙酯	40.0	甜橙油	2.0
	邻氨基苯甲酸甲酯	25.0	酒精(95%)	25.0
	丁酸乙酯	5.0		
	戊酸戊酯	5.0		

续表

香精类型	组分	用量/g	组分	用量/g
橘子油香型	橘子油	50.00	柠檬醛	2.0
	辛醛	0.05	芳樟醇	16.0
	壬醛	0.05	植物油	49.4
	癸醛	0.10		
柠檬可乐香型	白柠檬油	30.0	可乐油	8.0
	柠檬油	30.0	橙花净油	5.0
	香柠檬油	5.0	香兰素	5.0
	香橙皮油	10.0	肉豆蔻油	2.0
	甜橙油	5.0		

②应用:以橘子果味饮料为例,其配方见表6-3。

表6-3　橘子果味饮料配方

组分	用量/g	组分	用量/g
鲜橘汁	25.0	糖精	0.15
甜橙乳化香精	0.5	砂糖	75.0
柠檬酸	4.0	加碳酸水至	1000.0
苯甲酸钠	0.2		

(2)冰制品

①香精:用于冰制品的香精配方见表6-4。

表6-4　冰制品的香精配方

香精类型	组分	用量/g	组分	用量/g
草莓香型	乙酸乙酯	10.0	乙酸戊酯	6.0
	丁酸乙酯	10.0	丁酸戊酯	4.0
	甲酸乙酯	2.0	杨梅醛	2.0
	水杨酸甲酯	2.0	酒精(95%)	20.0
	叶醇	2.0	精制水	40.0
	苏合香醇	2.0		
香蕉香型	乙酸戊酯	25.0	甜橙油	2.0
	丁酸戊酯	6.0	橘子油	2.0
	丁酸乙酯	4.0	洋茉莉醛	1.0

香精类型	组分	用量/g	组分	用量/g
香蕉香型	丁酸丁酯	2.0	香兰素	1.0
	苯甲酸乙酯	2.0	精制水	30.0
	异戊酸苄酯	1.0	酒精(95%)	24.0
柠檬香型	戊酸戊酯	20.0	柠檬油	20.0
	戊酸乙酯	12.5	甜橙油	10.0
	丁酸戊酯	12.5	香兰素	10.0
	乙酸乙酯	10.0	丁酸	2.0
	乙酸戊酯	8.0		

②应用:以巧克力雪糕为例,其配方见表 6-5 所示。

表 6-5　巧克力雪糕配方

组分	用量/g	组分	用量/g
牛乳	3200.0	砂糖	1400.0
可可粉	300.0	糖精	1.0
精炼油脂	200.0	香精	适量
淀粉	200.0	色素	适量

（3）糖果

用于糖果的香精配方见表 6-6。

表 6-6　糖果的香精配方

香精类型	组分	用量/g	组分	用量/g
果仁香型	苦杏仁油	40.0	丁香花蕾油	10.0
	甜橙油	30.0	肉豆蔻油	5.0
	橙花油	10.0	中国肉桂油	5.0
胡桃香型	肉豆蔻油	30.0	小茴香油	2.5
	柠檬油	25.0	苦杏仁油	11.5
	小豆蔻油	1.0	香兰素	12.5
	丁酸	5.0	甜橙油	7.5
	丁香花蕾油	5.0		
巧克力香型	苯乙酸丁酯	4.0	乙醛二乙缩醛	0.5
	香兰素	4.0	丙二醇	48.0
	椰子醛	0.13	可可浸液	91.37

续表

香精类型	组分	用量/g	组分	用量/g
	薄荷油	82.0	薄荷脑	5.5
薄荷香型	桉叶油	6.0	辛香料	1.5
	冬青油	2.0	其他	3.0

（4）烘烤食品

用于烘烤食品的香精配方见表6-7。

表6-7 烘烤食品的香精配方

香精类型	组分	用量/g	组分	用量/g
	椰子醛	0.7	丁香花蕾油	0.1
	桃醛	0.4	柠檬醛	1.5
水果香型	柑橘油	15.0	乙酸戊酯	0.1
	香兰素	5.0	丁酸戊酯	0.1
	乙基香兰素	2.0	丙二醇	35.0
	肉桂皮油	0.1	色拉油	40.0
	肉桂皮油	2.0	芫荽油	0.8
咖啡香型	肉豆蔻油	1.0	小豆蔻油	0.2
	柠檬油	1.0	香兰素	0.2
	苦杏仁油	0.8	酒精（95%）	94.0
	奶油	40.0	香兰素	10.0
	中国肉桂油	10.0	乙基香兰素	5.0
奶油香型	肉豆蔻油	4.0	椰子醛	2.0
	小豆蔻油	2.0	酒精（95%）	20.0
	丁香花蕾油	7.0		
	香兰素	12.0	中国肉桂油	42.0
蛋糕香型	乙基香兰素	3.0	柠檬油	20.0
	苦杏仁油	7.0	丁香花蕾油	7.0
	肉豆蔻油	6.0	小豆蔻油	3.0

2. 咸味香精

咸味香精的主要功能是补充和改善咸味食品的香味，这些食品包括肉类罐头食品、肉制品和仿肉制品、调味料、鸡精、汤料、膨化食品等。咸味香精生产技术由单纯的依赖调香技术，发展为集传统烹饪、生物工程、脂肪氧化、热反应、调香技术于一体的复合技术。所用原料也由香料扩展到动植物提取物、动植物蛋白、酵母提取物、氨基酸、蔬菜、还原糖、脂肪和其他食品原料。

另外,休闲食品、膨化食品不仅可以加咸味香精,也可以加甜味香精。

（1）香精

咸味香精配方见表 6-8。

表 6-8　咸味香精配方

香精类型	组分	用量/g	组分	用量/g
烤肉香精	植物蛋白水解液	90.0	四氢噻吩-3-酮	1.0
	4-甲基-5-羟乙基噻唑	5.0	糠硫醇	0.01
	二糠基二硫	0.49	甲硫醇	0.5
	2-壬烯醛	0.5	2-甲基-3-乙酰基呋喃	2.0
	二甲基硫醚	0.5		
热反应鸡肉香精（在130 ℃加热40 min 即得鸡肉香精）	鸡肉酶解物	3600.0	植物蛋白水解液	2800.0
	酵母	2600.0	谷氨酸	60.0
	精氨酸	50.0	丙氨酸	100.0
	甘氨酸	55.0	半胱氨酸	155.0
	木糖	510.0	桂皮粉	7.0
热反应猪肉香精（在120 ℃加热40 min 即得猪肉香精）	猪肉酶解产物	100.0	植物蛋白水解液	40.0
	酵母膏	16.0	猪骨素酶解物	10.0
	甘氨酸	4.0	丙氨酸	1.6
	谷氨酸钠	12.0	I＋G	20.0
	葡萄糖	8.0	木糖	8.0
	猪油控制氧化产物	1.2		
热反应牛肉香精（在120 ℃加热40 min 即得牛肉香精）	牛肉酶解物	60.0	牛骨素酶解物	20.0
	L-半胱氨酸盐酸盐	1.6	蛋氨酸	2.0
	维生素 B_1	1.2	植物蛋白水解液	80.0
	酵母膏	20.0	牛油控制氧化产物	1.6
	葡萄糖	2.0	木糖	2.0

（2）应用

以鸡精为例,其配方见表 6-9。

表 6-9　鸡精配方

组分	用量/g	组分	用量/g
鸡肉香精	7.0	味精	16.0
I＋G	4.0	食盐	30.0
白糖	8.0	沙姜粉	0.3

续表

组分	用量/g	组分	用量/g
白胡椒粉	0.5	HVP 粉	1.0
酵母粉	1.0	麦芽糊精	30.0

3. 酒用香精

(1)酒用香精的组成

①主香剂:主香剂的作用主要体现在闻香上,如香槟酒等。其特点是挥发性比较高,香气停留时间较短,用量不多,但香气特别突出。主香剂的类型有:

浓香型:如丁酸乙酯、乙酸异戊酯、己酸乙酯等。

清香型:如乳酸乙酯、乙酸乙酯等。

米香型:如乳酸乙酯、苯乙醇等。

酱香型:如苯乙醇、香茅醛、3-羟基-2-丁酮、丙烯基乙基愈创木酚等。

兼香型:如苯乙醇、苯甲醛、丙酸乙酯等。

②助香剂:助香剂的作用是改善主香剂的不足,使酒香更为纯正、浓郁、协调、细腻、丰满。

③定香剂:定香剂的主要作用是使酒的空杯留香持久,回味悠长。如肉桂油、安息香香膏等。

(2)酒用香精调香基本要求

配制酒的调香是在一定的酒基上进行的,其调香应注意以下要求:

①酒香与果香、药香等充分协调,使人闻后有吸引力,感到愉快、幽雅、自然。

②主香剂、助香剂、定香剂选料和配比要恰到好处,平稳均匀。主香剂可稍突出,显示其典型性,但不能过头。助香剂应使酒香协调、丰满。定香剂应有一定吸附能力,使酒香浓郁持久,空杯留香悠长。

③添加的香料应品质优良,香气纯正,符合食品卫生要求。

(3)酒用香精的配方

酒用香精一般是以脱臭食用酒精、蒸馏水为溶剂配制而成的水溶性香精。如果原料为固体,用脱臭酒精浸渍后,用浸提液勾兑酒基。如果原料为天然香料、合成香料,用脱臭酒精水溶液直接溶解后,用所配香精对酒基进行勾兑。酒用香精参考配方见表 6-10。

表 6-10　酒用香精配方

香精类型	组分	用量/g	组分	用量/g
白兰地香精	乙酸乙酯	4.0	天然康酿克油	1.5
	庚酸乙酯	3.2	玫瑰水	0.4
	亚硝酸乙酯(5%)	0.6	精馏酒精	70.0
	亚硝酸戊酯(5%)	0.6	水	15.0
	其他	4.8		
朗姆酒香精	乙酸乙酯	4.0	肉桂皮油	0.5
	甲酸乙酯	2.0	橙花油	0.29

香精类型	组分	用量/g	组分	用量/g
朗姆酒香精	乙酸戊酯	1.5	当归籽油	0.1
	丁酸乙酯	0.4	桦焦油	0.1
	戊酸戊酯	0.2	乙醇	70.0
	香荚兰豆酊	1.0	水	20.0
威士忌香精	乙酸乙酯	2.8	小茴香酊	0.3
	乙酸戊酯	1.0	葛缕籽油	0.1
	庚酸乙酯	0.2	其他	5.0
	戊醇	0.6	脱臭酒精	60.0
	亚硝酸乙酯(5%)	0.5	蒸馏水	28.0
	亚硝酸戊酯(5%)	1.5		
浓香型白酒香精	乙酸乙酯	120.0	乳酸乙酯	200.0
	己酸乙酯	290.0	丁酸乙酯	28.0
	戊酸乙酯	7.0	异丁酸	12.0
	庚酸乙酯	8.0	仲丁醇	12.0
	油酸乙酯	4.0	异戊醇	60.0
	辛酸乙酯	3.0	己醇	2.0
	棕榈酸乙酯	5.0	甲酸	4.0
	壬酸乙酯	2.0	乙酸	52.0
	丙二醇	20.0	丙酸	2.0
	丙三醇	120.0	丁酸	13.0
	2,3-丁二酮	65.0	戊酸	3.0
	乙醛	50.0	异戊酸	2.0
	乙醛二乙缩醛	100.0	己酸	42.0
	丙酮	40.0	乳酸	35.0
	丁醇	8.0	3-羟基-2-丁酮	55.0
浓香-酱香型白酒香精	甲酸乙酯	10.0	乙酸	40.0
	乙酸乙酯	120.0	丙酸	3.0
	乙酸异戊酯	10.0	丁酸	16.0
	丁酸乙酯	20.0	戊酸	4.0
	戊酸乙酯	8.0	己酸	35.0
	己酸乙酯	320.0	丙醇	26.0
	乳酸乙酯	140.0	丁醇	18.0

续表

香精类型	组分	用量/g	组分	用量/g
浓香-酱香型白酒香精	乙醛	50.0	异丁醇	12.0
	乙醛二乙缩醛	110.0	异戊醇	42.0
	丙三醇	150.0	己醇	2.0
	乳酸	45.0		
酱香型白酒香精	甲酸乙酯	2.0	乙酸乙酯	15.0
	丁酸乙酯	2.5	戊酸乙酯	0.5
	己酸乙酯	4.0	乳酸乙酯	14.0
	乙酸异戊酯	0.3	正丙醇	2.0
	丁醇	1.0	仲丁醇	0.4
	异丁醇	1.6	异戊醇	5.0
	己醇	0.2	庚醇	1.0
	辛醇	0.5	甲酸	0.6
	乙酸	11.0	丙酸	0.5
	丁酸	2.0	戊酸	0.4
	己酸	2.0	乳酸	10.5
	乙醛	5.0	乙缩醛	12.0
	丙烯基愈创木酚	0.8	苯乙醇	0.5
	丙三醇	4.7		
清香型白酒香精	乙酸乙酯	35.96	己酸乙酯	0.24
	庚酸乙酯	0.35	乳酸乙酯	30.65
	丙醇	1.18	仲丁醇	0.35
	异丁醇	1.42	异戊醇	5.90
	乙酸	11.20	丙酸	0.12
	丁酸	0.12	乳酸	3.54
	乙醛	1.18	乙醛二乙缩醛	5.90
	2,3-丁二酮	0.12	3-羟基-2-丁酮	1.18
	苯乙醇	0.24		
米香型白酒香精	乙酸乙酯	35.5	壬酸乙酯	0.8
	乳酸乙酯	87.1	肉豆蔻酸乙酯	1.3
	棕榈酸乙酯	8.5	油酸乙酯	2.6
	亚油酸乙酯	3.0	正丙醇	0.5
	正丁醇	0.5	异丁醇	10.0
	异戊醇	84.2	苯乙醇	3.2

五、食品用香料、香精的使用注意事项

（1）香料、香精在食品中仅限于加香，不得用作腐烂变质食物的气味掩盖。

（2）香精的使用量要控制适当，过少或过多都会影响效果。在添加时，需要精确计量。香精多为液体，可采用量杯或量筒进行量取。使用时要保证香精分布均匀。

（3）香精易受碱性条件的影响。在使用碱性溶剂时，要注意分别添加，防止碱性溶剂与香精、香料直接接触后发生反应而变色。如香兰素与碳酸氢钠接触后会变成棕红色。

（4）香精中的某些香料易受到温度、阳光、水分等外界条件的影响而发生变质，如氧化、聚合、水解等。香精多用深色玻璃瓶盛装。贮存温度10～30 ℃为宜，防止阳光曝晒。香精开启后应尽快用完。

（5）水溶性香精易挥发，适用于冷饮、配制酒。在果汁、水果罐头生产中，香精应在加工后期等产品冷却后添加。

（6）油溶性香精适用于饼干、糕点、面包等焙烤食品和糖果食品。虽然耐热性好，但高温下也会挥发，生产中其添加量要稍高些。不要过早加入，以防大量挥发；但也不要太迟添加，避免温度过低，糖膏黏度增大，导致混合不均匀。

六、食品用香料、香精的安全性问题

食品用香精是由食品用香料和许可使用的稀释剂等组成，一般只需对食品用香料进行安全性评价。食品用香精在食品中的用量通常很小，而每种香料在香精中所占的比例更小，一些香料的用量仅有百万分之一，甚至更少。食品用香料、香精的风味必须与食品的风味相适应，否则，会适得其反。因此，食品用香料与香精是一类属于"自我限量"的食品添加剂，超剂量、超范围使用的案例相对较少。

由于香料中大多数为天然香料和天然等同香料，它们经过了上千年的使用，已被证明是安全的。对天然食用香料和天然等同香料均允许使用，仅对合成香料进行安全性评价，可查看GB 2760—2014中的附录B和GB/T 14156—2009中的食品用香料分类与编码。其中按照GB 2760—2014，在食品加工生产中，下列食品中不得添加食品用香料、香精，具体包括：巴氏杀菌乳、发酵乳、灭菌乳、植物油脂、动物油脂、稀奶油、无水黄油、无水乳脂、新鲜蔬菜、新鲜水果、新鲜食用菌和藻类、冷冻蔬菜、冷冻食用菌和藻类、大米、小麦粉、原粮、杂粮粉、食用淀粉、鲜肉、生肉、鲜水产、鲜蛋、食糖、盐及代盐制品、蜂蜜、6个月以下婴幼儿配方食品、饮用纯净水、饮用天然矿泉水、其他类饮用水、茶叶、咖啡。

思考题

1. 什么是食品用香料？如何分类？
2. 常用的天然香料有哪些？如何使用？
3. 常用的天然等同香料有哪些？如何使用？
4. 常用的合成香料有哪些？如何使用？
5. 什么是食品用香精？如何分类？
6. 食品用香精的基本组成有哪些？其作用有哪些？
7. 食品用香精可应用于哪些食品中？

第七章 食品乳化剂

第一节 概述

一、乳化现象

两种原本互不相溶的液体(如油和水)经过大力搅拌可以暂时混合均匀。但是这种纯靠外力的分散液是不稳定的,经过静置后还会重新分层。若其中加入少量合适的乳化剂,再经搅拌混合后,可形成均匀、稳定的乳化液体。乳化剂可以使食品的多相体系相互结合,增加食品各组分间的结合力,降低界面张力,控制食品中油脂的结晶结构,改进食品口感。

二、乳化剂定义

乳化剂是能改善(减小)乳化体系中各构成相之间的表面张力,使其形成均匀分散体的物质,是一类具有亲水基和亲油基的表面活性剂。其亲水基是溶于水或能被水浸湿的基团,如羟基—OH;其亲油基是与油脂结构中烷烃相似的碳氢化合物长链,与油脂互溶。

三、食品乳化剂的基本要求

(1)具有无毒、无异味、本身无色或颜色较浅的特点,以利于应用在加工食品中。

(2)使用时,可以通过机械搅拌、均质分散等混合手段和操作,实现和获得稳定的乳化液。

(3)在其亲水亲油之间必须具有适当的平衡,化学性质稳定。

(4)在相对较低的浓度下使用时,即可发挥有效的作用,以避免对食品的加工成本和食物主体造成影响。

四、乳化剂在食品体系中的作用

1. 稳定作用

乳化剂具有亲水亲油的特性,在水油界面定向吸附,从而模糊了水油界面,使原本不相容的不同体系变得相容,促进体系稳定。

2. 充气和发泡作用

乳化剂实际上是表面活性剂,在气液界面定向吸附,可以降低气液界面的表面张力,使气泡容易形成。同时由于定向吸附,使形成的气泡更加稳定,从而使其具有充气发泡作用,增加食品的体积。

3. 破乳消泡作用

亲水亲油平衡值(hydrophilic lipophilic balance, HLB)较小的乳化剂在气液界面会优先吸附,使其吸附层不稳定并且缺乏弹性,这样造成气泡易破裂,起到消泡作用。如在豆腐、蔗糖、味精生产中使用的消泡剂经常用橄榄油等。

4. 抑制大结晶的形成

乳化剂具有定向吸附在晶体表面的特性,从而改变晶体表面张力,影响整体体系的结晶。一般情况下,可促进晶核的迅速大量产生,使晶粒细小,口感绵软,有利于雪糕、糖果、巧克力等晶粒大小的控制。

5. 与淀粉相互作用

脂肪酸的长链结构可以和淀粉形成络合物,从而防止淀粉的老化,延长淀粉食品的保鲜期。如脂肪酸酯。

6. 蛋白质络合作用

乳化剂的亲油亲水基团,可以与蛋白质发生亲水、疏水、氢键、静电作用等。

7. 抗菌保鲜作用

乳化剂可以渗透许多微生物细胞壁,使其繁殖活性下降,因此,很多乳化剂具有防腐杀菌作用(如蔗糖酯)。在果蔬进行被膜处理时,表面活性剂可以吸附于果蔬表面形成一层连续的保护膜,抑制果蔬的呼吸作用,从而起到保鲜作用。

8. 提高人体对营养物质的利用率

食品中的脂溶性成分经乳化后更容易被人体吸收利用。

五、乳化剂的分类

1. 按其是否带电荷分类

(1)离子型乳化剂

较少,常见的有硬脂酰乳酸盐类、磷脂、改性磷脂等。

(2)非离子型乳化剂

较多,如甘油酯类、蔗糖酯类、木糖醇酯类、丙二醇酯类等。

2. 按其相对分子质量大小分类

(1)小分子乳化剂

小分子乳化剂的乳化效力高。如各种脂肪酸酯类乳化剂。

(2)高分子乳化剂

高分子乳化剂的稳定效果好。主要是一些高分子化合物,如海藻酸丙二醇酯、纤维素酯、淀粉丙二醇酯等。

3. 按其亲油亲水性分类

(1)亲油性乳化剂

HLB 值为 3～6 的乳化剂,如山梨糖醇酯类、脂肪酸甘油酯类等。易形成油包水型乳化液。

(2)亲水性乳化剂

HLB 值为 9 以上的乳化剂,如低酯化度的蔗糖酯、聚甘油酯类、吐温系列,易形成水包油型乳化液。

4. 按其来源分类

可分为天然乳化剂和人工合成乳化剂。

第二节　乳化液和乳化剂的亲水亲油平衡值

一、乳化液

乳化液指 2 种或 2 种以上不相混溶的混合物,其中一种液体以微粒的形式分散到另一种液体里形成的分散体。乳化液体系中,被分散的间断的相称为内相,外部的液体称为连续相(或外相)。食品上主要包括胶态分散(增溶)、气体在液体中的分散(即发泡)等类型。液体、固体和气体混合成的乳化液可以分为以下 2 种类型:

(1)油滴分散到水介质里,常指水包油(O/W)型乳化液,油滴为内相,水为连续相。

(2)水滴分散到油、脂肪介质里,常指油包水(W/O)型乳化液,水滴为内相,油、脂肪为连续相。

乳化液可以是像水一样的液体,也可以是像固体脂肪一样的黏性液体。它具有两相或多相食品系统的基本特性。牛奶是典型的天然乳浊液,奶油食品、色拉调味品等都是经过加工制得的乳化液类型的食品。

乳化液类型的食品可根据内相含量多少,分为低内相比(<30%)、适中内相比(30%～70%)、高内相比(>70%～77%)3 种。牛奶、奶油、固体的蛋糕(糊状)、充气冰激凌、代用奶制品、奶酪、涂抹食品等是低内相比的水包油型乳化液。液体起酥乳浊液、肉类乳浊液、重奶油、腊肉、香肠等是适中内相比的水包油型乳化液。色拉调味品、蛋黄酱等是高内相比的水包油型乳化液。奶油、人造奶油等是低内相比的油包水型乳化液。

二、亲水亲油平衡值

乳化剂分子中同时有亲油、亲水两类基团。乳化剂宏观所表现的倾向,取决于两类基团的强弱差异,由两种亲和力平衡决定。1949 年格里芬(Griffin)首先提出用亲水亲油平衡值来表示乳化剂的两亲特性。它是乳化剂分子中亲水性和亲油性相对强度"中和"后宏观表现出的特性,以石蜡(HLB 值为 0)、十二烷基硫酸钠(HLB 值为 40)为标准。

在食品体系中食品乳化剂的 HLB 值一般在 1～20,HLB 值越高,表明乳化剂亲水性越强,反之,亲油性越强。因此,食品体系中 HLB 值为 1 表示乳化剂的亲油性最强,HLB 值为 20 表示乳化剂的亲水性最强。常用食品乳化剂的类型及 HLB 值见表 7-1。

表 7-1　常用食品乳化剂的类型及 HLB 值

乳化剂名称	类型	HLB
单硬脂酸甘油酯	N	3.8
单月桂酸甘油酯	N	5.2
双乙酰酒石酸单(双)甘油酯	N	8.0～10.0

乳化剂名称	类型	HLB
聚氧乙烯木糖醇酐单硬脂酸酯	N	4.7
山梨醇酐单月桂酸酯(又名司盘-20)	N	8.6
山梨醇酐单棕榈酸酯(又名司盘-40)	N	6.7
山梨醇酐单硬脂酸酯(又名司盘-60)	N	4.7
山梨醇酐三硬脂酸酯(又名司盘-65)	N	2.1
山梨醇酐单油酸酯(又名司盘-80)	N	4.3
聚氧乙烯(20)山梨醇酐单月桂酸酯(又名吐温-20)	N	16.9
聚氧乙烯(20)山梨醇酐单棕榈酸酯(又名吐温-40)	N	15.6
聚氧乙烯(20)山梨醇酐单硬脂酸酯(又名吐温-60)	N	14.6
聚氧乙烯(20)山梨醇酐单油酸酯(又名吐温-80)	N	15.0
蔗糖脂肪酸酯	N	3.0～16.0
硬脂酰乳酸钙	A	5.1
硬脂酰乳酸钠	A	8.3
大豆磷脂	N	8.0

注:类型 N 为非离子型乳化剂,A 为阴离子型乳化剂。

根据 HLB 值可知乳化剂可能形成乳化液的类型。HLB 值低,易形成油包水(W/O)型乳化液;HLB 值高,易形成水包油(O/W)型乳化液。乳化剂的应用与 HLB 值关系见表 7-2。

表 7-2 食品乳化剂的 HLB 值与其用途的关系

乳化剂 HLB 值	乳化剂用途
1～3	消泡剂,乳化效果较差,水中不分散
4～6	油包水(W/O)型乳化液的乳化剂
7～9	湿润剂,各种类型乳化液的乳化剂
10～18	水包油(O/W)型乳化液的乳化剂
13～15	洗涤剂
15～20	增溶剂,制备透明乳化液

HLB 值具有加和性,利用这一特性可制备出不同 HLB 值的复合乳化剂,提高乳化剂的应用效果,拓展乳化剂的品种、应用范围。复配时要注意,选择的乳化剂的高 HLB 值与低 HLB 值相差不要大于 5,否则就得不到最佳效果。

由于 HLB 值没有考虑分子结构的特异性,而乳化剂的性质、功效还与亲水、亲油基的种类、分子的结构、相对分子质量有关。实践表明,不同种类亲油基的亲油性强弱顺序排列如下:脂肪基＞带脂烃链的芳香基＞芳香基＞带弱亲水基的亲油基。另外,亲油基、亲水基与所亲和的物质结构越相似,它们的亲和性越好。亲水基位置在亲油基链一端的乳化剂要比亲水基靠近亲油基链中间的乳化剂亲水性好。相对分子质量大的乳化分散能力要比相对分子质量小的好。乳化特性一般在 8 个碳原子以上、呈直链结构的乳化剂才能显著表现出来,10～14 个碳原子乳化剂的乳化与分散性较好。

三、乳化剂的选择

1. 乳化剂的选择方法——HLB 法

确定食品中所需 HLB 的方法是利用透光率测定油滴在不同 HLB 乳化剂水溶液的透光率($I=540$ nm)。当乳化剂 HLB 值合适时,此时的透光率最低。

2. 应用配比设计举例——豆奶中乳化剂配比的确定

实验方法:取一定量市售大豆油加入水中,使其在水中的含量与豆奶中脂肪含量大体相等(2.2%),用来进行模拟实验。用 8000～10000 r/min 高速搅拌机乳化,静置 12 h,用分光光度计在 540 nm 吸光度测定透光率。透光率越小,则乳化效果越好,乳化剂配比越好。结果表明,在 HLB 值为 8.4 时,透光率最小。大豆脂肪中以不饱和脂肪酸为主,因此选用亲油基为不饱和脂肪酸的乳化剂。

综合考虑乳化剂的成本及其对产品风味的影响等,乳化剂的配方为:单甘酯(HLB 3.8)40%、司盘-60(HLB 4.7)20%、吐温-80(HLB 15)40%。该复合乳化剂 HLB 值为 8.46。其用量为大豆质量的 0.5%～2%(取中间值 1.25%)。当豆奶中大豆使用量为 8% 时,乳化剂为 0.1%。

第三节　常用的乳化剂

食品乳化剂绝大多数是非离子表面活性剂,少数是阴离子表面活性剂。国外批准使用的有 60 多种,我国批准使用的仅有 30 多种。各类食品中乳化剂的主要作用和推荐的乳化剂见表 7-3。

表 7-3　各类食品中乳化剂的主要作用和推荐的乳化剂

食品名称	主要作用	推荐的乳化剂
面包甜点	延迟芯硬化,缩短打粉时间,提高吸水性和发泡性	1、3、5、6
无醇固体饮料	发泡剂	9
饼干类	保证质量,抗结晶作用	1、6
蛋糕	保证容积,组织结构,提高储气性	1、2、7、9
乳脂糖、太妃糖	保证嚼性,防黏	1、2、3、5、9
咖啡增白剂	分散和乳化	1、2、3、5、6、7、8、10
巧克力	保证质量,降低黏度,防止花白	2、3、5、10
胶姆糖	保证质量,防黏	1、2、3、7、8
巧克力乳	产生光泽和推迟光泽消失	2

食品名称	主要作用	推荐的乳化剂
糖果涂层	降低包糖衣时间,改善蔗糖结晶	10
面条	保鲜,保证挤压和质量	1、2、5、6、9
脱水马铃薯	提高复水能力,保证可口性	1、6
通心面	保证质量	1
海鲜酱制品	爽滑剂	1、2、3、5、10
鱼香肠	保证质量	1、3、10
速溶食品	保证质量	1、2、3、5、10
豆腐	消泡和保证质量	1、3
唐纳滋-蛋糕型	保证容积、组织保存期	1、2、5、6、8、10
膳食营养补充剂	乳化稳定	9、10
香精	保证分散性或溶解性	1、2、5、9、10
冰激凌	凝聚剂,保证干燥和膨胀率	1、3、8、10
起酥油	乳化和保鲜	1、4、5、7、8、9、10
人造奶油	乳化稳定和可口性	1、2、3、4、5、7、8、10
调味品	O/W 型乳化剂	3、9、10
宠畜食物	延迟硬化,挤压助剂,防止碎裂和黏结	1
醋制品	香味分散	5、9、10
加工食品消泡剂	消泡	1、10
花生白脱	防止脂肪析出	1
食盐	控制结晶大小	10
无乳或低乳冰激凌	提高发泡能力,口感光滑,保证质量	9、10
淀粉软糖	阻滞淀粉结块	1
糖浆	提高稳定性	10
酵母菌	复水剂,保证保存期,消泡	2
馒头	可口,保证质量	1、3、5、7
各类制品	络合淀粉,降低黏度和结块	1
婴儿配方食品	乳化,保证骨架	4
涂抹食品	保证乳化的稳定性和持水能力	1

注:推荐的乳化剂 1—单、双甘油酯,2—山梨糖醇酯类,3—蔗糖酯,4—单硬脂酸甘油和丙二醇混合酯,5—卵磷脂,6—硬脂酰乳酸钠或硬脂酰乳酸钙,7—乙酸、乳酸和酒石酸的脂肪酸单甘油酯类,8—二乙酰酒石酸单、双甘油酯,9—聚甘油酯,10—聚山梨酸酯类。

一、单、双甘油脂肪酸酯

单、双甘油脂肪酸酯[mono(di)glyceryl of fatty acids](油酸、亚油酸、棕榈酸、山嵛酸、硬脂酸、月桂酸、亚麻酸)是一类甘油脂肪酸酯,性质、使用情况基本相似。单甘油脂肪酸酯又名单甘酯,其合成方法主要有酯交换(酯的甘油解法)和直接酯化法。在我国,最常用的主要是单甘油硬脂酸酯,其分子式为 $C_{21}H_{42}O_4$,相对分子质量 358.57。

1. 特性

单、双甘油脂肪酸酯为乳白至微黄色蜡样固体,无臭、无味。溶于乙醇、热油脂、烃类,不溶于水,强烈振荡于热水中可分散成乳液态。单甘酯是乳化性很强的油包水(W/O)型乳化剂,HLB 值为 3.8,市售有含 40% 单酯的混合酯和含 90% 以上的分子蒸馏单甘酯,其 HLB 值为 2.8~3.5。由于单甘酯亲水性较差,可与其他食品乳化剂,如聚甘油单油酸酯、双乙酰酒石酸单(双)甘油酯、聚甘油单硬脂肪酸酯复配使用。

2. 毒性

ADI 值无需规定(FAO/WHO,1994)。

3. 使用

单、双甘油脂肪酸酯可添加于多种食品中,如面包、饼干、糖果、乳化香精、冰激凌等,达到乳化分散等作用。在面包生产中,能改善面团组织结构,使面包松软,体积增大,富有弹性,降低面包老化速率,延长产品货架期,可与 SSL(硬脂酸乳酸钠)、CSL(硬脂酸乳酸钙)复配使用。在糖果生产中,如用于饴糖,可降低熬糖黏度,防止粘牙,防止奶糖油脂分离,增加光泽,还可以防止巧克力砂糖结晶和油水分离,并增加细腻感。

按照 GB 2760—2014,单、双甘油脂肪酸酯的使用标准见表 7-4。

表 7-4　单、双甘油脂肪酸酯的使用标准

功能:乳化剂

食品名称	最大使用量/(g/kg)
生干面制品	30.0
黄油和浓缩黄油	20.0
其他糖和糖浆[如红糖、赤砂糖、冰片糖、原糖、果糖(蔗糖来源)、糖蜜、部分转化糖、槭树糖浆等]	6.0
香辛料类	5.0
稀奶油,生湿面制品(如面条、饺子皮、馄饨皮、烧卖皮),婴幼儿配方食品,婴幼儿辅助食品	按生产需要适量使用

二、蔗糖脂肪酸酯

蔗糖脂肪酸酯(sucrose esters of fatty acid)也称脂肪酸蔗糖酯、蔗糖酯(SE),是蔗糖与脂肪酸形成的酯类化合物。其合成方法主要有溶剂法、无溶剂法和酶催化方法。由于蔗糖分子中有 8 个羟基,因此可与 1~8 个脂肪酸形成相应的脂肪酸蔗糖酯。脂肪酸包括硬脂酸、棕榈酸等。市售商品主要以硬脂酸蔗糖酯为主,其中包括单酯、双酯、三酯等不同比例的混合酯。单酯含量越高,亲水性越强,HLB 值越高。二、三酯含量越高,亲油性越强,HLB 值越低。不同酯化程度的 HLB 值见表 7-5。分子式为 $C_{30}H_{56}O_{12}$,相对分子质量 608.76。

表 7-5   不同酯化程度蔗糖酯的 HLB 值

单酯/%	二酯/%	三酯/%	四酯以上/%	HLB 值
70	23	5	0	15
61	30	6	1	13
50	36	12	2	11
46	39	13	2	9.5
42	42	14	2	8
33	49	16	2	6

1. 特性

蔗糖脂肪酸酯为白色至黄色的粉末,或无色至微黄色的黏稠液体或软固体,无臭或稍有特殊的气味。易溶于乙醇、丙酮。单酯可溶于热水,但双酯和三酯难溶于水。溶于水时有一定黏度,有润湿性,软化点 50~70 ℃。根据蔗糖羟基的酯化数,可获得不同 HLB 值的系列产品,HLB 值为 3~16。蔗糖脂肪酸酯酯化程度可影响其 HLB 值,蔗糖酯既可为 W/O 型乳化剂,又可为 O/W 型乳化剂,因此适用性较广。

蔗糖脂肪酸酯的乳化性能优良,产品的高亲水性能使水包油乳状液更加稳定,能提高乳化稳定性、搅打起泡性。对淀粉有特殊作用,可使淀粉的糊化温度明显上升,有显著的防老化作用,但耐高温性较弱。由于乳化剂的协同效应,单独使用蔗糖酯不如与其他乳化剂配合使用,适当复配后,乳化效果更佳。

2. 毒性

蔗糖酯大鼠经口 LD_{50} 为 39 g/kg,ADI 暂定为 0~20 mg/kg(FAO/WHO,1995)。

3. 使用

按照 GB 2760—2014,蔗糖脂肪酸酯的使用标准见表 7-6。

表 7-6   蔗糖脂肪酸酯的使用标准

功能:乳化剂

食品名称	最大使用量/(g/kg)
稀奶油(淡奶油)及其类似品,基本不含水的脂肪和油,水油状脂肪乳化制品,水油状脂肪乳化制品类以外的脂肪乳化制品[包括混合的和(或)调味的脂肪乳化制品],可可制品,巧克力和巧克力制品(包括代可可脂巧克力及制品)以及糖果,乳化天然色素	10.0
果酱,专用小麦粉(如自发粉、饺子粉等),面糊(如用于鱼和禽肉的拖面糊),裹粉,煎炸粉,调味糖浆,调味品,即食菜肴	5.0
生湿面制品(如面条、饺子皮、馄饨皮、烧卖皮),生干面制品,方便米面制品,果冻	4.0
焙烤食品	3.0

续表

食品名称	最大使用量/(g/kg)
冷冻饮品(食用冰除外),经表面处理的鲜水果,杂粮罐头,肉及肉制品,鲜蛋(用于鸡蛋保鲜),饮料类(包装饮料用水除外)	1.5

实际使用时,可将蔗糖脂肪酸酯以少量水(或油、乙醇等)混合,润湿,再加入所需量的水,并适当加热,使蔗糖酯充分溶解与分散。具体应用如下所述。

(1)肉制品、鱼糜制品

可改善水分含量、制品的口感,用量为0.3%~1%(HLB值为1~16)。

(2)焙烤食品

可增加面团韧性,增大面包体积,使气孔细密、均匀,赋予面包良好质地,明显减缓面包的老化,延长面包货架期,用量为面粉的0.1%~1%(HLB值为11~16)。

(3)巧克力

可抑制结晶,防止起霜,用量为0.2%~1%(HLB值为3~9)。

(4)油脂

用量为1%~10%。

(5)乳化香精、固体香精

如柠檬油、葡萄油、橘子油的稳定乳化,防止制品中的香料损失,用量为0.05%~0.2%(HLB值为7~16)。

(6)禽、蛋、水果、蔬菜的涂膜保鲜

具有抗菌作用,保持果蔬新鲜,延长储存期,用量为0.3%~2.5%(HLB值为5~16)。

三、山梨醇酐脂肪酸酯

山梨醇酐脂肪酸酯也称司盘(span)。它是由硬脂酸与山梨醇酯反应。其分类是以脂肪酸构成划分的,如月桂酸酯(司盘-20)、棕榈酸酯(司盘-40)、硬脂酸酯(司盘-60)、油酸酯(司盘-80)等。下面以司盘系列中的山梨糖醇酐单月桂酸酯为例介绍。山梨糖醇酐单月桂酸酯(sorbitan monolaurate)又称单月桂酸山梨醇酐酯、司盘-20,是由山梨糖醇与月桂酸加热进行酯化、脱水制得的。

1. 特性

山梨糖醇酐单月桂酸酯为淡褐色油状黏液体,有特殊气味,味柔和。可溶于甲醇、乙醇、乙醚、石油醚、醋酸乙酯等有机溶剂,不溶于冷水,可分散于热水中。是W/O型乳化剂,HLB值为8.6,相对密度为1.00~1.06,熔点为14~16 ℃。有特殊气味,风味较差。因此,很少单独使用。

2. 毒性

司盘-20大鼠经口 LD_{50} 为10 g/kg,ADI为0~25 mg/kg(FAO/WHO,1994)。

3. 使用

山梨醇酐脂肪酯类乳化剂可用于多种食品。如用于面包、糕点制作,可使面包柔软,防止表面老化,增加面团韧性,提高发酵烘烤质量;用于冰激凌制作,可增大其容积;用于巧克力制作,可防止起霜,以改善光泽、增进滋味,增强柔软性;还可以用于水果蔬菜的保鲜涂膜等。

按照 GB 2760—2014,山梨醇酐脂肪酸酯的使用标准见表 7-7。

表 7-7　山梨醇酐脂肪酸酯的使用标准

功能:乳化剂

食品名称	最大使用量/(g/kg)
脂肪,油和乳化脂肪制品(植物油除外)	15.0
稀奶油(淡奶油)及其类似产品,氢化植物油,可可制品,巧克力和巧克力制品(包括代可可脂巧克力及制品),速溶咖啡,干酵母	10.0
植物蛋白饮料	6.0
调制乳,冰激凌,雪糕类,经表面处理的鲜水果,经表面处理的新鲜蔬菜,除胶基糖果以外的其他糖果,面包,糕点,饼干,果蔬汁(浆)类饮料,固体饮料(速溶咖啡除外)	3.0
豆类制品(以每千克黄豆的使用量计)	1.6
风味饮料(仅限果味饮料)	0.5
其他(仅限饮料混浊剂)	0.05

四、聚氧乙烯山梨醇酐脂肪酸酯

聚氧乙烯山梨醇酐脂肪酸酯,即吐温(tween),是由司盘(span)在碱性催化剂存在下和环氧乙烷加成、精制而成。包括聚氧乙烯山梨醇酐单月桂酸酯(吐温-20)、聚氧乙烯山梨醇酐单棕榈酸酯(吐温-40)、聚氧乙烯山梨醇酐单硬脂酸酯(吐温-60)、聚氧乙烯山梨醇酐单油酸酯(吐温-80)。由吐温-80 到吐温-20,其 HLB 值越来越大,是因为加入的聚氧乙烯逐渐增多。聚氧乙烯增多,乳化剂的毒性随之增大。故吐温-20 和吐温-40 很少作为食品添加剂使用,食品中主要使用吐温-60 和吐温-80。

1. 特性

吐温-60 为山梨糖醇氧乙烯与单硬脂酸部分酯化而成的非离子型乳化剂,是淡黄色油状液体或半凝胶体,有特殊臭味及苦味。溶于水、苯胺、醋酸乙酯及甲苯,不溶于矿物油及植物油。凝固温度为 20～30 ℃,HLB 值为 14.6,常温下耐酸、碱、盐,为 O/W 型乳化剂。

吐温-80 为山梨糖醇氧乙烯与单油酸部分酯化而得的非离子型乳化剂,是淡黄色至橙色油状液体(25 ℃),有轻微特殊气味,略苦,极易溶于水(水溶液无臭或几乎无臭),溶于乙醇、非挥发油、醋酸乙酯及甲苯,不溶于矿物油和石油醚。凝固温度小于 80 ℃,HLB 值为 15.0,常温下耐酸、碱、盐,为 O/W 型乳化剂。

2. 毒性

吐温大鼠经口 LD_{50}＞10 g/kg,ADI 为 0～25 mg/kg(FAO/WHO,1994)。

3. 使用

按照 GB 2760—2014,聚氧乙烯山梨醇酐脂肪酸酯的使用标准见表 7-8。

表 7-8　聚氧乙烯山梨醇酐脂肪酸酯的使用标准

功能:乳化剂、消泡剂、稳定剂

食品名称	最大使用量/(g/kg)
其他(仅限乳化天然色素)	10.0
水油状脂肪乳化制品,水油状脂肪乳化制品以外的脂肪乳化制品[包括混合的和(或)调味的脂肪乳化制品],半固体复合调味料	5.0
固体复合调味料	4.5
面包	2.5
糕点,含乳饮料,植物蛋白饮料	2.0
调制乳,冷冻饮品(食用冰除外)	1.5
稀奶油,调制稀奶油,液体复合调味料(不包括醋和酱油)	1.0
果蔬汁(浆)类饮料固体饮料	0.75
饮料类(包装饮用水及固体饮料除外)	0.5
豆类制品(以每千克黄豆的使用量计)	0.05

五、酪蛋白酸钠

酪蛋白酸钠(sodium caseinate)也称酪朊酸钠,用凝乳酶、酸沉淀法(如盐酸、硫酸)制取生酪蛋白,然后将其在水中分散、膨润,再添加氢氧化钠、碳酸钠或碳酸氢钠的水溶液,经蒸发喷雾干燥或冷冻干燥后制得。

1. 特性

酪朊酸钠为白色至浅黄色片状体、颗粒、粉末,无臭,无味或微有特异香气和口味。易溶于水,水溶液呈中性,在其中加酸产生酪蛋白沉淀。酪朊酸钠的分子中同时具有亲水基团和疏水基团,因而具有一定的乳化性,但其乳化性受一定的环境条件影响,如 pH 的变化即可明显影响其乳化性能。酪朊酸钠在等电点时的乳化能力最小,低于等电点时其乳化能力可增大,在碱性条件下其乳化能力较大,且随 pH 增高而加大。酪朊酸钠具有很好的起泡性,在一定浓度范围内,其起泡力随着浓度增加而增大,当浓度在 0.5%～0.8% 范围内时,起泡力最大。钠、钙等离子的存在可降低其起泡力,但可增加其泡沫稳定性。

2. 毒性

美国食品与药物管理局将酪朊酸钠列为一般公认安全物质,无毒性。我国对其 ADI 不作限制性规定。

3. 使用

按照 GB 2760—2014,酪蛋白酸钠作为乳化剂可在各类食品中按生产需要适量使用。

六、磷脂

磷脂(phospholipid)包括卵磷脂(lecithin)、改性大豆磷脂(modified soybean phospholipid)。大豆磷脂是包括磷脂酰胆碱(又称卵磷脂,PC)、磷脂酰乙醇胺(PE)、磷脂酰肌醇(PI)等磷脂以及大豆油脂的混合物。可用不同的方法提取大豆磷脂。如丙酮沉淀法制造的大豆磷脂含有51%的PC,用乙醇分离得到的主要是PC。磷脂广泛存在于动植物中,是一种天然乳化剂,市售磷脂大多数是大豆磷脂。大豆磷脂是大豆油加工后的副产品,油脂精炼后得到毛磷脂,经水化分离,再经脱臭、脱色,得到精制品。

1. 特性

磷脂为半透明蜡状物质,稍有臭味,在空气中变成黄色,渐次变成不透明褐色。大豆磷脂磷酸基团的亲水性决定了它可作乳化剂,是亲油性乳化剂。有较强的乳化、润湿、分散作用。

2. 毒性

ADI值不作特殊规定(FAO/WHO,1994)。

3. 使用

磷脂在面包中使用,能提高酵母的发酵力,增加面团的持气性,降低面团的硬度,从而改善内部结构和口感。在饼干中使用能使食品口感酥松,体积增加,并可节约油脂用量,延长保存期。在巧克力中使用能防止糖分结晶而形成表面翻花现象。

按照GB 2760—2014,磷脂作为乳化剂、抗氧化剂可用于稀奶油、婴幼儿配方食品、婴幼儿辅助食品、氢化植物油中,用量可按生产需要适量使用。

七、硬脂酰乳酸钙、硬脂酰乳酸钠

1. 特性

硬脂酰乳酸钙(calcium stearoyl lactylate)为白色至黄色粉末或薄片状固体,有特殊的气味。难溶于冷水(20 ℃,0.5 g/100 mL),微溶于热水,加水搅拌可分散,2%水悬浊液的pH为4.7。溶于乙醇(20 ℃,8.3 g/100 mL)、植物油、热猪油。

硬脂酰乳酸钠(sodium stearoyl lactylate)为白色或浅黄白色粉末或脆性固体,微有焦糖气味,难溶于水,能分散于温水中。具有吸湿性,溶于乙醇和热油脂。

2. 毒性

硬脂酰乳酸钙小鼠经口 LD_{50} 为10.985 g/kg,ADI为0~20 mg/kg。硬脂酰乳酸钠大鼠经口 LD_{50} 为25 g/kg,ADI为0~25 mg/kg。

3. 使用

按照GB 2760—2014,硬脂酰乳酸钙、硬脂酰乳酸钠的使用标准见表7-9。

表 7-9 硬脂酰乳酸钙、硬脂酰乳酸钠的使用标准

功能:乳化剂、稳定剂

食品名称	最大使用量/(g/kg)
其他油脂或油脂制品(仅限植脂末)	10.0
稀奶油,调制稀奶油,奶油类似品,水油状脂肪乳化制品,水油状脂肪乳化制品以外的脂肪乳化制品[包括混合的(或)调味的脂肪乳化制品]	5.0

续表

食品名称	最大使用量/(g/kg)
调制乳，风味发酵乳，冰激凌、雪糕类，果酱，干制蔬菜(仅限脱水马铃薯粉)，装饰糖果(如工艺造型、用于蛋糕装饰)，顶饰(非水果材料)和甜汁，专用小麦粉(如自发粉、饺子粉等)，生湿面制品(如面条、饺子皮、馄饨皮、烧卖皮)，发酵面制品，面包，糕点，饼干，肉灌肠类，调味糖浆，蛋白饮料，茶、咖啡、植物(类)饮料，特殊用途饮料，风味饮料	2.0
植物油脂	0.3

硬脂酰乳酸钙是一种疏水性的乳化剂，具有良好的乳化、增筋、防老化、保鲜等作用，在小麦面粉中与面筋结合，可增强面团的稳定性和弹性，因而增高面团的韧性和弹性，也可减少糊化，使面团膨松柔和，还可延缓面包的老化。这种特性对于面包生产的机械化、自动化、连续化操作极为有利，并可使面包品质均一，面团不发黏。添加时可先取数倍于硬脂酰乳酸钙的小麦粉与其充分混匀后，再与全部小麦粉混合。在绿茶吐司冷冻面团中，硬脂酰乳酸钙的最佳添加量为 1.0 g/kg。

硬脂酰乳酸钠的使用同硬脂酰乳酸钙。

第四节　乳化剂应用实例

一、使用乳化剂的注意事项

1. 乳浊液的类型

在通常情况下，乳化剂 HLB<10 的用于 W/O 型，HLB>10 的用于 O/W 型。

2. 添加乳化剂的目的

如果添加乳化剂的目的是增强面筋，增大制品体积，要先用与面筋蛋白复合率高的乳化剂，如 CSL-SSL(硬脂酰乳酸钙-钠)、DATEM(二乙酰酒石酸单甘酯)等。如果其添加目的是防止食品老化，要选择与直链淀粉复合率高的乳化剂，如单甘酯。

3. 乳化剂的添加量

在面包、糕点、饼干中，乳化剂的添加量一般不超过面粉的 1％，通常为 0.3％～0.5％。如果添加目的主要是乳化，添加量一般为油脂的 2％～4％。

4. 乳化剂的复合使用

由于界面张力降低，界面吸附增加，分子定向排列更加紧密，界面膜增强，防止了液滴的聚集倾向，有利于乳浊液的稳定。因此，乳化剂的复合使用，更有利于降低界面张力，甚至能达到零，乳浊液更稳定。界面张力越低，越有利于乳化。

5. 乳化剂 α-化处理

(1)油 α-化处理

将单甘酯与油脂按 1∶5 的比例混合，在常温下缓慢加热到其熔点(68～70 ℃)，注意最高不超过熔点 5 ℃,使单甘酯均匀溶解在油脂中。然后自然冷却到室温,形成凝胶后,即可使用,此法主要用于重油类食品、乳化油中。

(2)水 α-化处理

将单甘酯与水按 3∶16 的比例混合,在常温下缓慢加热到其熔点,不断搅拌使之形成均匀透明的分散体系,自然冷却至室温形成凝胶后,即可使用。一般食品都用该法使用乳化剂。

无论用油或水处理,加热快要达到熔点时,发现单甘酯呈现均匀溶解或分散状态时要立即移离火源。细粉状的乳化剂可以直接添加,但作用效果不如上述 2 种添加方法。颗粒状乳化剂不能直接添加使用,必须进行 α-化处理。

二、复配乳化剂的应用

1. 食品乳化剂的复配类型

一是乳化剂间复配,即将具有不同性质的乳化剂进行复配,产生协同增效作用,如人造奶油、蛋糕油等产品的制作。

二是功能复配,即将乳化剂与增稠剂、品质改良剂、防腐剂等不同功能的食品添加剂复配,目的是发挥功能作用。如将乳化剂和增稠剂复配可制成冰激凌乳化稳定剂、蛋白饮料稳定剂等,将乳化剂与增稠剂、淀粉酶等复配可制成面包改良剂等。

三是辅助复配,即以一种乳化剂为主,然后以添加 2 种或 2 种以上填充料或分散剂作为辅助剂加以复配。

2. 复合乳化稳定剂的优点

(1)提高产品的乳化性、稳定性,防止出现分层现象。

(2)避免了每种单体稳定剂、乳化剂的缺陷,得到整体的协同效应。

(3)充分发挥每种亲水胶体的有效作用。

(4)可获得良好膨胀率、抗融化性能、组织结构、口感的产品。

(5)提高生产的精确性与良好的经济性。

3. 复配乳化剂的应用

乳化剂常复配使用,如蔗糖酯和大豆磷脂复配,蔗糖酯和单甘酯复配,单甘酯和司盘、吐温复配,乳化剂、增稠剂和品质改良剂复配等。目前使用较为广泛的是乳化剂和其他食品添加剂复配。具体应用实例分述如下:

(1)豆腐:当豆浆加热至 80 ℃时,添加豆腐质量 0.1% 的单甘酯,搅拌均匀后,再加入凝固剂,可提高豆腐得率 9%～13%,同时,豆腐质地更加细腻,成型后不易破碎,口味更佳。

(2)冰激凌:单甘酯常与蔗糖酯、聚甘酯、二乙酰酒石酸甘油酯、失水山梨醇脂肪酸酯等配合使用,改善冰激凌组织结构,防止产生冰霜,形成细微均匀的气泡和冰晶,提高储存期间的稳定性,有较好的保形性。添加量为冰激凌总重量的 0.2%～0.5%。

(3)饮料:蔗糖酯、单硬脂酸甘油酯、山梨醇酐脂肪酸酯等复配的乳化剂,可使饮料增香、混浊化,并获得良好的色泽。应用时先将蔗糖酯复配乳化剂用适量冷水调合成糊状,再加入所需的水,升温至 60～80 ℃,搅拌溶解或将蔗糖酯复配乳化剂加到适量的油中,搅拌令其溶解和分散,再加到制品原料中。

(4)面包:卵磷脂可使面包获得理想的体积、组织结构以及良好的稳定性,还能与其他稳定剂产生协同作用,增加对游离水的结合,改善产品组织的柔软性。卵磷脂的用量为 0.5%。在绿茶吐司研发中,卵磷脂与其他添加剂的复配可以减少其用量,最优组合是:α-淀粉酶的添加量为 0.069 g/kg,海藻酸钠的添加量为 1.925 g/kg,大豆卵磷脂的添加量为 1.426 g/kg。而在绿茶吐司冷冻面团中,复配的最佳组合是:大豆卵磷脂的添加量为 1.68 g/kg,蔗糖脂肪酸酯的添加量为 1.2 g/kg,硬脂酰乳酸钙的添加量为 0.93 g/kg。

思考题

1. 什么是乳化剂？食品乳化剂的基本要求有哪些？
2. 乳化剂在食品体系中的作用有哪些？
3. 乳化剂如何分类？
4. 常用的乳化剂有哪些？如何使用？
5. 食品乳化剂的复配类型有哪些？

第八章 食品增稠剂

第一节 概述

食品增稠剂是一种能改善食品物理特性,增加食品黏稠度或形成凝胶,使食品口感黏润、适宜,并且具有提高乳化状和悬浊状稳定性作用的物质。增稠剂又称食品胶,属于具有胶体特性的一类物质。该类物质的分子中具有许多亲水性基团,易产生水化作用,形成相对稳定的均匀分散体系。

一、食品增稠剂的分类

1. 按化学结构分类

增稠剂根据化学结构可分为多肽类和多糖类物质。多肽类物质如酪蛋白酸钠、明胶等。多糖类物质是以天然多糖或多糖衍生物为主要成分的胶类物质。后者在加工食品中使用最多。

2. 按来源分类

增稠剂根据来源可分为天然和化学合成两大类。食品增稠剂以天然型为主。对天然型增稠剂可进一步分为植物性胶、动物性胶、微生物胶、海藻胶,分述如下:

(1)植物胶

植物胶是植物渗出液、果皮、种子和茎等制取的食品胶。其主要成分是半乳甘露聚糖。

①种子类胶:主要有瓜尔胶、槐豆胶、沙蒿子胶、罗望子胶、田菁胶、亚麻子胶、决明子胶、车前子胶等。

②树脂胶:主要有阿拉伯胶、桃胶、黄蓍胶、印度树胶、刺梧桐胶。

③提取胶:主要有果胶、魔芋胶、芦荟提取物、阿拉伯半乳聚糖、秋葵根胶、黄蜀葵胶等。

(2)动物胶

动物胶是动物原料皮、骨、筋、乳等提取的食品胶。主要有酪蛋白酸钠、明胶、壳聚糖、甲壳质等。

(3)微生物胶

微生物胶是微生物代谢生成的食品胶。主要有黄原胶、结冷胶、气单胞菌属胶、凝结多糖、菌核胶、半知菌胶等。

(4)海藻胶

海藻胶是从海藻中提取的一类食品胶。商品海藻胶主要来自褐藻。主要有海藻酸盐、红藻胶、卡拉胶、琼脂等。

（5）化学改性胶

纤维素和淀粉由于其来源广泛、成本低，成为化学改性胶的原料首选。如变性淀粉、羧甲基纤维素钠（CMC-Na）、羟丙基甲基纤维素（HPMC）等。

二、食品增稠剂的特性比较

在使用增稠剂时，首先必须了解其使用目的（或增稠剂的特性），再根据不同增稠剂的特性进行选择。各类增稠剂简要归类如下：

（1）抗酸性：果胶、黄原胶、卡拉胶、海藻酸盐、海藻酸丙二醇酯、琼脂、淀粉、抗酸CMC。

（2）增稠性：果胶、黄原胶、瓜尔胶、槐豆胶、海藻酸盐、卡拉胶、魔芋胶、明胶、琼脂、阿拉伯胶、羧甲基纤维素钠。

（3）溶液假塑性：海藻酸盐、海藻酸丙二醇酯、黄原胶、瓜尔胶、槐豆胶、卡拉胶。

（4）吸水性：黄原胶、瓜尔胶。

（5）凝胶强度：果胶、卡拉胶、琼脂、明胶、海藻酸盐。

（6）凝胶透明度：明胶、卡拉胶、海藻酸盐。

（7）凝胶热可逆性：琼脂、明胶、卡拉胶、低脂果胶。

（8）冷水中溶解度：阿拉伯胶、瓜尔胶、黄原胶、海藻酸盐。

（9）快速凝胶性：果胶、琼脂。

（10）乳化托附性：黄原胶、阿拉伯胶。

（11）口味：果胶、卡拉胶、明胶。

（12）乳化稳定性：黄原胶、槐豆胶、卡拉胶、阿拉伯胶。

第二节　增稠剂的功能与复配

一、增稠剂的功能

1. 提供食品所需的流变特性

增稠剂能保持液体食品、浆状食品具有特定的形态，使食品更稳定、均匀，且黏滑适口。如在冰激凌中，增稠剂可以有效地防止冰晶的长大，并包入大量微小的气泡，使产品的组织更细腻、均匀，口感更光滑。

2. 提供食品所需的稠度和胶凝性

许多食品，如果酱、罐头食品、软饮料、颗粒状食品、人造奶油、其他涂抹食品，需要具有很好的稠度。在软糖、果冻、仿生食品（虾丸、龙虾丸、蟹肉棒）中，增稠剂能使食品具有良好的弹性、胶凝性、透明性，质构和风味更好。

3. 改善面团的质构

在焙烤食品和方便食品中，增稠剂能使食品中的成分趋于均匀，增加其持水性，有效地改善面团的品质，保持产品的风味，延长产品的货架期。

4. 改善糖果的凝胶性和防止起霜

增稠剂能使糖果柔软和光滑。在巧克力的生产中，增稠剂能增加其表面的光滑性和光泽,防止巧克力表面起霜。

5. 提高起泡性及其稳定性

在面包、蛋糕、啤酒、冰激凌等食品中,增稠剂可以提高产品的发泡性,在食品的内部形成许多网状结构,在溶液搅打时能形成许多小气泡,且较稳定。

6. 提高黏合作用

在香肠等产品中,槐豆胶、卡拉胶等经均质后,能使产品的组织结构更稳定、均匀、润滑,并且有较强的持水力。在片状、粉末状、颗粒状产品中,阿拉伯胶具有很好的黏合能力。

7. 成膜作用

在食品中,添加海藻酸、琼脂、明胶、醇溶性蛋白质等增稠剂,能在食品的表面形成一层非常光滑的均匀薄膜,可以有效地防止冷冻食品、粉末状食品表面吸湿,避免影响食品质量的现象发生。对水果、蔬菜类食品,增稠剂具有保鲜作用,使果蔬类产品表面更有光泽。

8. 持水作用

一般食品增稠剂都有很强的亲水能力,在面制品、肉制品中能起到改良产品质构的作用。在调制面团时,增稠剂有利于缩短调粉的过程,改善面团的吸水性,提高产品的质量。

9. 用于保健、低热值食品的生产

增稠剂通常为大分子化合物,其中许多来自天然的胶质。这些胶质一般在人体内不易被消化,直接排出体外。利用这些增稠剂来代替一部分含热值大的糖浆和蛋白质溶液等,可以降低食品的热值,如在饼干、果冻、果酱、布丁中的应用。

10. 掩蔽食品中异味的作用

有些增稠剂可以掩蔽食品中一些令人不愉快的异味,如环状糊精。

二、增稠剂的复配

复配增稠剂与单一增稠剂相比,具有明显的优势:①通过复配,利用各种食品胶之间产生的协同增效作用,使食品胶的性能得以改善,满足各方面加工工艺的要求。②通过复配,降低用量和成本,减轻副作用,提高产品安全性。③通过复配,使食品胶的风味互相掩蔽,优化和改善味感。

增稠剂的协同效应,既有功能互补、协同增效的效应,也有功能相克、相互抑制的效应。

(1)κ型卡拉胶与魔芋胶、槐豆胶之间有明显的协同增效作用,而与果胶、海藻酸钠、黄原胶、瓜尔胶、琼脂、羧甲基纤维素之间没有协同增效作用。

(2)琼脂与卡拉胶、黄原胶、槐豆胶、明胶之间有明显的协同增效作用,但是与瓜尔胶、果胶、海藻酸钠、淀粉、羧甲基纤维素产生拮抗作用,后者使琼脂的凝胶强度下降,阻碍琼脂三维网状结构的形成。

(3)黄原胶具有良好的配伍性,与琼脂、瓜尔胶、槐豆胶、魔芋胶、海藻酸钠、羧甲基纤维素钠复配有协同增效作用。如在绿茶面包的研发中,复配增稠剂的最佳组合为:海藻酸钠的添加量为 0.141%,黄原胶的添加量为 0.097%,瓜尔胶的添加量为 0.196%。按此组合制作的绿茶面包,在感官评分、硬度、比容、含水量和抗老化上具有明显的优势,能较大程度改善绿茶面包的品质。在麦麸面包的研发中,复配增稠剂的最佳组合为:海藻酸钠的添加量为 0.23%,黄原胶的添加量为 0.10%,羧甲基纤维素钠的添加量为 0.30%。另外,在绿茶吐司冷冻面团中,复配增稠剂的最佳组合为:海藻酸钠的添加量为 0.80 g/kg,瓜尔胶的

添加量为 2.10 g/kg,海藻酸丙二醇酯的添加量为 1.54 g/kg。

第三节　常用的增稠剂

一、瓜尔胶

瓜尔胶(guar gum)是从瓜尔豆中分离出来的一种多糖化合物。

1. 特性

瓜尔胶为白色至浅黄褐色自由流动的粉末,接近无臭。一般含 75%～85% 的多糖、5%～6% 的蛋白质、2%～3% 的纤维等。是直链大分子,链上的羧基可与某些亲水胶体及淀粉形成氢键。

瓜尔胶是水溶性增稠剂,是中性多糖,在冷水中能充分水化(一般需 2 h)。天然的瓜尔胶溶液为中性。pH 为 8～9 时可达到最快的水化速率,pH 大于 10 或小于 4 则水化速率很慢。同样,溶液中有蔗糖等其他强亲水剂存在时,也会导致瓜尔胶的水化速率下降,瓜尔胶及其衍生物在 pH 为 3 或以下的酸性溶液中会发生降解。

瓜尔胶具有良好的兼容无机盐性能,耐受一价金属盐,如食盐的浓度达 60%,但高价金属离子的存在可使溶解度下降。

瓜尔胶与小麦淀粉共煮可达到更高的黏度。瓜尔胶能与某些线型多糖,如黄原胶、琼脂糖和 κ-型卡拉胶相互作用而形成复合体。

2. 毒性

瓜尔胶大鼠经口 LD_{50} 为 7.0 g/kg,ADI 值不作限制性规定(FAO/WHO,1994)。

3. 使用

按照 GB 2760—2014,瓜尔胶作为增稠剂可在各类食品中按生产需要适量使用(除了稀奶油的最大使用量为 1.0 g/kg,较大婴儿和幼儿配方食品的最大使用量为 1.0 g/L)。

(1)牛乳制品

瓜尔胶能赋予产品成型性、光滑性、咀嚼性,给予冰激凌慢融性。瓜尔胶与其他胶(槐豆胶、卡拉胶)和乳化剂能通过结合自由水及增加混合物黏度阻止有砂粒感的较大乳糖结晶和冰结晶的生成。最大允许使用浓度低于 2%(m/m)。

(2)焙烤制品

瓜尔胶可添加到糕点、脆皮松饼、饼干和馅饼的皮料中,通常添加量低于 1%。在绿茶面包研发中,瓜尔胶可与淀粉、蛋白质结合起到防止黏结、保水和增加筋力的作用,最佳添加量为 0.2%。

(3)肉类制品

瓜尔胶以 0.5% 的添加量加到罐装肉制品中,能降低肉及其他辅料在烹煮过程中的暴沸,控制液相黏度,开罐后内容物易倾倒。

(4)油和调味料

沙司、色拉调料和比萨饼调料中,瓜尔胶能阻止相分离,使其表现出良好的可倾倒性、优良的黏滞性和可口性,通常使用浓度为0.2%~0.8%。

(5)其他

如在某些巧克力浆液和巧克力粉中,可用瓜尔胶和卡拉胶的混合物作稳定剂和悬浮剂。在天然涂膜保鲜法中,瓜尔胶可起到延缓果蔬老化的作用。

二、阿拉伯胶

阿拉伯胶(arabic gum)也称金合欢胶,是从阿拉伯胶树或亲缘种金合欢属树的树干和树枝割破处流出的胶状物,除去杂质后经干燥、粉碎而得。其主要成分为高分子多糖类及其钙、镁和钾盐。一般由D-半乳糖(36.8%)、L-阿拉伯糖(30.3%)、L-鼠李糖(11.4%)、D-葡糖醛酸(13.8%)组成,相对分子质量为250000~1000000。

1. 特性

阿拉伯胶为黄色至淡黄褐色半透明块状体,或者为白色至淡黄色颗粒状或粉末,无臭,无味。不溶于乙醇,极易溶于冷、热水中,形成清晰的黏稠液体。配制成50%浓度的水溶液仍具有流动性,是典型的"高浓低黏"型胶体溶液。其相对密度为1.35~1.49。

阿拉伯胶结构上带有酸性基团,溶液呈弱酸性,pH为4~5(25%浓度)。溶液的最大黏度在pH为5附近,具有酸性稳定的特性,当pH低于3时,结构上羧酸根离子趋于减少,使得溶解度及黏度随之下降。

阿拉伯胶结构上带有部分蛋白质、鼠李糖,因此阿拉伯胶有良好的亲水亲油性,是良好的天然O/W型乳化稳定剂。但不同来源树种的阿拉伯胶其乳化稳定效果有差别。一般规律是鼠李糖含量高,含氮量高的胶体,其乳化稳定性能更好。

阿拉伯胶能与大多数的水溶性胶、蛋白质、糖和淀粉等进行互配,与明胶、乳清蛋白形成稳定的凝聚层,与三价金属离子作用产生沉淀。

2. 毒性

经大量毒物学和毒理学实验证实,阿拉伯胶无毒。ADI值未作规定(FAO/WHO,1995)。美国食品和药物管理局(FDA)将其列为一般公认安全物质。

3. 使用

按照GB 2760—2014,阿拉伯胶作为增稠剂可在各类食品中按生产需要适量使用。

(1)牛乳制品

在各种冷冻牛乳制品如冰激凌、冰糕中,阿拉伯胶具有强吸水性,可以结合大量的水,并以水化的形式保持这些水分,阻止形成大冰晶,其缺点是阻止冰激凌的快速融解。阿拉伯胶在干酪中的添加量为0.8%,稀奶油中的添加量为0.5%。

(2)糖果制品

在糖果加工中,阿拉伯胶具有阻止糖结晶和保持脂肪类成分均匀分散的能力。阿拉伯胶已用于口香糖、水果糖和胶冻糖中,根据美国FDA规定(1989),在口香糖中的添加量为5.6%,在糖果和糖霜中的添加量为12.4%,在硬糖和咳嗽糖浆中的添加量为46.5%,在软糖中的添加量为85.0%。

(3)饮料

阿拉伯胶可用于制备合成果肉和制作仿水果饮料,是饮料中有效的泡沫稳定剂和软饮料工业中制备浓缩液的乳化剂。在饮料和饮料的基料中添加量为2%,在冷饮中的添加量为1%。

（4）罐头

在青刀豆、黄刀豆、甜玉米、蘑菇、芦笋、青豌豆、胡萝卜等罐头食品中，阿拉伯胶的使用量为1%。

三、果胶

果胶（pectins）是陆生植物某些组织细胞间和细胞膜中存在的一类支撑物质的总称。果胶的制备主要以各种果皮或果渣为主要原料，经过稀酸处理后，使之变成水溶性果胶，将其萃取精制而成。其提取方法有酸法、微生物法、金属盐析法、酒精沉淀法、喷雾干燥法、离子交换法和膜分离法。

果胶实质上是一种含有几百到数千个结构单元的线性多糖，D-半乳糖醛酸残基是果胶分子链的结构单元。其平均相对分子质量为50000～180000。根据果胶分子的酯化度，可将其分为高甲氧基果胶和低甲氧基果胶。酯化度指酯化的半乳糖醛酸基与总的半乳糖醛酸基的百分比值。在典型的高甲氧基果胶分子中，酯化度为75%。完全甲基化的果胶即酯化度为100%时，甲氧基理论含量为16.3%。一般以酯化度50%为高甲氧基果胶与低甲氧基果胶的区分值，高甲氧基果胶的酯化度为50%～80%，低甲氧基果胶的酯化度为25%～50%。甲氧基含量＞7%者为高甲氧基果胶，而＜7%者为低甲氧基果胶。

1. 特性

果胶为白色至淡黄褐色的粉末，微有特异臭，味微甜，略带酸味，无固定熔点和溶解度，相对密度约为0.7。溶于20倍水成黏状液体，不溶于乙醇及其他有机溶剂，能为乙醇、甘油、蔗糖浆润湿，与3倍或3倍以上的砂糖混合后，更易溶于水。在酸性溶液中比在碱性溶液中稳定。果胶溶胶的等电点pH为3.5。果胶液的黏度比其他水溶胶低，因此，实际应用中往往利用其凝胶性能。用作增稠剂时，一般与其他增稠剂如黄原胶等配合使用。

高甲氧基果胶在加糖、加酸后，可以凝冻；低甲氧基果胶在加糖、加酸后，还需添加多价金属离子如钙等方能凝冻。有时，低甲氧基果胶用氨水解并（由氨）引入酰胺到果胶分子中，则产生酰胺化的低甲氧基果胶。普通低甲氧基果胶与酰胺化的低甲氧基果胶的性质相似。高甲氧基果胶主要从天然水果与植物的组织中提取，而低甲氧基果胶主要通过工业制取而来。

2. 毒性

果胶是由植物中提取出的天然食用增稠剂，对人体无毒害，安全性很高，ADI为0～250 mg/kg。

3. 使用

按照GB 2760—2014，果胶的使用标准见表8-1。

表8-1 果胶的使用标准

功能：乳化剂、稳定剂、增稠剂

食品名称	最大使用量/(g/kg)	备注
果蔬汁（浆）	3.0	
稀奶油，黄油和浓缩黄油，生湿面制品（如面条、饺子皮、馄饨皮、烧卖皮），生干面制品，其他糖和糖浆〔如红糖、赤砂糖、冰片糖、原糖、果糖（蔗糖来源）、糖蜜、部分转化糖、槭树糖浆等〕，香辛料类	按生产需要适量使用	固体饮料按稀释倍数增加使用量

（1）果酱

在果酱中，如原料中果胶含量少，可用果胶作为增稠剂，使用量低于0.2%。生产低糖果酱时，使用量为0.6%左右。

（2）软糖

果胶软糖具香味浓郁等特点，添加量一般为0.5%～2.5%。若与其他凝胶剂同时使用，可增加弹性、黏性及咀嚼的口感性。

（3）乳饮料

在酸乳饮料中，高甲氧基果胶能有效地稳定制品及改善其风味，尤其对人工发酵的酸乳比使用化学方法酸化的乳饮料效果更好。添加量为0.05%～0.6%。

（4）罐头

在蘑菇、青豆、芦笋等罐头，水果基质的婴儿罐头食品及冷饮中，果胶的添加量为1%，在沙丁鱼和鲭鱼罐头中添加量为2%。

（5）浓缩果汁、果汁饮料和果汁汽水

在浓缩果汁中，一般可加特殊黏度的高甲氧基果胶0.1%～0.2%；在果汁饮料和果汁汽水中，一般加0.05%～0.1%。

四、明胶

明胶（gelatin）是动物的皮、骨、韧带等含的胶原蛋白，经部分水解后得到的高分子多肽高聚物。其制备方法有碱法、酶法、盐酸法，目前多使用碱法生产。生产明胶的原料一般为骨头等，先将原料清理、洗净、切小块，放入石灰浆进行浸灰，经浸泡提取胶原蛋白，再用盐酸中和后水洗，然后在60～70℃下熬胶，经防腐、漂白、凝冻、刨片、烘干而制得。

明胶的化学组成中，蛋白质约占82%以上，除缺乏色氨酸外，含有组成蛋白质的全部氨基酸，因而除用作增稠剂外，还可用以补充人体的胶原蛋白质，而且明胶中不含脂肪和胆固醇，是良好的营养品。分子式为$C_{102}H_{151}N_{31}O_{39}$，相对分子质量50000～60000。

1. 特性

明胶为白色或淡黄色，半透明，微带光泽的薄片或细粒。有特殊的臭味，易吸潮被细菌分解。溶于热水，在冷水中会缓慢吸水膨胀，可吸收本身质量5～10倍的水。不溶于乙醇、乙醚、氯仿等有机溶剂，但溶于醋酸、甘油。明胶溶液冷却后即凝结成胶状。

明胶是一种两性电解质，在水溶液中可将带电的微粒凝集成块，利用这种特性可作为酒类、果汁的澄清剂。明胶可用作疏水胶体、液体中泡沫的稳定剂。

2. 毒性

明胶为蛋白质，本身无毒性，在人体内能进行正常的代谢作用。ADI不作限制性规定。

3. 使用

按照GB 2760—2014，明胶作为增稠剂可在各类食品中按生产需要适量使用。

（1）冷饮制品

在冰激凌的冻结过程中，明胶形成凝胶，可以阻止冰晶增大，能保持冰激凌柔软、疏松和细腻的质地。用量一般在0.5%左右。在使用前先将明胶用冷水冲洗干净，加热水制成10%溶液后加入原料中。

（2）糖果

在生产糖果时,明胶能使柔软的糖坯具有稳定的坚韧性、弹性,能承受较大的荷重而不致变形。在制造奶糖时,明胶的用量一般为砂糖和淀粉糖浆总量的 2.5%～3%。使用时,明胶先用 2 倍量不超过 20 ℃的水浸泡 1～2 h,至明胶成凝胶,然后水浴使之融化(热水温度不应超过 50 ℃),过滤后经搅拌混合,制成糖坯。一般用量为 1.0%～3.5%,个别的可高达12%。

（3）罐头制品

如生产原汁猪肉罐头时,使用猪皮胶,用量约为 1.7%。在午餐肉中,明胶的用量一般为 3%～5%。

（4）胶冻食品

明胶可用于胶冻食品,如奶油蛋糕上的奶油花、栗子羹类的小食品、辣椒油的增稠以及夹心饼干中的夹层等。

另外,明胶有一定的发泡能力,能形成稳定气溶胶,凝固温度低,发泡速度快,可作搅打剂。当明胶浓度增加 0.2%时,搅打时间要比其他搅打剂减少 30%,它单独使用比鸡蛋和乳蛋白的混合使用更方便。

五、海藻酸钠

海藻酸钠(sodium alginate)也称藻酸钠、海藻胶或藻朊酸钠,是由海藻提取的多糖类。其制备方法有酸凝-酸化提取法、钙凝-酸化法、钙凝-离子交换法、酶解法、超滤法。其中较理想的可用于工业化生产的工艺是钙凝-离子交换法,其工艺流程为:浸泡→切碎→消化→稀释→过滤→洗涤→钙析→离子交换脱钙→乙醇沉淀→过滤→烘干→粉碎→成品。酶解法提取是在一定条件下用纤维素酶溶液浸泡海带,经过分解海带细胞壁,加快海藻酸钠的溶出,大幅度提高了浸出质量。超滤法提取海藻酸钠是将膜处理技术用于海藻酸钠提取工艺,可降低能耗,降低杂质质量分数,提高产量。分子式为 $(C_6H_7O_6Na)_n$,相对分子质量32000～200000。

1. 特性

海藻酸钠为白色或淡黄色粉末,几乎无臭,无味。不溶于乙醇、氯仿和乙醚,不溶于稀酸。海藻酸易与金属离子结合,在海藻酸的金属盐中,除了 Na^+、K^+、Mg^{2+}、NH_4^+ 的盐类能溶于水外,其他金属盐均不溶于水。海藻酸钠在 pH 为 5～10 时黏度稳定,pH 降至 4.5 以下时黏度明显增加,当 pH 达到 3 时,产生不溶于水的海藻酸沉淀。单价电解质降低其黏度。加热至 80 ℃或久置会缓慢分解,黏度降低。海藻酸钠易与明胶、阿拉伯胶、甘油、山梨醇、蛋白质、淀粉、CMC 等共溶,因此,可与多种食品原料配合使用。

2. 毒性

海藻酸钠大鼠经口 LD_{50}＞5 g/kg,ADI 值不作限制性规定(FAO/WHO,1997)。

3. 使用

按照 GB 2760—2014,海藻酸钠作为增稠剂的使用标准见表 8-2。

表 8-2　　海藻酸钠的使用标准

功能：增稠剂

食品名称	最大使用量/(g/kg)	备注
其他糖和糖浆[如红糖、赤砂糖、冰片糖、原糖、果糖（蔗糖来源）、糖蜜、部分转化糖、槭树糖浆等]	10.0	固体饮料按稀释倍数增加使用量
稀奶油，黄油和浓缩黄油，生湿面制品（如面条、饺子皮、馄饨皮、烧卖皮），生干面制品，香辛料类，果蔬汁（浆）	按生产需要适量使用	

（1）牛奶制品

在巧克力牛奶饮料中，海藻酸钠与卡拉胶复配，可以悬浮可可颗粒，形成口感圆润、黏度均一的产品，一般使用浓度低于 0.25%。在牛奶摇动时，海藻酸钠能抑制无机盐析出。在酸性饮料、酸乳酪、乳酪、奶油乳酪等奶制品中，海藻酸钠能阻止乳清分离，给予奶液稠度，阻止脂肪分离，导致凝乳形成，控制黏度，一般使用浓度低于 0.5%。

（2）冷冻食品

在冰激凌生产中，海藻酸钠作为稳定剂，可阻止大冰晶和（或）乳糖晶体形成，并提高混合物的黏度，抑制糖转移到晶体表面，使冰激凌口感圆润，所用浓度为 0.1%～0.5%。

（3）果酱和水果罐头

在无糖果酱和水果罐头中，不需要加入糖就可以形成一定的黏稠度，一般加入海藻酸钠的浓度低于 1%。

（4）焙烤食品

在焙烤食品中，如酥皮糖霜、糕点里的馅，海藻酸钠使用量是 0.1%～1.0%。用浓度为 0.3%～0.5% 的海藻酸钠，可以阻止炸面饼圈和其他焙烤食品受热时炸裂。在绿茶面包中，海藻酸钠具有良好的吸水性和保水性，能提高面包的感官特性，而且海藻酸钠还能与面筋蛋白形成紧实的三维网络结构，增加面包的弹性，改善口感，最佳添加量为 0.15%。

（5）面食

在面条、挂面等面制品中，具有强亲水性、黏结性的海藻酸钠能提高制品的韧性，减少断头率，蒸煮后不粘连，不烂汤，耐存放，口感好。依面筋率高低，海藻酸钠的加入量为 0.1%～0.3%。

（6）饮料

在饮料中，海藻酸钠可以形成较光滑的组织结构，散发比较好的气味，并能增加其悬浮性，添加量为 0.10%～0.25%。另外，加入 0.04%～0.08% 海藻酸钠及其衍生物，还可以稳定啤酒的泡沫。

（7）冻胶

海藻酸钠用于冻胶的配方是：砂糖（91.74%）、精制海藻酸钠（3.81%）、柠檬酸（2.75%）、六偏磷酸钠（1.10%）、磷酸二钙（0.37%）、香精和着色剂（0.23%）。该配方能经受冻融循环的全过程，融化后仍具有令人满意的食用质量，保持良好的胶体形态，不发生渗液或收缩，适用于冷冻甜食品和冷冻色拉。

（8）番茄调味品

在番茄调味品中，海藻酸钠可使调味汁和水分保持在调味品自身中而不渗入馅饼和通心粉中。其用量一般占番茄调味品总质量的 0.3%～0.5%。

六、琼脂

琼脂(agar)也称琼胶、冻粉和洋菜,为一种复杂的水溶性多糖类物质,是从红藻类植物石花菜及其他数种红藻类植物经浸出得到的产物。相对分子质量为 100000～120000。

1. 特性

琼脂为无色透明或类白色至淡黄色半透明细长薄片、粉末,无臭,味淡。口感黏滑,不溶于冷水,在冷水中浸泡时,徐徐吸水膨胀软化,可吸收 20 倍的水;在沸水中极易分解成溶胶,温度降低后便成凝胶。即使 0.5% 的低浓度也能形成凝胶,1.5% 的琼脂溶胶在 32～39 ℃之间可以形成坚实而有弹性的凝胶,并在 85 ℃ 以下不融化为溶胶。这一特性可用以区别于其他海藻胶。

琼脂的凝胶强度在 pH 为 4～10 范围内变化不大,当 pH 小于 4 或大于 10 时其凝胶强度大大下降。琼脂形成的凝胶硬,使制品具有明确的形状,但发脆,组织粗糙,表面易收缩起皱。当与卡拉胶复配使用时,可以得到柔软、有弹性的制品。与糊精、蔗糖复配使用,凝胶强度升高,而与海藻酸钠和淀粉并用,凝胶强度下降。琼脂耐热性较强,但若长时间特别是酸性条件下加热,也可失去凝胶能力。

2. 毒性

琼脂小鼠经口 LD_{50} 为 16 g/kg,大鼠经口 LD_{50} 为 11 g/kg。ADI 值不作限制性规定。FDA 将琼脂列为一般公认安全物质。

3. 使用

按照 GB 2760—2014,琼脂作为增稠剂可在各类食品中按生产需要适量使用。

(1)焙烤食品

在食品顶上装饰品、挂糖衣中,琼脂可阻止成品对透明包装纸的黏合。当使用浓度为 0.2%～0.5% 时,可阻止并束缚游离水出现在糖衣和装饰品上。在蛋糕中,琼脂用量为 0.1%～1.0%。

(2)牛奶产品

在奶油乳酪、酸乳酪中,0.05%～0.85% 的琼脂可以将乳清分离降为最小。琼脂与其他的水性胶质,如槐豆胶、动物胶复配使用,可稳定和改善果汁饮料、冰激凌、凝结酸化牛奶产品。琼脂也可与黄蓍胶和槐豆胶结合使用,改善冰冻奶油和果汁饮料的黏稠度、光洁度。

(3)饮料类

在饮料中,琼脂可作为助悬剂,使饮料中固型物悬浮均匀,不下沉。其悬浮时间和保质期长,是其他助悬剂无法代替的。在果粒橙饮料中,使用浓度为 0.01%～0.05%。

(4)果酱罐头

在果酱和水果罐头中,琼脂作为胶凝剂可代替果胶。在制造柑橘酱时,每 500 kg 橘肉、橘汁加琼脂 3 kg;制造低糖菠萝酱时,每 125 kg 碎果肉加琼脂 1 kg,高糖菠萝酱可加 375 g。与高甲氧基果胶相比,其优点是不需加入蔗糖就能形成凝胶,这有利于制备无糖、低热果酱和水果罐头。

(5)冰激凌

在冰激凌中,添加 0.3% 左右的琼脂可提高凝结能力,提高黏度和膨胀率,防止冰晶析出,使产品组织细腻。

七、卡拉胶

卡拉胶（carrageenan）又名鹿角藻胶、角叉胶，由某些红海藻提取制得。它是由半乳聚糖组成的多糖类物质，相对分子质量为 150000～200000。食品工业中常用的品种有 κ-型（kappa）、ι-型（iota）、λ-型（lambda）。

1. 特性

卡拉胶为白色或淡黄色粉末，无臭，味淡。易溶于热水成半透明的胶体溶液，不溶于冷水，但可溶胀成胶块状，不溶于有机溶剂。它的水溶液具有高度黏性和胶凝特点，其凝胶具有热可逆性，即加热时熔化，冷却时又形成凝胶。尤其是与蛋白质类物质作用，形成稳定胶体的性质，是卡拉胶作为增稠剂最突出的特点。

2. 毒性

卡拉胶大鼠经口（其钙盐和钠盐混入 25％的玉米油）LD_{50} 为 5.1～6.2 g/kg，ADI 为 0～75 mg/kg（FAO/WHO，1984）。

3. 使用

按照 GB 2760—2014，卡拉胶的使用标准见表 8-3。

表 8-3　卡拉胶的使用标准

功能：乳化剂、稳定剂、增稠剂

食品名称	最大使用量/（g/kg）	备注
生干面制品	8.0	
其他糖和糖浆[如红糖、赤砂糖、冰片糖、原糖、果糖（蔗糖来源）、糖蜜、部分转化糖、槭树糖浆等]	5.0	固体饮料按稀释倍数增加使用量
婴幼儿配方食品（以即食状态食品中的质用量计）	0.3 g/L	
稀奶油，黄油和浓缩黄油，生湿面制品（如面条、饺子皮、馄饨皮、烧卖皮），香辛料类，果蔬汁（浆）	按生产需要适量使用	

（1）乳制品

在巧克力牛奶饮料、无菌牛奶、脱脂牛乳中，κ-卡拉胶有稳定和增稠作用，添加量为 0.025％～0.35％。κ-卡拉胶也能用于高脂奶产品，如炼乳中，加入浓度为 0.005％的 κ-卡拉胶，在生产和储存中能防止脂肪分离。

（2）果冻

卡拉胶是一种很好的胶凝剂。采用果胶的缺点是需要加高浓度的糖并调至适当的 pH 才能凝固。用明胶做果冻的缺点是其凝固点和熔化点低，制备和储藏都得用冰箱。卡拉胶没有这些缺点，因此，使用较多，添加量为 0.5％～1.0％。

（3）冷冻甜食

在冰激凌、冰奶、冻牛奶布丁中，κ-卡拉胶用作第二稳定剂。瓜尔胶、黄原胶、槐豆胶、CMC-Na 都能用作冷冻甜食的主要稳定剂，因为它们都有很好的保水能力。通常 κ-卡拉胶的加入量为 0.01％～0.5％。

（4）果酱和水果罐头

κ-卡拉胶和槐豆胶复配或者同 ι-卡拉胶复配，可用于低热量无糖的水果罐头中。其加

入量为 $0.5\%\sim1.2\%$。

(5)饮料

在柠檬水果饮料混合物和冷冻的浓缩饮料中,卡拉胶的加入可以悬浮果肉颗粒,得到所需要的口感,添加量为 $0.0003\%\sim0.005\%$。

(6)酱汁和色拉调味汁

ι-卡拉胶可以改善酱汁和色拉调味汁组分的流动性和稳定性。在色拉调味汁中,ι-卡拉胶浓度为 $0.3\%\sim0.5\%$。也用于各种酱汁,如烧烤用的番茄酱和墨西哥酱中。

(7)面包

在面包中,卡拉胶能增加其保水能力,从而延缓变硬,保持新鲜防老化,添加量为 $0.03\%\sim0.5\%$。在绿茶吐司研发中,当卡拉胶的添加量为 0.5% 时,硬度最低,品质最好。

八、黄原胶

黄原胶(xanthan gum)又称黄胶、汉生胶,是由黄单胞杆菌发酵产生的细胞外酸性杂多糖。由 D-葡萄糖、D-甘露糖和 D-葡糖醛酸按 2:2:1 组成的多糖类高分子化合物,相对分子质量在 1000000 以上。

1. 特性

黄原胶为白色或浅黄色粉末,略有臭味。易溶于水,有良好的增稠性能。即使低浓度也有很高的黏度,其 1% 水溶液的黏度相当于明胶的 100 倍。耐酸、碱,抗酶解,且不易受温度变化影响,尤其是它具有触变性、假塑性,大大增加其在食品工业中的应用,并赋予食品良好的感官性能。

在高 pH 时,黄原胶可受多价离子或阳离子影响而降低黏度,但 pH 在 $2\sim12$ 范围内,有一致的和很高的黏度。对大多数盐类稳定,添加食盐可提高黏度和稳定性。黄原胶与其他增稠剂如与槐豆胶、瓜尔胶并用,可增强黏度,并有形成凝胶的性能。它还具有一定的乳化、稳定性。

2. 毒性

黄原胶小鼠经口 $LD_{50}>10$ g/kg,ADI 不作任何特殊规定(FAO/WHO,1999)。

3. 使用

按照 GB 2760—2014,黄原胶的使用标准见表8-4。

表8-4　黄原胶的使用标准

功能:稳定剂、增稠剂

食品名称	最大使用量/(g/kg)	备注
生湿面制品(如面条、饺子皮、馄饨皮、烧卖皮)	10.0	
特殊医学用途婴儿配方食品(仅限粉状产品)	9.0	
黄油和浓缩黄油,其他糖和糖浆[如红糖、赤砂糖、冰片糖、原糖、果糖(蔗糖来源)、糖蜜、部分转化糖、槭树糖浆等]	5.0	固体饮料按稀释倍数增加使用量
生干面制品	4.0	
稀奶油,香辛料类,果蔬汁(浆)	按生产需要适量使用	

（1）饮料

黄原胶能给予橙味、果味饮料良好的风味和爽口的感觉，其融变性使果汁有良好的黏着性。用量为 0.2％～1.0％。

（2）奶油制品、乳制品

在奶油制品、乳制品中，黄原胶能改进质量，使产品结构坚实、易切片，更易于释放香味，口感更加细腻清爽。在冰激凌和乳制品中，黄原胶可使制品稳定，用量为 0.1％～0.25％。

（3）调味料

黄原胶有利于保持调味酱中液体的流动性。一般浓度为 0.1％左右，调味酱中的酸含量、盐含量都不会影响黄原胶的持水力。

（4）冷冻食品

淀粉类产品在经 1 或 2 次冷冻、解冻循环后老化现象非常突出，添加 0.05％～0.1％黄原胶，能保持冷冻、解冻循环 5 次以上淀粉不老化。用添加 0.2％黄原胶来稳定的冰激凌、冰糕，使得产品有良好的抗热收缩性和口感。黄原胶与槐豆胶、瓜尔胶复配使用时，浓度达 0.08％～0.1％时有稳定作用。

（5）焙烤食品

在糕点中，黄原胶可以使焙烤食品保持一定的湿度，从而改进口感。它与淀粉结合可以防止淀粉的结构变形，推迟淀粉老化，延长焙烤食品的储藏期和货架期，用量为 0.25％。在绿茶面包中，黄原胶能够增加面团吸水率、拉伸阻力和稳定时间，增强面筋，改善面包的品质，最佳添加量为 0.1％。

（6）糖果

在淀粉软糖中，黄原胶和槐豆胶的添加量各 0.11％，有利于加工。

（7）肉制品

在肉制品中，黄原胶能使肉嫩化，同时具有持水性，提高出品率，提高制品的质量，添加量为 0.05％～0.2％。

（8）鱼类制品

在沙丁鱼及其制品的罐头中，黄原胶添加量为 1％，在鲭鱼的罐头中添加量为 2％（按罐头中的汤汁计，单用或合用量）。

九、羧甲基纤维素钠

羧甲基纤维素钠（sodium carboxy methyl cellulose）简称 CMC-Na，是葡萄糖聚合度为 100～2000 的纤维素衍生物，分子式为 $[C_6H_7O_2(OH)_2OCH_2COONa]_n$，相对分子质量 $(242.16)_n$。

1. 特性

羧甲基纤维素钠为白色纤维状或颗粒状粉末，无臭，无味，有吸湿性。易分散在水中形成透明的胶体溶液，不溶于乙醇、乙醚、氯仿、丙酮等有机溶剂。溶液的黏度随温度的升高而降低。当温度低于 20 ℃时，CMC-Na 水溶液的黏度随温度的下降而迅速降低；当温度在 20～45 ℃之间时，黏度下降缓慢；当温度高于 45 ℃，黏度完全消失。其黏度也受 pH 的影响，当 pH 为 7 时，黏度最大，通常 pH 为 4～11 较合适，pH 在 3 以下时，易生成游离酸沉淀。其耐盐性较差,但它可与某些蛋白质发生胶溶作用,生成稳定的复合体系,从而扩展蛋白质溶液的 pH 范围。

2. 毒性

羧甲基纤维素钠小鼠经口 LD_{50} 为 27 g/kg,ADI 为 0～25 mg/kg。

3. 使用

按照 GB 2760—2014,羧甲基纤维素钠作为增稠剂可在各类食品中按生产需要适量使用,作为稳定剂可在稀奶油中按生产需要适量使用。

(1)果酱、番茄酱或乳酪

CMC-Na 不仅能增加黏度,增加固形物的含量,还可使其组织柔软细腻。在果酱、奶油奶酪、巧克力奶酪、花生奶油等中,添加量为 0.5％～1.0％,融化干酪添加量为 0.8％,稀奶油中添加量为 0.5％。

(2)面包、蛋糕

在面包和蛋糕中,CMC-Na 可增加其保水作用,防止老化及油渗出,添加量一般为 0.1％～0.2％。在麦麸面包中,CMC-Na 能够增加面筋的持水性,增大面包体积,保温保鲜,使蜂窝均匀,还能减少面包掉渣,最佳添加量为 0.5％。

(3)果蔬

在果蔬中,用含对羟基苯甲酸酯的 2％～3％ CMC-Na 的溶液涂覆,可以保鲜、防霉、保持风味。

(4)鱼类制品

在沙丁鱼、鲭鱼罐头中,CMC-Na 添加量为 2％。

(5)肉类制品、蛋等

以 2％～3％的 CMC-Na 水溶液喷洒于食物表面,可在表面形成一种极薄的膜,可长期储存食物,保持风味,防止发酵。食用时用水冲洗即可。

(6)方便面

在方便面中,CMC-Na 能控制水分,减少面条的吸油量,减少面条因油脂酸败而使制品败坏的可能性,并可增加面条的光泽,一般用量为 0.36％。

(7)冰激凌

在冰激凌中,CMC-Na 的作用类似于海藻酸钠,但价格低廉,溶解性好,保水作用也较强。因此,CMC-Na 常与其他乳化剂并用,以降低成本。另外,CMC-Na 与海藻酸钠复配,有协同增效作用。通常复配用量为 0.3％～0.5％,单独使用时,需要 0.5％～1.0％。

第四节　增稠剂应用实例

增稠剂广泛用于食品中,如在糖果、调味酱、果酱、饮料、冰激凌、罐头等中添加提高食品黏度或形成凝胶。现举例如下。

一、琼脂软糖的制作

琼脂软糖是一种透明柔软带糯性的软糖,基于琼脂具有很强的凝胶能力,可产生坚实而富有弹性的凝胶体,并具有非常透明与清晰的形态,同时其质构特征是柔韧中带有脆性。

1. 加工工艺

琼脂→浸泡→预处理→溶化→过滤→滤液(加砂糖、葡萄糖浆)→溶化→熬煮→冷却(加香精)→凝结→切块→包装→成品。

2. 基本配方

琼脂 150 g,葡萄糖浆 500 g,白砂糖 240 g,草莓香精 5 mL。

3. 操作要点

(1)琼脂处理

150 g 琼脂预先用凉水浸泡 1 h,水量约为琼脂质量的 20 倍,然后慢慢加热溶化,溶化后过滤。

(2)熬糖

白砂糖 240 g 加水加热溶化(水量为白砂糖质量的 30%),然后将琼脂溶液加入,一同加热熬煮,当熬煮到 105 ℃时,加入葡萄糖浆 500 g,并不断加热,当糖温升至 108～110 ℃,即为熬糖终点。

(3)冷却混合

糖液撤离火源,待糖液稍冷后加入 5 mL 草莓香精,并混合均匀,倒入冷凝盘中,厚度为 15～20 cm,静置 1 h。

(4)凝固、切块、包装

凝固后即可切条切块,再用糯米纸逐块包裹,送烘箱烘干至含水量 15% 以下即可。

二、果冻的制作

果冻又称啫喱,是以水、食糖和食品胶等为原料,经溶胶、调配、灌装、杀菌、冷却等工序加工而成的胶冻食品。根据果冻的形态分为凝胶果冻和可吸果冻。凝胶果冻呈凝胶状,脱离包装容器后,能基本保持原有的形态,组织柔软适中;可吸果冻呈半流体凝胶状,能够用吸管或吸嘴直接吸食,脱离包装容器后,呈不定形状。果冻的国家标准 GB/T 19883—2018 中规定,可溶性固形物(以折光计)含量为 15%。绝大部分是食品胶所束缚住的水分。因此,果冻是增稠剂应用的最直接产品。

1. 加工工艺

配料→化糖→溶胶→过滤→调配→灌装→封口→杀菌→冷却→风干→成品。

2. 基本配方

由于卡拉胶与槐豆胶、魔芋胶之间存在明显的协同增效作用,一般果冻配方主要采用卡拉胶、魔芋胶、槐豆胶等进行复配。复配增稠剂的用量为 0.4～0.8%,不宜超过 1%。

三、色拉酱的制作

1. 加工工艺

蛋黄、色拉油、食用白醋、黄原胶等原料→混合→搅拌→加热→乳化→冷却→成品。

2. 基本配方

蛋黄 150 g,色拉油 700 g,食用白醋(醋酸 0.5%)150 mL,淀粉糖浆 180 g,食盐 10 g,柠檬酸 2 g,芥末粉 5 g,黄原胶 3 g,微晶纤维素 1.5 g,奶油香精 0.5 mL,水 300 mL。

思考题

1. 什么是食品增稠剂？如何分类？
2. 增稠剂的功能有哪些？
3. 复配增稠剂与单一增稠剂相比，具有哪些优势？
4. 常用的食品增稠剂有哪些？如何使用？
5. 增稠剂可应用于哪些食品中？

第九章 食品膨松剂

第一节 概述

在糕点、饼干、面包、馒头等以小麦粉为主的焙烤食品的加工中,为了改善食品质量,常加入膨松剂。膨松剂又称膨胀剂、疏松剂、发粉,是指在食品加工过程中加入的,能使产品起发并形成致密多孔组织,从而使产品膨松、柔软或酥脆的食品添加剂。

一、膨松剂的作用

面包、蛋糕口感柔软,饼干口感酥脆,是由于这类食品具有海绵状多孔组织。膨松剂受热时会分解,产生气体。将膨松剂加入面团中,在熟制(烘焙、油炸、蒸制等)过程中体积就会膨胀,原因是膨松剂在加热过程中,产生的气体使面团内部形成无数个小孔,导致面制品松软、酥脆。膨松剂的作用具体如下所述。

1. 增加食品体积

面包、饼干等食品具有海绵状致密多孔组织,原因是在制作过程中,面团里含有足量的气体,气体受热膨胀使产品起发。这些气体的获得,除少量来自制作过程中混入的空气、物料中所含水分在烘焙时受热所产生的水蒸气外,绝大多数是由膨松剂提供的。膨松剂可使面包体积增大 2～3 倍。

2. 产生多孔结构

使食品具有松软酥脆的质感,提高产品的咀嚼性、可口性。

3. 帮助消化

加入膨松剂后,面制品内部的海绵状多孔结构可以使消化液(如唾液、肠液等)快速进入食品内部,促进消化。

二、膨松剂分类

1. 碱性膨松剂

碱性膨松剂主要包括碳酸氢钠(钾)和碳酸氢铵两大类。碱性膨松剂反应速度较快,产气量较大,在制品中可产生较大的孔洞,可通过控制面团的温度来调整产气过程,但有时也无法适应食品工艺的要求。因此,碳酸氢钠(钾)和碳酸氢铵一般较少单独使用,两者合用,可减少一些缺陷。

2. 酸性膨松剂

酸性膨松剂包括硫酸铝钾、硫酸铝铵、酒石酸氢钾、磷酸氢钙等，不能单独作为膨松剂使用。主要是作为复合膨松剂的酸性成分，中和碱性膨松剂以产生气体，并调节产气速度，避免食品产生不良气味，也避免因碱性增大而导致食品的品质下降。

硫酸铝钾、硫酸铝铵用量过多，会使食品发涩，引起食入者呕吐、腹泻，甚至导致老年痴呆症，造成心、肝、肾、脑、免疫功能的损害，因此，人们正在研究无铝膨松剂。如有的无铝膨松剂用磷酸盐来代替配方中的明矾，但磷酸盐在食品中的最大使用量为 15 g/kg。如果膳食中的磷酸盐食用量过多，会在肠内与钙结合，形成难溶于水的正磷酸钙，从而降低钙的吸收。长期大量食入还会导致甲状腺肿大、钙化性能不全等。

3. 生物膨松剂

目前使用的生物疏松剂主要指液体酵母菌、鲜酵母菌、干酵母菌、速效干酵母菌等。酵母菌含有多种营养物质，尤其是蛋白质、B 族维生素，还含有一些活性物质。因此，在食品中使用酵母菌，可提高食品的营养价值。但酵母菌在我国并不作为食品添加剂管理。

用酵母菌发酵面团时，酵母菌利用面团中的营养物质进行生长繁殖，使碳水化合物分解成二氧化碳，而使面坯起发，经焙烤和蒸制后，食品体积膨胀，并具有一定的弹性。同时在食品中还产生醛类、酮类、酸类等特殊风味物质，形成面制品的独特风味，而化学疏松剂却无此作用。

（1）液体酵母菌

酵母经扩大培养和繁殖后得到的未经浓缩的酵母菌液，可直接使用。这种酵母菌价格低，使用方便，新鲜发酵力充足，但不宜运输、储藏，一般是自制自用。

（2）鲜酵母菌

鲜酵母菌也称浓缩酵母菌，是将优良酵母菌种经培养、繁殖后，将酵母菌液进行离心分离、压榨除去大部分水后（水分 75% 以下），加入辅助原料压榨而成。这种酵母菌产品较液体酵母菌便于运输，在 0~4 ℃ 条件下可保存 2~3 个月，使用时需要活化，其发酵力要求在 600 mL/100 g 以上。

（3）干酵母菌

干酵母菌也称活性干酵母菌，由鲜酵母菌制成小颗粒，低温干燥而成。使用前需要活化处理：加入 30~40 ℃、4~5 倍于干酵母菌的温水，溶解 15~30 min 至表面起泡。但运输中、使用前不需要冷藏。干酵母菌是高技术生物制品，它最大的特点是常温下储存期可达 2 年，品质稳定，使用方便，在面包中使用量一般为面粉使用量的 0.8%。

（4）速效干酵母菌

速效干酵母菌也称即发干酵母菌，特点是溶解和发酵速度快，一般不需要活化，可直接加入原料中，使用比上述 3 种酵母菌都方便。

4. 复合膨松剂

单一膨松剂虽然价格便宜，容易保存，使用方便，但反应速率不容易控制，因此，常使用的是复合膨松剂。复合膨松剂也称发酵粉、泡打粉，是目前应用最多的膨松剂，一般由碳酸盐类、酸性物质、辅助材料等几部分组成。

（1）碳酸盐类

碳酸盐类包括碳酸盐、碳酸氢盐，最常用的是碳酸氢钠，比例占 20%~40%。

（2）酸性物质

酸性物质包括酸性盐、有机酸，一般由多种酸性盐组成，主要是硫酸铝钾、酒石酸氢钾等，使用量占 35%～50%，作用是与碳酸盐发生反应，产生 CO_2 气体，控制反应速率，调整食品酸碱度，降低其碱性。一般可通过控制酸性物质的种类和数量，来控制复合膨松剂的产气过程。主要反应式如下：

$$NaHCO_3 + 酸性盐 \rightarrow CO_2 + 中性盐 + H_2O$$

（3）辅助材料

辅助材料主要是淀粉、脂肪酸等，比例占 10%～40%，其作用是避免复合膨松剂吸潮、结块，甚至失效，提高复合膨松剂的贮存性。另外，辅助材料的加入量和种类也可控制复合膨松剂的产气速度，使产生的气体均匀。

复合膨松剂一旦遇水就开始释放 CO_2 气体，如果加热，会释放出更多的 CO_2 气体，使食品达到膨胀和松软的效果。因此，在冷面团中气体的生成速度较慢，加热时才能产生大量气泡。另外，如果要保证食品品质，就需要在面制品的整个加工过程中控制膨松剂的产气速度，使之与面团的物理变化相适应，才能使食品内部形成海绵状多孔组织，体积膨胀，否则最终产品达不到预期效果。几种复合膨松剂的组分配方见表 9-1。

表 9-1　复合膨松剂的组分配方

单位：%

组分物质	配方 1	配方 2	配方 3	配方 4	配方 5
碳酸氢钠	25	23	30	40	35
酒石酸		3			
酒石酸氢钾	52	26	6		
磷酸二氢钾		15	20		
硫酸铝钾			15		35
硫酸铝钾（脱水）				52	14
轻质碳酸钙				3	
淀粉	23	33	29	5	16

第二节　常用的膨松剂

一、碳酸氢钠

碳酸氢钠（sodium bicarbonate）也称小苏打、酸式碳酸钠，由碳酸钠与 CO_2 反应而得。分子式为 $NaHCO_3$，相对分子质量为 84.01。

1. 特性

碳酸氢钠为白色结晶性粉末。易溶于水（20 ℃，9.6 g/100 mL），呈碱性（pH 为 7.9～8.4），不溶于乙醇。遇酸立即分解，释放 CO_2 气体。相对密度为 2.20，熔点为 270 ℃，加热到 50 ℃时开始分解，并释放 CO_2，到 270～300 ℃时，成为碳酸钠。

2. 毒性

碳酸氢钠大鼠经口 LD_{50} 为 4.3 g/kg，ADI 不作特殊规定。人体需要钠离子，一般认为无毒。但过量摄入可能会导致碱中毒，损害肝脏，且诱发高血压。

3. 使用

碳酸氢钠分解后产生碳酸钠，会增加食品的碱性，不但会破坏某些维生素，还会影响口味，如与食品中的油脂发生皂化反应，破坏组织结构，使食品口味不纯，甚至导致食品发黄或夹杂黄斑，降低食品质量。如单独使用，碳酸氢钠主要用于饼干等低含水量食品。使用时应注意：碳酸氢钠应均匀分散在面粉、面糊中，防止因局部过量而产生黄斑。

按照 GB 2760—2014，碳酸氢钠用于大米制品（仅限发酵大米制品）、婴幼儿谷类辅助制品，按生产需要适量使用。

FAO/WHO 规定，碳酸氢钠用于婴儿配方食品、特殊医疗用途的婴儿配方食品中，最大使用量为 2000 mg/kg，用于其他食品中按照生产需要适量添加。

二、碳酸氢铵

碳酸氢铵（ammonium bicarbonate）也称酸式碳酸铵，俗称臭粉。是将 CO_2 通入氨水中饱和后经结晶制得。分子式为 NH_4HCO_3，相对分子质量 79.06。

1. 特性

碳酸氢铵为无色到白色结晶，或白色结晶性粉末，略带氨臭。易溶于水（20 ℃，17.4 g/100 mL），水溶液呈碱性。可溶于甘油，不溶乙醇。相对密度为 1.586。在室温下稳定，在空气中易风化，稍吸湿，对热不稳定，60 ℃以上迅速挥发，分解为氨、二氧化碳和水。

2. 毒性

碳酸氢铵在食品加工过程中生成二氧化碳和氨，都是易挥发气体，在产品中残留较少，一般无毒性。小鼠静脉注射 LD_{50} 为 245 mg/kg，其 ADI 不作特殊规定。

3. 使用

碳酸氢铵分解产生二氧化碳、氨，使食品产生海绵状疏松结构。氨气如果溶解于食品中的水，会生成氢氧化铵，增加食品的碱性，还会有氨臭味，影响食品的风味。pH 升高，对维生素有很大的破坏作用。此外，由于碳酸氢铵产生的气体量较大，发面的效力强，容易造成食品过松，使食品内部出现较大的空洞，因此，常只用于水分含量较少的饼干等食品中。

按照 GB 2760—2014，碳酸氢铵用于婴幼儿谷类辅助制品按生产需要适量使用。

碳酸氢钠和碳酸氢铵都各有优缺点，在实际制作面团中，常将两者混合使用，其配比见表 9-2。

表 9-2　碳酸氢钠和碳酸氢铵混合使用时的常用配比

单位：%

面团类型	碳酸氢钠含量	碳酸氢铵含量
韧性面团	0.5～1.0	0.3～0.6
酥性面团	0.4～0.8	0.2～0.5
高油脂酥性面团	0.2～0.3	0.1～0.2
苏打面团	0.2～0.3	0.1～0.3

三、硫酸铝钾

硫酸铝钾(aluminium potassium sulfate)也称明矾、钾明矾、烧明矾,是由明矾石燃烧后,经萃取、蒸发、结晶制得。分子式为 $KAl(SO_4)_2 \cdot 12H_2O$,相对分子质量 474.3(含水)、258.2(无水)。

1. 特性

硫酸铝钾为无色透明结晶或白色结晶性粉末、碎块,无臭。可溶于水(20 ℃,5.9 g/100 mL),溶解度随水温升高而显著增大,在水中可水解生成氢氧化铝胶状沉淀。可缓慢溶于甘油,几乎不溶于乙醇。相对密度为 1.757,熔点为 92.5 ℃,略有甜味和收敛涩味。在空气中可风化成不透明状,加热至 200 ℃以上,因失去结晶水而成为白色粉状的烧明矾。

2. 毒性

硫酸铝钾猫经口 LD_{50} 为 5~10 g/kg,其 ADI 不作特殊规定。硫酸铝钾稀溶液有收敛作用,浓溶液有腐蚀性。2 g 硫酸铝钾,可引起胃痛、恶心和呕吐,多量内服可因局部腐蚀而发生炎症,大量服用时甚至引起致死性腐蚀现象。成人 1 天极量为 3 g,硫酸铝钾是我国传统使用的食品添加剂,在正常使用量范围内,虽未显示明显的毒性,但对其腐蚀作用等问题应加以注意。

3. 使用

按照 GB 2760—2014,硫酸铝钾(功能:膨松剂、稳定剂)可用于豆类制品、面糊(如用于鱼、禽肉的拖面糊)、裹粉、煎炸粉、油炸面制品、虾味片、焙烤食品(以上铝的残留量≤100 mg/kg)、腌制水产品(仅限海蜇,铝的残留量≤500 mg/kg),按生产需要适量使用。

四、硫酸铝铵

硫酸铝铵(aluminium ammonium sulfate)也称铵明矾,是由硫酸铝溶液与硫酸铵混合反应制得。分子式为 $NH_4Al(SO_4)_2 \cdot 12H_2O$,相对分子质量 453.32(含水)。

1. 特性

硫酸铝铵为无色至白色结晶,或结晶性粉末、碎块。无臭,有收敛涩味。易溶于水(25 ℃,13 g/100 mL),水溶液呈酸性,不溶于乙醇。相对密度为 1.465,熔点为 94.5 ℃。加热到 250 ℃时,脱去结晶水成为白色粉末。超过 280 ℃分解并释放氨气。

2. 毒性

硫酸铝铵猫经口 LD_{50} 为 8~10 g/kg,其 ADI 为 0~0.6 g/kg(对铝盐类,以铝计)。如使用量过多,会引起呕吐、腹泻。铝对人体有危害,应控制使用。

3. 使用

按照 GB 2760—2014,硫酸铝铵的使用标准同硫酸铝钾。

硫酸铝铵可代替硫酸铝钾。硫酸铝钾(铵)为酸性盐,常与碱性膨松剂复配,产生二氧化碳和中性盐,可避免食品产生不良气味,又可避免因碱性增强而降低食品质量,还能控制膨松剂产气的速度。如使用量过多,可使食品发涩。在油条制作中,使用量为 10~30 g/kg。在虾片中使用量为 6 g/kg。

NY/T 392—2000《中华人民共和国农业行业标准绿色食品 食品添加剂使用准则》规

定,在生产绿色食品时,不得使用硫酸铝钾(钾明矾)和硫酸铝铵(铵明矾)。

五、酒石酸氢钾

酒石酸氢钾(potassium acid tartrate)也称酸式酒石酸钾、酒石,是由酿造葡萄酒时的副产品酒石,经水萃取后再用酸或碱等结晶制得;或用酒石酸与氢氧化钾或碳酸钾作用,经精制制得。分子式为 $C_4H_5O_6K$,相对分子质量 188.18。

1. 特性

酒石酸氢钾为无色结晶或白色结晶性粉末,无臭,有清凉的酸味。强热后炭化,且具有砂糖烧焦气味。难溶于冷水,可溶于热水,饱和水溶液的 pH 为 3.66。不溶于乙醇。相对密度为 1.956。

2. 毒性

酒石酸氢钾小鼠经口 LD_{50} 为 6.81 g/kg,ADI 不作特殊规定。

3. 使用

按照 GB 2760—2014,酒石酸氢钾作为膨松剂,用于小麦粉及其制品、焙烤食品,按照生产需要适量使用。

第三节　膨松剂应用实例

膨松剂通常用于面制食品、膨化食品等食品的品质改良,使食品膨松、酥脆,有光泽,更具有商品价值。如蛋糕、面包、饼干、馒头、油条等。

一、蛋糕的制作

1. 加工工艺

配料→打蛋→拌粉→注模→烘烤→冷却→成品。

2. 基本配方

鸡蛋 1300 g,白砂糖 600 g,低筋面粉 1000 g,泡打粉 15 g,食用油 0.15 g。

其中泡打粉的配方为:复合膨松剂(碳酸氢钠 35%、葡萄糖酸-δ-内酯 32%、焦磷酸二氢二钠 18%)、玉米淀粉 15%。

3. 操作要点

在拌粉中,将面粉和泡打粉拌匀过筛后,掺入蛋液内进行拌和,时间约 2 min,不可搅拌过度而起筋,注意要搅拌均匀,不能有生面团存在。

二、复合膨松剂配方举例

1. 饼干复合膨松剂配方

饼干生产中复合膨松剂配方见表 9-3。

表 9-3　饼干生产中复合膨松剂的组分配方

单位：%

配方	碳酸氢钠	酸式磷酸钙	酒石酸	酒石酸氢钾	淀粉
1	25	15	3	19	38
2	19		5	30	46

2. 无铝无磷速冻米面食品膨松剂配方

碳酸氢钠 32%，柠檬酸 9%，葡萄糖酸-δ-内酯 7%，维生素 C 0.5%，植物胶体 7.5%，碳酸钙 10%。

3. 无铝膨松剂配方

无铝膨松剂配方见表 9-4。

表 9-4　无铝膨松剂配方

单位：%

配方	碳酸氢钠	小苏打＋碳酸氢铵	葡萄糖酸-δ-内酯	食盐	柠檬酸	酒石酸氢钾	蔗糖脂肪酸酯	磷酸二氢钙
蛋糕	29.5		14.8	15	8.5	11.4	16.6	4.2
油条 1	3.2		3.2			0.4		0.8
油条 2		2.5	2.5			1.2		2.4

注：无铝膨松剂在蛋糕中的最佳添加量为 2.0%～2.25%，在油条中以各成分占面粉重量的百分数计。

思考题

1. 什么是膨松剂？膨松剂有哪些作用？
2. 膨松剂如何分类？
3. 常用的膨松剂有哪些？如何使用？
4. 复合膨松剂如何应用到蛋糕中？

第十章 食品稳定剂和凝固剂

第一节 概述

一、稳定剂和凝固剂的功能

稳定剂和凝固剂是用来使食品结构稳定或使食品组织结构不变、增强黏性的物质。如有机酸、碱土金属盐,能在溶液中电离产生多电荷的离子团。其反应活性是能破坏不稳定的胶体形态中的夹电层,使其聚集而凝固,如蛋白质溶液的盐析现象。

稳定剂和凝固剂的功能是使食品中的果胶、蛋白质等溶胶凝固成不溶性凝胶状物质,从而增强食品中黏性固形物的强度、提高食品组织性能、改善食品口感和外形等。

二、稳定剂和凝固剂的作用原理

蛋白质的相对分子质量介于 $10000 \sim 1000000$ 之间,其分子的大小达到胶粒范围($1 \sim 100 \ nm$)。溶液中蛋白质可能由于形成分子内盐而分散,或利用亲水基与水形成的溶剂化效应,使蛋白质分子表面发生极化而形成不稳定的胶体形态,从而影响着蛋白质颗粒的相互聚集,因此,水相中的蛋白质基本是离散的。

当加入一些盐类物质后,其离子会与蛋白质结合而沉淀聚集,酸类物质也会破坏其分子内盐而聚集。随着蛋白质胶体形式或其中的夹电层逐渐消失,分散的蛋白质颗粒会发生聚集和凝固。如在制备豆腐或沉淀奶酪中,点豆腐就是设法使蛋白质发生凝聚而与水分离。传统使用的盐卤为结晶氯化镁的水溶液,可中和胶体微粒极化或电离产生的电荷,使蛋白质分子凝聚起来得到豆腐。因此,只要能让蛋白质发生凝聚的物质都可用作凝胶剂,如石膏、柠檬酸、醋酸等都有相同的作用。

另外,有些非离子型物质是通过水解产生酸或盐,与蛋白质胶体结合产生凝固蛋白质的效果,如葡萄糖酸-δ-内酯用于制备内酯豆腐。有些盐类,如乳酸钙、氯化钙等,在溶液中可与水溶性的果胶结合,生成难溶的果胶酸钙,同样也生成凝胶态食品,达到稳定和凝固的效果。

三、稳定剂和凝固剂的应用

1. 在食品工业中的主要应用

(1)果蔬罐头与果冻食品的制作。

(2)豆腐的生产。

(3)能与金属离子在其分子内形成内环,使其形成稳定而能溶解的复合物。

2. 使用时注意事项

(1)温度可影响凝固速度。温度越高,凝固速度越快,成品持水性差;温度越低,凝聚速度越慢,产品越难成型。

(2)pH 离等电点越近,越易凝固。大豆蛋白质等电点 pH 为 4.6,如果原料和水质偏碱性,成品不易成型,甚至会凝固不完全。

四、稳定剂和凝固剂分类

1. 单一稳定剂和凝固剂

(1)无机类稳定剂和凝固剂

常使用的无机类稳定剂和凝固剂有硫酸钙、氯化钙、氯化镁等,也被称为盐类凝固剂。盐类凝固剂是最早使用的豆腐凝固剂,主要包括石膏(主要成分为硫酸钙)和盐卤(主要成分为氯化镁)等,因为性质不同,使用石膏或盐卤生产出的豆腐品质不同。

南豆腐(嫩豆腐)组织光滑细腻,保水性能好,出品率高,通常选用石膏作为凝固剂。石膏在水中的溶解度小,在溶液中的 Ca^{2+} 浓度小,因此,蛋白凝固速率慢,凝固操作容易掌控,但在豆腐中难免会有一些未溶解的硫酸钙,会带有苦涩味。另外,石膏的密度大于水的密度,会导致石膏在同一缸豆腐中分布不均匀,常出现上、中、下各层豆腐品质的差别,其中下层豆腐可能会发苦、发涩。

北豆腐(老豆腐)一般使用盐卤作为凝固剂。由于天然卤水具有特殊的甜味和香气,且在舌头上的存留感长,因此,北豆腐风味鲜美。但是用盐卤制作豆腐,产量低,豆腐持水性差,放置时间不宜过长。盐卤的溶解性较好,与蛋白质的反应速度较快,导致凝固操作较难控制,一般使用点浆操作。或者可采用能延迟蛋白质凝固的微胶囊包埋型卤水凝固剂。

(2)有机类稳定剂和凝固剂

常使用的有机类稳定剂和凝固剂有葡萄糖酸-δ-内酯、乙二胺四乙酸二钠、丙二醇、薪草提取物、刺梧桐胶、柠檬酸亚锡二钠等。其中葡萄糖酸-δ-内酯也称为酸类凝固剂,在 1962 年首次用于日本绢豆腐(kinugoshi)的生产。在我国俗称内酯豆腐,其质地爽口滑润,持水性好,弹性大,但口味平淡,略带酸味,质地偏软,不适合煎炒。

另外,柠檬酸、苹果酸、乙酸、乳酸等酸性物质也可凝固豆乳。在豆腐生产中,古代用酸浆、醋淀、山矾叶等,现代则更青睐于天然凝固剂的使用,如橙汁、柠檬汁、柚子汁等,这些新鲜果汁的使用,还会丰富豆腐的色彩。

(3)酶类稳定剂和凝固剂

酶类稳定剂和凝固剂主要有凝乳酶、菠萝蛋白酶、碱性蛋白酶、谷氨酰胺转氨酶等。利用凝乳酶可使乳蛋白质凝聚形成奶酪,但对豆乳没有效果。随着人们对蛋白质胶凝作用的不断研究,发现很多酶,如菠萝蛋白酶、无花果蛋白酶、某些微生物分泌产生的蛋白酶都具有凝聚蛋白质的作用。

2. 复合稳定剂和凝固剂

为了克服单一稳定剂和凝固剂各自的缺点,可以将两种或两种以上的稳定剂和凝固剂与其他辅助物质按照一定比例混合使用。因此,复合稳定凝固剂更稳定更优良,使产品的质量更好。在果汁饮料中,经常使用的复合稳定剂见表10-1。

表 10-1　果汁饮料中常见复合稳定剂的组成

饮料品种	复合稳定剂的组成
粒粒橙汁	0.15％琼脂＋0.10％CMC
柑橘类果汁	0.02％～0.06％黄原胶＋0.02％～0.06％CMC
天然西瓜汁	0.08％琼脂＋0.12％CMC
红枣汁	0.10％琼脂＋0.10％ CMC
粒粒黄桃汁	0.08％卡拉胶＋0.10％果胶
天然芒果汁	0.20％海藻酸丙二醇酯＋0.10％黄原胶
枸杞苹果混合汁	0.10％海藻酸丙二醇酯＋0.10％CMC＋0.05％黄原胶

另外,可在稳定剂和凝固剂表面涂上一层难溶性的包裹层,控制其溶解速率,即将稳定剂和凝固剂包埋起来,制成固体粉末状产品。包埋剂一般选用冷时不融化、受热时才融化的油脂,如变性淀粉、明胶、酪朊酸钠、硬化油等。

第二节　常用的稳定剂和凝固剂

一、硫酸钙

硫酸钙(calcium sulfate)也称石膏、生石膏,是用氯化钙加硫酸钠制成或将钙盐与硫酸作用制成。分子式为 $CaSO_4 \cdot 2H_2O$,相对分子质量 172.17。

1. 特性

硫酸钙为白色结晶性粉末,无臭,具涩味。微溶于甘油,难溶于水,不溶于乙醇,可溶于盐酸,硫酸钙加热至 100 ℃成为含半水的煅石膏 $CaSO_4 \cdot \frac{1}{2}H_2O$,又称烧石膏、熟石膏。相对密度为 2.9,熔点为 1450 ℃。加水后成为可塑性浆体,很快凝固。

2. 毒性

钙与硫酸根是人体正常成分,并且硫酸钙溶解度小,很难在消化道吸收。因此,硫酸钙几乎无毒。ADI 值无需规定(FAO/WHO,1994)。

3. 使用

按照 GB 2760—2014,硫酸钙的使用标准见表 10-2。

表 10-2　硫酸钙的使用标准

功能:稳定剂和凝固剂、增稠剂、酸度调节剂

食品名称	最大使用量/(g/kg)
面包,糕点,饼干	10.0
腌腊肉制品(如咸肉、腊肉、板鸭、中式火腿、腊肠)(仅限腊肠)	5.0
肉灌肠类	3.0
小麦粉制品	1.5
豆类制品	按生产需要适量使用

FAO/WHO 规定,硫酸钙在海藻、冷冻蔬菜(包括蘑菇和食用真菌、块根类、豆类、芦荟)、坚果和籽类、干面制品、面条及其类似产品,按照生产需要量适量添加。可用于干酪及稀奶油混合物,用量为 5 g/kg(单用或与其他稳定剂及载体的合用量)。

(1)罐头:在番茄罐头和马铃薯罐头中,用作硬化剂,可根据配方,添加量为 0.1%～0.3%。

(2)豆腐:常用磨细的煅石膏作为凝固剂,效果最佳,最适用量相对豆浆为 0.3%～0.4%。对蛋白质凝固作用缓和,生产的豆腐质地细嫩,持水性好,有弹性。但因其难溶于水,易残留涩味和杂质,不适合油炸豆腐、豆干的生产。

二、氯化钙

氯化钙(calcium chloride)是由氨法制纯碱的母液加石灰乳得水溶液,经蒸发、浓缩、冷却、固化制成。分子式为 $CaCl_2 \cdot 2H_2O$,相对分子质量 147.01。

1. 特性

氯化钙为白色坚硬的碎块状结晶,无臭,微苦。易溶于水,水溶液呈中性或微碱性。可溶于乙醇。吸湿性强,干燥氯化钙置于空气中会很快吸收空气中的水分。水溶液的冰点降低显著(−55 ℃)。相对密度为 2.152,熔点为 772 ℃。

2. 毒性

氯化钙大鼠经口 LD_{50} 为 1 g/kg,ADI 值无需规定(FAO/WHO,1994)。

3. 使用

按照 GB 2760—2014,氯化钙的使用标准见表 10-3。

表 10-3　氯化钙的使用标准

功能:稳定剂和凝固剂、增稠剂

食品名称	最大使用量/(g/kg)
水果罐头,果酱,果蔬罐头	1.0
其他(仅限畜禽血制品)	0.5
装饰糖果(如工艺造型、用于蛋糕装饰),顶饰(非水果材料)和甜汁,调味糖浆	0.4
其他类饮用水(自然来源饮用水除外)	0.1 g/L(以 Ca 计 36 mg/L)
稀奶油,调制稀奶油,豆类制品	按生产需要适量使用

FAO/WHO 规定,氯化钙可用于发酵蔬菜(包括蘑菇和食用真菌、豆类、块根类、芦荟)和海藻制品,冷冻拖面糊的鱼、鱼片和鱼制品,包括甲壳类、软体动物、棘皮类动物,按照生产需要适量添加。

(1)果蔬:在番茄、苹果、什锦蔬菜、冬瓜等罐头食品中,氯化钙可保持果蔬的脆性,并有护色效果。如用于冬瓜硬化处理,可将冬瓜去皮,泡在 0.1% $CaCl_2$ 溶液中,抽真空,使 Ca^{2+} 渗入组织内部,渗透 $20\sim25$ min,经水煮、漂洗后备用。

(2)乳酪:在乳酪中,氯化钙可使牛乳凝固,用量可达 0.02%。

另外,氯化钙一般不用作豆腐凝固剂,可用于甲氧基果胶和海藻酸钠的凝固剂。

三、氯化镁

氯化镁(magnesium chloride)是由海水制盐时的副产物卤水经除去氯化钾,浓缩、过滤、结晶制得。它是盐卤的主要成分。盐卤是由海水或咸湖水经浓缩、结晶制取食盐后所残留的母液,为淡黄色液体,味涩、苦。盐卤的主要成分包括:氯化镁 $15\%\sim19\%$,硫酸镁 $6\%\sim9\%$,氯化钾 $2\%\sim4\%$,氯化钠 $2\%\sim6\%$,溴化镁 $0.2\%\sim0.4\%$。其中氯化镁的分子式为 $MgCl_2$,相对分子质量 95.21。

1. 特性

氯化镁为无色至白色结晶或粉末,无臭,味苦。易溶于水(20 ℃,160 g/100 mL)和乙醇,水溶液呈中性,相对密度为 1.569。

2. 毒性

氯化镁大鼠经口 LD_{50} 为 2800 mg/kg,ADI 不作特殊规定(FAO/WHO,1994)。

3. 使用

根据 GB 2760—2014,氯化镁可作为稳定剂和凝固剂,用于豆类制品中可按生产需要适量使用。

盐卤豆腐具有独特的豆腐风味,用盐卤点浆时,盐卤相对于豆浆的最适用量为 $0.7\%\sim1.2\%$,以纯 $MgCl_2$ 计,其最适用量为 $0.13\%\sim0.22\%$。

四、葡萄糖酸-δ-内酯

葡萄糖酸-δ-内酯(glucono-delta-lactone)直接用葡萄糖酸溶液,在 $40\sim45$ ℃下减压浓缩后进一步制成。分子式为 $C_6H_{10}O_6$,相对分子质量 178.14。

1. 特性

葡萄糖酸-δ-内酯为白色结晶或结晶性粉末,几乎无臭,口感先甜后酸。易溶于水(60 g/100 mL),稍溶于乙醇(1 g/100 mL),几乎不溶于乙醚。在水中水解为葡萄糖酸及其 δ-内酯和 γ-内酯的平衡混合物。1% 水溶液的 pH 为 3.5,2 h 后 pH 变为 2.5。大约在 153 ℃分解。葡萄糖酸-δ-内酯有一定的吸水性,温度太高会使其发生糖化。但用 $5\%\sim10\%$ 的硬脂酸钙涂覆后,即使在吸湿性产品中,也很稳定。

2. 毒性

葡萄糖酸-δ-内酯兔静脉注射 LD_{50} 为 7.63 g/kg,ADI 值无需规定(FAO/WHO,1994)。

3. 使用

根据 GB 2760—2014,葡萄糖酸-δ-内酯作为稳定剂和凝固剂,可在各类食品中按生产

需要适量使用。

FAO/WHO(1984)规定,葡萄糖酸-δ-内酯可用于午餐肉、肉糜,最大使用量为 3 g/kg。在午餐肉、香肠等肉制品中加入葡萄糖酸-δ-内酯,可使食品色泽鲜艳、持水性好、富有弹性,且具有防腐作用,还能降低产品中亚硝胺的生成。

(1)豆腐:内酯豆腐是当今唯一能连续化生产的豆腐,其生产方式是将煮沸的豆浆冷却到 40 ℃以下,然后加入葡萄糖酸-δ-内酯,用封口机装盒密封,隔水加热至 80 ℃,保持 15 min,即可凝固成豆腐。葡萄糖酸-δ-内酯的特点是在水溶液中能缓慢水解,具有特殊的迟效作用,使 pH 降低,豆腐凝固是在进入模具后产生的,因此,豆腐具有质地细腻、滑嫩可口、保水性好、防腐性好、保存期长等优点,一般在夏季放置 2~3 d 不变质。其缺点是豆腐稍带酸味。其最适用量为豆浆的 0.25%~0.26%。

(2)防腐剂:在鱼、肉、禽、虾等的防腐保鲜中,葡萄糖酸-δ-内酯对霉菌和一般细菌有抑制作用,可使食品外观光泽、不褐变,同时可保持肉质的弹性,使用量低于 0.1%。

(3)酸味剂:在果汁饮料、碳酸饮料、果冻中,葡萄糖酸-δ-内酯产气力强,清凉可口,对胃无刺激。

(4)螯合剂:葡萄糖酸-δ-内酯在葡萄汁、其他果酒中,能防止生成酒石。用于乳制品,可防止生成乳石。用于啤酒生产中,可防止产生啤酒石,使用量为 0.3%。

第三节　稳定剂和凝固剂应用实例

稳定剂和凝固剂常用于豆制品、乳制品、面制品、肉制品、果蔬制品、焙烤食品、糖果、调味料、饮料、果冻以及膨化食品等各种食品中。

一、豆腐的加工

1. 工艺流程
大豆→浸泡→磨浆→煮浆→冷却→凝固→豆腐。

2. 稳定剂和凝固剂的使用量
2%~3.5%(以大豆质量计)。

3. 常用豆腐凝固剂配方
常用豆腐凝固剂配方见表 10-4。

表 10-4　常用豆腐凝固剂配方

配方	成分及配比/%
1	硫酸钙 99,碳酸钙 0.96,二苯基硫胺素 0.04
2	硫酸钙 50,葡萄糖酸-δ-内酯 50
3	硫酸钙 70,葡萄糖酸-δ-内酯 30
4	硫酸钙 63,葡萄糖酸-δ-内酯 36,氯化钠 1
5	硫酸钙 65,葡萄糖酸-δ-内酯 4,氯化镁 20,葡萄糖 9,蔗糖酯 2
6	葡萄糖酸-δ-内酯 63,硫酸镁 37

续表

配方	成分及配比/%
7	葡萄糖酸-δ-内酯 58,硫酸钙 28,葡萄糖酸钙 11,天然物 3
8	葡萄糖酸-δ-内酯 62,氯化镁 34,蔗糖酯 1,乳酸钙 1,L-谷氨酸钠 1.8,5′-肌苷酸钠 0.2

二、果蔬制品的加工

1. 酸菜、泡菜

常用有机类稳定剂乙二胺四乙酸二钠,用量一般为 20 g/100 kg,对酸菜有一定的护色保鲜作用,保存期明显延长。

2. 清水蔬菜罐头、水果罐头和蘑菇罐头

乙二胺四乙酸二钠用量一般为 20 g/100 kg,在灭菌前,和调味料一起加入罐头中,可起到护色作用,还可以防止汁液混浊。

3. 饮料

乙二胺四乙酸二钠用量一般为 0.01%～0.06%,可起到防止褐变、护色的作用。

三、酸乳的加工

1. 加工工艺

原料乳验收→过滤与净化→配料(蔗糖、稳定剂)→预热(50～60 ℃)→均质(15～20 MPa)→杀菌(90～95 ℃/5～10 min)→冷却(43～45 ℃)→接种→装瓶→发酵→冷却→冷藏后熟(24 h)→成品。

2. 酸乳配方

蔗糖 5%～10%;稳定剂:果胶、CMC、海藻酸丙二醇酯(PGA)的添加量分别为0.056%、0.050%、0.055%,总的添加量为 0.161%。

3. 操作要点

(1)配料

鲜牛乳要求不含有抗生素或其他抑菌物质,干物质含量达到 11.5% 以上,酸度≤20 °T。用乳液溶解砂糖,复配稳定剂与糖按照 1:10 的比例混合后加入。

(2)接种

杀菌后的混合料冷却到 43 ℃,然后按 3%～6% 比例加入乳酸菌发酵剂,搅拌均匀,封口。

思考题

1. 什么是稳定剂和凝固剂?如何分类?

2. 常用的稳定剂和凝固剂有哪些?如何使用?

3. 稳定剂和凝固剂常应用于哪些食品中?

第十一章　食品抗结剂

第一节　概述

抗结剂又称流动调节剂、润滑剂、抗结块剂、滑动剂等,是用来防止颗粒或粉状食品聚集结块,保持其松散或自由流动状态的食品添加剂。

一、抗结剂的特点

(1)颗粒细小($2\sim9~\mu m$),比表面积大($310\sim675~m^2/g$),比容高($80\sim465~m^3/kg$)。

(2)呈微小多孔状,具有极高的吸附能力,能吸附过量的水分和其他物质。

二、抗结剂的作用机制

抗结剂能够使颗粒或粉末食品的表面保持干爽、无油腻,从而达到防止食品结块的目的。

通常抗结剂微粒能黏附在食品颗粒的全部表面或部分表面,从而影响食品颗粒的物性。抗结剂的作用机制主要表现在:

(1)提供物理阻隔作用。当抗结剂完全包裹食品颗粒的表面后,由于抗结剂分子之间的作用力较小,阻隔了食品颗粒之间的相互作用。

(2)与食品颗粒竞争吸湿,改善食品颗粒的吸湿结块倾向。抗结剂颗粒细小,松散多孔,具有很强的吸湿能力,因此,能够避免食品颗粒吸湿,减少结块现象。

(3)消除食品颗粒表面的静电荷和分子作用力,改善食品颗粒的流动性。食品颗粒一般带有同种电荷,彼此之间会相互排斥,但这些静电荷往往会与生产装置、包装材料的摩擦静电产生相互作用,降低食品颗粒的流动性。而抗结剂会中和食品颗粒表面的电荷,改善食品颗粒的流动性。

(4)改变食品颗粒结晶体的晶格,形成一种易碎的晶体结构。当抗结剂存在于主基料中能结晶物质的水溶液中或已结晶的颗粒表面上时,不但能阻止晶体的生长,还能改变晶体结构,产生一种容易在外力作用下碎裂的晶体,使食品颗粒疏松,避免结块,改善食品的流动性。

三、抗结剂分类

1. 硅酸盐类

如二氧化硅、硅酸钙、硅酸镁、硅铝酸钠、硅铝酸钙钠,能够阻隔食品颗粒表面液滴,起到抗结作用,但润滑作用较差。

2. 硬脂酸盐类

如硬脂酸钙、硬脂酸钾、硬脂酸镁,按照 GB 2760—2014,这 3 种硬脂酸盐类均可作为抗结剂和乳化剂。

(1)硬脂酸钙的润滑作用优良,可用于香辛料及粉、固体复合调味料,最大使用量为 20.0 g/kg。

(2)硬脂酸钾可用于香辛料及粉,最大使用量为 20.0 g/kg。用于糕点最大使用量为 0.18 g/kg。

(3)硬脂酸镁可用于可可制品、巧克力和巧克力制品(包括代可可脂巧克力及制品)以及糖果,按生产需要适量使用。用于蜜饯凉果最大使用量为 0.8 g/kg。

3. 铁盐类

如柠檬酸铁铵,作为抗结剂,用于盐及代盐制品中,最大使用量为 0.025 g/kg。

4. 磷酸盐类

如磷酸三钙,作为抗结剂,用于小麦粉,最大使用量为 0.03 g/kg。用于油炸薯片,最大使用量为 2.0 g/kg。用于固体饮料,最大使用量为 80 g/kg。用于复合调味料,最大使用量为 20.0 g/kg。

5. 其他种类抗结剂

如碳酸镁、二氧化锌、微晶纤维素、高岭土等。其中碳酸镁作为抗结剂、稳定剂、膨松剂、面粉处理剂,用于小麦粉,最大使用量为 1.5 g/kg。用于固体饮料,最大使用量为 10.0 g/kg。而微晶纤维素作为抗结剂、稳定剂、增稠剂,可在各类食品中,按生产需要适量使用。

第二节　常用的抗结剂

一、二氧化硅

二氧化硅(silicon dioxide)的分子式为 SiO_2,相对分子质量 60.084。食品用的二氧化硅按制法不同可分为胶体硅和湿法硅 2 种形式。胶体硅是在铁硅合金中通入氯化氢制成四氧化硅,然后在氢氧焰中加热分解制得。湿法硅是由硅酸钠溶于硫酸或盐酸中成为溶胶,调节成胶体状凝胶,再用水洗涤,除去其中酸和盐等杂质,通过各种严格条件建立起胶的物性,然后经洗涤、干燥、筛分,用特殊的研磨技术,控制粒径分布而得。

1. 特性

胶体硅为白色、蓬松、无砂、吸湿、粒度非常细小的粉末。湿法硅为白色、蓬松吸湿或能从空气中吸取水分的粉末或类似白色的微空泡状颗粒。不溶于水,溶于氢氟酸、热的浓碱液。相对密度为 2.2~2.6,熔点为 1710 ℃。常用作抗结剂、悬浮剂、消泡剂等。

2. 毒性

二氧化硅大鼠经口 $LD_{50} > 5$ g/kg,微核试验显示未见有致突变性,ADI 值不作特殊规定。

3. 使用

按照 GB 2760—2014,二氧化硅的使用标准见表 11-1。

表 11-1　二氧化硅的使用标准

功能:抗结剂

食品名称	最大使用量/(g/kg)
面糊(如用于鱼和禽肉的拖面糊),裹粉,煎炸粉,盐及代盐制品,香辛料类固体复合调味料	20.0
乳粉(包括加糖乳粉)和奶油粉及其调制产品,其他乳制品(如乳清粉、酪蛋白粉)(仅限奶片),其他油脂或油脂制品(仅限植脂性粉末),可可制品(包括以可可为主要原料的脂、粉、浆、酱、馅等),脱水蛋制品(如蛋白粉、蛋黄粉、蛋白片),其他甜味料(仅限糖粉),固体饮料	15.0
原粮	1.2
冷冻饮品(食用冰除外)	0.5
其他(豆制品工艺用)(复配消泡剂用,以每千克黄豆的使用量计)	0.025

FAO/WHO(1984)规定,二氧化硅可用于奶粉、可可粉、加糖可可粉、可可脂、食用油脂,用量为 10 mg/kg。奶油粉用量为 1 g/kg。涂敷用蔗糖粉、葡萄糖粉、汤粉、汤块用量为 15 g/kg。

美国 FDA 规定二氧化硅作为抗结剂,在食品中的使用量必须低于 2%。

二、硅酸钙

硅酸钙(calcium silicate)分子式为 $CaSiO_3$,相对分子质量 116.16。由新熟化的石灰与二氧化硅在高温下煅烧熔融而得。由不同比例的 CaO 和 SiO_2 组成,包括硅酸三钙($3CaO \cdot SiO_2$)和硅酸二钙($2CaO \cdot SiO_2$)。

1. 特性

硅酸钙为白色至灰白色易流动粉末,在吸收较多水分后,仍然较好地保持其流动性。不溶于水,但可与无机酸形成凝胶,其 5%的悬浊液的 pH 为 8.4～10.2。相对密度为 2.9。

2. 毒性

硅酸钙 ADI 不作特殊规定(FAO/WHO,2001)。

3. 使用

按照 GB 2760—2014,硅酸钙的使用标准见表 11-2。

表 11-2　硅酸钙的使用标准

功能:抗结剂

食品名称	最大使用量/(g/kg)
乳粉(包括加糖乳粉)和奶油粉及调制产品,干酪和再制干酪及其类似品,可可制品(包括以可可为主要原料的脂、粉、浆、酱、馅等),淀粉以及淀粉类制品,食糖,餐桌甜味料,盐及代盐制品,香辛料及粉,复合调味料,固体饮料,酵母及酵母类制品	按照生产需要适量使用

FAO/WHO 规定,硅酸钙用于干燥乳清粉及乳清制品,最大使用量为 10 g/kg。用于盐及代盐制品,最大使用量为按照生产需要适量添加。用于糖粉和葡萄糖粉,最大使用量为 15 g/kg。

FDA 规定,硅酸钙可用于餐桌用盐及各种食品的抗结剂,最大添加量不超过食品质量的 2%。用于发酵粉,最大添加量不超过 5%。

三、亚铁氰化钾

亚铁氰化钾(potassium ferrocyanide)也称黄血盐、黄血盐钾,可用氰熔体法、氰化钠法及氢氰酸法制得。分子式为 $K_4Fe(CN)_6 \cdot 3H_2O$,相对分子质量 422.39。

1. 特性

亚铁氰化钾为浅黄色单斜体结晶颗粒或结晶粉末,无臭、味咸。可溶于水,不溶于乙醇、乙醚、乙酸甲酯、液氨。其水溶液遇光分解为氢氧化铁,与过量 Fe^{3+} 反应,生成普鲁士蓝颜料。相对密度为 1.853。在空气中稳定,加热到 70 ℃时失去结晶水变成白色,100 ℃时完全失去结晶水,变成白色粉末无水物,强烈灼烧时分解,放出氮气并生成氰化钾和碳化铁。遇酸生成氢氰酸,遇碱生成氰化钠。

2. 毒性

亚铁氰化钾因其氰根与铁结合牢固,属低毒性。大鼠经口 LD_{50} 为 1.6～3.2 g/kg,ADI 为 0～0.025 mg/kg(FAO/WHO,2001)。亚铁氰化钾只有在高温条件(>400 ℃)下才会发生分解,产生氰化钾,而在日常烹调时,一般温度低于 340 ℃,因此,在烹调温度下,亚铁氰化钾分解的可能性极小。

3. 使用

亚铁氰化钾可用于防止细粉、结晶性食品板结,如防止食盐因堆放日久的板结现象,这是由于亚铁氰化钾能使食盐的正六面体结晶转变为星状结晶,而不易发生结块。

按照 GB 2760—2014,亚铁氰化钾作为抗结剂,可用于盐及代盐制品,最大使用量为 0.01 g/kg(以亚铁氰根计)。亚铁氰化钠(sodium ferrocyanide)的使用同亚铁氰化钾。

FAO/WHO 规定,亚铁氰化物用于盐,最大使用量为 14 mg/kg。用于代盐制品、调味料和调味品,最大使用量为 20 mg/kg。

NY/T 392—2000《中华人民共和国农业行业标准 绿色食品 食品添加剂使用准则》规定,在生产绿色食品时,不得使用亚铁氰化物。

第三节 抗结剂应用实例

抗结剂通常用于颗粒、粉末状食品中,现举例如下。

一、在枣粉中的应用

1. 工艺流程

枣→去核→干燥→磨粉(加抗结剂)→包装→产品。

2. 生产工艺条件

去核干枣水分含量在 3%以下,磨粉环境相对湿度控制在 30%～35%,复合抗结剂为:微晶纤维素 0.7%、二氧化硅 0.6%、磷酸三钙 0.7%,枣粉的粒度为 120 目或 140 目,内包装充气量为 30%。

二、在鸡精中的应用

1. 工艺流程

原料配方→混合→微波干燥→粉碎、筛分→包装→产品。

2. 生产工艺条件

蔗糖添加量 4%，干燥温度 90 ℃，产品粒度为 50 目，二氧化硅添加量 0.5%。

三、在奶茶粉中的应用

1. 工艺流程

原料乳均质、茶汁→标准化(加精盐、二氧化硅)→均质→杀菌→浓缩→喷雾干燥→出粉冷却→筛粉→包装→产品。

2. 原料配方

鲜牛乳 70%，茶叶 2.5%～5%，精盐 0.8%，二氧化硅 1.0%。

思考题

1. 什么是抗结剂？如何分类？

2. 常用的抗结剂有哪些？如何使用？

3. 抗结剂主要应用于哪些食品中？

第十二章　食品水分保持剂

第一节　概述

一、水分保持剂的特点

水分保持剂是有助于保持食品中水分而加入的物质,多指用于肉类和水产品加工中增强其水分的稳定性和具有较高持水性的磷酸盐类。

水分保持剂利用物质中所含的亲水基团对水分子的吸附和控制作用,减少和降低食品中水分的挥发和损失,以保持食品的新鲜特征。

二、水分保持剂的类型

1. 磷酸盐

磷酸盐虽属于典型的无机酸盐类,除了提供必要的磷元素外(磷是人类和动物生命不可缺少的矿物质元素,磷酸盐中与磷酸根结合的许多阳离子,如钙、镁、铁、钾、锌也都是人体不可缺少的矿物质),可作为缓冲试剂使用。

按照 GB 2760—2014,磷酸盐类可作为水分保持剂、膨松剂、酸度调节剂、稳定剂、凝固剂、抗结剂。因此,磷酸盐能明显改善食品的品质,在食品加工中广泛用于各种肉、禽、蛋、乳制品、谷物产品、水产品、果蔬、饮料、油脂、改性淀粉中。

(1)磷酸盐分类

①正磷酸盐:正磷酸盐为最简单的磷酸盐,其磷酸根为磷与氧结合构成的 PO_4 四面体:M_3PO_4、M_2HPO_4、MH_2PO_4(M 为一价金属离子)。如磷酸钙、磷酸钾、磷酸钠、磷酸铁等。

②缩聚磷酸盐:缩聚磷酸盐包括链状的聚磷酸盐($M_{n+2}P_nO_{3n+1}$)、环状的偏磷酸盐($(MPO_3)_n$)和网状的超磷酸盐($M_{n+2m}P_nO_{3n+m}$)。如三聚磷酸钠、六偏磷酸钠、焦磷酸铁等。

③复合磷酸盐:复合磷酸盐包括多种聚磷酸盐的复合物和聚磷酸复盐。如复合磷酸钾一钠就是一种含有钾、钠的二聚、三聚及多聚磷酸盐,磷酸铁钠和焦磷酸铁钠都属于磷酸盐复盐。

(2)磷酸盐作用机制

磷酸盐类的作用机制有:

①提高肉的 pH,使其偏离肉蛋白的等电点(pH 为 5.5)。

②增加肉的离子强度,使肌肉蛋白更疏松。

③解离肌动球蛋白,增加肉的嫩度。

④螯合肉中的金属离子。

添加磷酸盐后,肉的微观结构呈现明显的变化,蛋白质聚合体消失,乳胶体分布更加均匀。在鲜肉和冻肉中,乳化能力随着磷酸盐添加量的增加而增大。这是由于随着磷酸盐的加入,缓慢水解释放出磷酸根离子,使得肉的 pH 上升,从而增强肉蛋白质的可溶性,减少肉类水分的溶出。

(3)磷酸盐特性

①螯合作用:磷酸盐可以络合许多金属离子(包括 Cu^{2+}、Fe^{3+} 等)并形成稳定的水溶性络合物,降低水的硬度,防止饮料发生氧化变色、浑浊、沉淀、分层、维生素 C 分解等现象,达到保持色泽、延长货架期的目的。

②缓冲作用:磷酸盐品种不同,其酸碱度各异。不同磷酸盐按一定的比例搭配,可以得到各种 pH 范围的缓冲剂,起到高效的 pH 调节和稳定作用。

③持水作用:缩聚磷酸盐是亲水性很强的物质,能控制和稳定食品中的水分。可用于肉制品和海产品加工中。聚磷酸盐的链越长,其持水性越弱。

④乳化作用:聚磷酸盐是一种无机类表面活性剂,能排除离子集聚,使固体微粒分散,具有乳化作用,防止脂肪、蛋白质与水分离,改善食品组织结构,使组织柔软多汁等。

⑤强化营养作用:常用作微量矿物元素营养强化剂,如磷酸钙盐、磷酸铁盐、磷酸锌盐、磷酸镁盐、磷酸锰盐。

2. 糖醇与多元醇类

(1)糖醇类

如山梨糖醇、山梨糖醇液、麦芽糖醇、麦芽糖醇液等。根据 GB 2760—2014,它们除了是水分保持剂外,还是甜味剂、膨松剂、乳化剂、稳定剂、增稠剂。最大使用量见表 5-7、表 5-8。

(2)多元醇类

如丙二醇、丙三醇等。其中丙二醇,根据 GB 2760—2014,除了是水分保持剂外,还是稳定剂和凝固剂、抗结剂、消泡剂、乳化剂、增稠剂。在生湿面制品(如面条、饺子皮、馄饨皮、烧卖皮)中的最大使用量为 1.5 g/kg,在糕点中的最大使用量为 3.0 g/kg。

三、水分保持剂的发展方向

目前,水分保持剂已经从单一型向复配型的方向发展,即由几种水分保持剂按一定配方复合而成。与单一型的添加剂相比,复配型产品使用更方便、有效。几种常见的复合型水分保持剂见表 12-1。

表 12-1 几种常见的复合型水分保持剂

用途	形状	组成/%
冰激凌、火腿、香肠	粉末	无水焦磷酸钠 60,聚磷酸钠 10,偏磷酸钠 30
香肠	粉末	无水焦磷酸钠 30,聚磷酸钠 40,偏磷酸钠 20,偏磷酸钾 10
肉糜	粉末	无水焦磷酸钠 2,无水焦磷酸钾 2,聚磷酸钠 60,偏磷酸钠 22,偏磷酸钾 14

第二节 常用的水分保持剂

一、磷酸三钠

磷酸三钠（trisodium phosphate）也称磷酸钠、正磷酸钠，是磷酸溶液与氢氧化钠或碳酸钠中和，经浓缩、结晶制得。分子式为 $Na_3PO_4 \cdot 12H_2O$，相对分子质量 380.16。

1. 特性

磷酸三钠为无色至白色的六方晶系结晶或结晶性粉末。易溶于水，不溶于乙醇，在水溶液中几乎全部分解为磷酸氢二钠和氢氧化钠，呈强碱性，1%的水溶液 pH 为 11.5～12.1。相对密度为 1.62。在干燥的空气中易风化，吸收空气中的二氧化碳，生成磷酸二氢钠和碳酸氢钠。加热至 55～65 ℃生成十水合物，加热至 60～100 ℃生成六水合物，加热到 100 ℃以上生成一水合物，加热到 212 ℃以上生成无水物。

磷酸三钠具有持水、缓冲、乳化、络合金属离子、改善色泽、调整 pH 和组织结构等作用。如用于面条能使面筋蛋白更有弹性，防止面条颜色发黄且增加风味等。

2. 毒性

磷酸三钠土拨鼠经口 $LD_{50}>2$ g/kg，ADI 为 0～70 mg/kg（指食品和食品添加剂中的总量，以磷计，并且要注意与钙的平衡）。

磷存在于人体所有细胞中，是维持骨骼和牙齿的必要物质，几乎参与所有生理上的化学反应。磷还是使心脏有规律地跳动、维持肾脏正常机能和传达神经刺激的重要物质。因此，磷酸盐可用作食品的营养强化剂。在正常用量下，磷酸盐不会导致磷和钙的失衡，但用量过多，会与肠道中的钙结合形成难溶于水的正磷酸钙，降低钙的吸收。

3. 使用

按照 GB 2760—2014，磷酸三钠的使用标准同第五章第一节中的磷酸，其功能和最大使用量见表 5-1。

二、磷酸二氢钠

磷酸二氢钠（sodium dihydrogen phosphate）也称酸性磷酸钠、磷酸一钠，是由浓磷酸加氢氧化钠或碳酸钠，在 pH 4.4～4.6 下控制浓缩、结晶，生成含二分子水的磷酸二氢钠。分子式为 $NaH_2PO_4 \cdot 2H_2O$，相对分子质量 156.01。

1. 特性

磷酸二氢钠可分为无水物与二水物。二水物为无色至白色结晶或结晶性粉末，无水物为白色粉末或颗粒。易溶于水，水溶液呈酸性，1%溶液的 pH 为 4.1～4.7，几乎不溶于乙醇。加热会逐渐失去结晶水，100 ℃失去结晶水后，继续加热，生成酸性焦磷酸钠和偏磷酸钠。

2. 毒性

磷酸二氢钠大鼠经口 LD_{50} 为 8290 mg/kg，ADI（MTDI）为 70 mg/kg（以各种来源的总

磷计,FAO/WHO,1994)。

3. 使用

按照 GB 2760—2014,磷酸二氢钠的使用标准同磷酸三钠。

三、三聚磷酸钠

三聚磷酸钠(sodium tripolyphosphate)也称三磷酸五钠、三磷酸钠,是由磷酸二氢钠与磷酸氢二钠充分混合,加热至 550 ℃脱水制得。三聚磷酸钠可分为无水物和六水结合物,分子式分别为 $Na_5P_3O_{10}$ 和 $Na_5P_3O_{10} \cdot 6H_2O$,相对分子质量 367.86(无水)、475.86(含水)。

1. 特性

三聚磷酸钠为白色玻璃状结晶块、片或结晶性粉末。易溶于水,水溶液呈碱性,1‰水溶液 pH 约为 9.5。有潮解性,在水溶液中水解成焦磷酸盐和正磷酸盐,能与 Cu^{2+}、Fe^{3+}、Ni^{2+}、碱金属形成稳定的水溶性络合物。

2. 毒性

三聚磷酸钠大鼠经口 LD_{50} 为 6.5 g/kg,ADI(MTDI)为 70 mg/kg(以各种来源的总磷计,FAO/WHO,1994)。

3. 使用

按照 GB 2760—2014,三聚磷酸钠的使用标准同磷酸三钠。

四、焦磷酸钠

焦磷酸钠(tetrasodium pyrophosphate)也称二磷酸四钠,是由磷酸氢二钠在200～300 ℃加热,生成无水焦磷酸钠。溶于水,浓缩后得结晶焦磷酸钠。分子式为 $NaP_2O \cdot 10H_2O$,相对分子质量 265.9(无水)、446.05(含水)。

1. 特性

焦磷酸钠十水物为无色或白色结晶或结晶性粉末,无水物为白色粉末。溶于水,水溶液呈碱性,1‰水溶液 pH 为 10,不溶于乙醇及其他有机溶剂。水溶液在 70 ℃以下较稳定,煮沸水解成磷酸氢二钠。有吸湿性。与 Fe^{3+}、Cu^{2+}、Mn^{2+} 等金属离子络合能力强,经常用作水分保持剂、品质改良剂等,改善食品的结着力和持水性。

2. 毒性

焦磷酸钠大鼠经口 LD_{50} 为 4.0 g/kg,ADI(MTDI)为 70 mg/kg(以各种来源的总磷计,FAO/WHO,1994)。

3. 使用

按照 GB 2760—2014,焦磷酸钠的使用标准同磷酸三钠。

五、六偏磷酸钠

六偏磷酸钠(sodium polyphosphate)也称磷酸钠玻璃、四聚磷酸钠、格兰汉姆盐,是由磷酸酐和碳酸钠或由磷酸二氢钠经过高温(650 ℃)聚合制得。分子式为 $(NaPO_3)_6$,相对分子质量 611.76。

1. 特性

六偏磷酸钠为无色透明的玻璃片状、粒状或粉末状。潮解性强。能溶于水,不溶于乙醇、乙醚等有机溶剂。水溶液可与金属离子形成络合物，二价金属离子的络合物比一价金属离子的络合物稳定，在温水、酸、碱溶液中易水解为正磷酸盐。以 P_2O_5 含量来确定成分指标。

2. 毒性

六偏磷酸钠大鼠经口 LD_{50} 为 7250 mg/kg，ADI（MTDI）为 70 mg/kg（以各种来源的总磷计，FAO/WHO，1994）。

3. 使用

按照 GB 2760—2014，六偏磷酸钠使用标准同磷酸三钠。六偏磷酸钠可单独使用，也可与其他磷酸盐复配使用，常用配方见表 12-2。

表 12-2 复合磷酸盐常用配方

单位：%

种类	配方 1	配方 2	配方 3	配方 4	配方 5	配方 6
焦磷酸钠	23	26	85	10	40	25
三聚磷酸钠	77	72	12	30	20	27
六偏磷酸钠		2	3	60	40	48

第三节　水分保持剂应用实例

一、在面制品中的应用

由于面包、馒头、面条等面制品含有丰富淀粉，在冷却、贮藏过程中容易失去一部分水分，使产品变硬、弹性下降、柔软性丧失、易掉渣，品质变差。而水分保持剂的高离子强度可与面筋蛋白发生水合作用，同时，还可以填充到膨胀的淀粉颗粒中间，增加水分保持剂与水结合的能力，从而增强淀粉类食品的持水性。

实际应用中，水分保持剂一般不单独使用，通常会与乳化剂、面粉处理剂等复配使用。

1. 面条制作

在面条制作中，除了添加单甘酯、硬脂酰乳酸钠外，还可添加增稠剂、复合磷酸盐（如酸式焦磷酸钠、焦磷酸钠、三聚磷酸钠、六偏磷酸钠等），使面条不易断条、不粘连、不浑汤，口感细腻，咀嚼性好。磷酸盐在面条中的应用见表 12-3。

表 12-3 磷酸盐在面条中的应用

配方	组成/%
1	无水焦磷酸钠 20，淀粉 31，磷酸氢二钠 20，柠檬酸 4，脱水明矾 25
2	无水焦磷酸钠 24，偏磷酸钠 18，淀粉 7，无水磷酸氢二钠 19，无水磷酸二氢钠 32
3	无水焦磷酸钠 12，偏磷酸钠 18，淀粉 42.5，聚丙烯酸钠 2.5，丙二醇 25

2. 广式月饼的制作

广式月饼也称浆皮月饼或糖皮月饼,是指以小麦粉、转化糖浆、植物油、枧水等原料制成饼皮,经过分坯、包馅、成型、烘烤等工艺制成的口感酥软的月饼。

(1)加工工艺

转化糖浆制备(加柠檬酸)→枧水配制(加三聚磷酸盐、六偏磷酸钠、碳酸钠)→饼皮制作(加单、双甘油脂肪酸酯)→月饼生坯制作→烘烤→冷却回软回油→成品。

(2)添加剂主要操作要点

①转化糖浆制备:将 1 kg 白砂糖和 500 g 水混合均匀后熬煮,煮制时间为 4 h,在 90～100 ℃保持较长时间。后期将温度提升至 110 ℃,加速浓缩以减少果糖的缩合反应,注意温度不能超过 115 ℃。待砂糖水煮开后加入 1 g 柠檬酸,煮开后,转小火慢慢熬煮,此时不要搅拌糖水,防止糖水粘在锅壁上,形成糖晶颗粒。将熬煮好的糖浆冷却密封放置 15 d 后,73%的转化糖浆就制备完成。刚煮好的糖浆不能马上使用,放置的目的是让蔗糖转化为葡萄糖和果糖,防止糖浆结晶返砂,从而提高制品的保湿性。

②枧水配制:分别称量 2 g 三聚磷酸盐、1.5 g 六偏磷酸钠、6.5 g 碳酸钠置于烧杯中,加入 30 g 蒸馏水溶解并搅拌均匀,配制成浓度为 25%的枧水溶液,放置待用。

③饼皮制作:转化糖浆与枧水要预先充分搅拌后再加入适量大豆油和单、双甘油脂肪酸酯搅拌均匀,再加入 100 g 低筋小麦粉,搅拌均匀至成团,搅拌时间不宜太长,否则饼皮起筋,制出的月饼变形且花纹不清晰;再用保鲜膜将饼皮面团封好,使其在室温下,静置醒发,待用。

二、在乳制品加工中的应用

作为离子强度较高的弱酸盐类,碱式磷酸盐在乳制品生产中发挥着重要作用,如水分保持、乳化、稳定、凝固、酸度调节等。

乳类制品中加入碱式磷酸盐后,离子强度提高,从而使溶液的 pH 偏离蛋白质的等电点,不仅增加蛋白质与水分子的相互作用,而且使蛋白质链之间相互排斥,溶入更多的水,增强体系的保水性和乳化性。同时,可以调节溶液的酸碱性,使溶液的酸度稳定。另外,离子强度的适当增加,可促进盐溶作用的发生,增加蛋白质的溶解性。水分保持剂的阴离子效应能使蛋白质的水溶胶质在脂肪球表面形成一种胶膜,使脂肪更均匀有效地分散在水中,有效防止酪蛋白、脂肪与水分的分离,增强酪蛋白结合水的能力,稳定乳化体系。

三、在肉制品中的应用

复合磷酸盐在肉制品中,能够提高肉制品的离子强度,改变肉的 pH,螯合肉中的金属离子,解离肉中的肌动球蛋白,增加食品的柔嫩度。另外,可以当作斩拌助剂,添加量为0.2%～0.5%,如果添加量过少,食品结构松散;过多,会影响斩拌效果,食品发酸发涩。磷酸盐在肉制品中的应用实例如下:

1. 配方 1(在火腿肠生产中的应用)

猪瘦肉 70 kg,肥膘 20 kg,淀粉 10 kg,白糖 2 kg,胡椒 200 g,味精 100 g,亚硝酸盐 50 g,精盐 5 kg,磷酸盐 400 g,卡拉胶 400 g,酪蛋白酸钠 250 g,水适量。

2. 配方 2(叉烧米粉肉,以 100 kg 五花猪肉计)

(1)腌制剂

亚硝酸盐 8 g,盐 15 kg,山梨酸 50 g,异抗坏血酸钠 100 g,味精 150 g,焦磷酸钠 80 g,三聚磷酸钠 200 g,没食子酸丙酯 4 g。

(2)调味汁

八角 50 g,肉蔻 10 g,丁香 5 g,白芷 10 g,良姜 15 g,荜芨 15 g,花椒 50 g,甘草 10 g,鲜姜 50 g。

(3)熬汁

白糖粉 2.5 kg,CMC 10 g,绍兴老酒 300 mL,老抽王 2.51 kg,味精 200 g,镇江醋 10 mL,明胶 170 g,水 10 kg。

四、其他应用

1. 海产品罐头的加工

多磷酸盐和 EDTA 可阻止鸟粪石或磷酸铵镁($MgNH_4PO_4 \cdot 6H_2O$)玻璃状晶体的生成,其原因是海产食品中含有一定数量的 Mg^{2+},在贮藏期间,Mg^{2+} 可与磷酸铵反应生成晶体,螯合剂可以螯合 Mg^{2+},并减少鸟粪石的生成。另外,也可用来螯合海产食品中的 Fe^{3+}、Cu^{2+}、Zn^{2+},阻止它们与硫化物反应所导致的产品变色。

2. 果蔬的加工

在蒸煮果蔬时,水分保持剂用于稳定果蔬中的天然色素,达到护色的目的。

另外,水分保持剂还可防止啤酒、饮料混浊。用于鸡蛋外壳的清洗,防止鸡蛋因清洗而变质等。

五、使用注意事项

使用水分保持剂时,最需要注意添加量问题,量太少,达不到改善产品的效果;过量,则会适得其反,对食品产生不利的影响。

(1)高浓度的磷酸盐会产生金属涩味,导致产品风味恶化,组织结构粗糙等。

(2)碱性磷酸盐在调节 pH 时,会使肉的颜色发生变化,出现呈色不良等现象。如果添加剂量不合适,pH 过高,会造成脂肪分解,口感变差,货架期缩短。

(3)磷酸盐应用在肉制品中时容易产生沉淀,在产品贮藏期间,表面或切面处会出现透明或半透明的晶体。如果短期内大量摄入磷酸盐,可能会导致腹泻、腹痛,长期过量使用,会导致机体的钙、磷比例失衡,造成发育迟缓、骨骼畸形,增加代谢性骨病发生的可能性。

思考题

1. 什么是水分保持剂? 如何分类?

2. 常用的水分保持剂有哪些? 如何使用?

3. 水分保持剂主要应用在哪些食品中?

第十三章　食品加工助剂

第一节　概述

一、食品加工助剂特点

1. 定义

食品加工助剂是指有助于食品加工能顺利进行的各种物质，与食品本身无关，如助滤、澄清、吸附、脱色、脱模、脱皮、润滑、提取溶剂等。

2. 特点

（1）食品加工助剂属于一类特殊的食品添加剂，是使食品加工能顺利进行的各种辅助物质，与食品本身无关。

（2）食品加工助剂在最终产品中没有任何技术功能和作用，因此，在生成成品之前应全部除去或稍有残留（应符合在食品中规定的残留量）。

（3）食品加工助剂一般都要在食品加工过程中除去，因此，其使用量不需严格控制，也不需要在产品成分表中列出。

（4）食品加工助剂在食品工业中应用时，其质量要求为食品添加剂规格，如美国食品化学法典（FCC）等的规格。

二、食品加工助剂分类

根据 GB 2760—2014，目前批准使用的食品加工助剂有 169 种，共分为 3 类：①可在各类食品加工过程中使用、残留量不需限定的加工助剂。②需要规定功能和使用范围的加工助剂。③食品加工中允许使用的酶。按其功能和用途分类，包括助滤剂、澄清剂、絮凝剂、脱皮剂、脱色剂、脱模剂、润滑剂、消毒剂、萃取溶剂、催化剂、吸附剂、干燥剂、稀释剂、填充气体、制酶菌株等。

1. 助滤剂

助滤剂是一种多孔的刚性物质，不易被过滤过程压缩，从而增加过滤速度。常用的食品助滤剂有硅藻土、膨润土、珍珠岩、纤维素粉等。

2. 澄清剂与絮凝剂

澄清剂主要通过吸附澄清的原理工作，即在悬浮液中加入无机电解质澄清剂，通过电性中和作用，来解除微粒的布朗运动，使微粒能够靠近、接触进而聚集在一起形成絮团；或者通过高分子絮凝剂的絮凝作用,使体系中粒度较大的颗粒及具有斯托克沉淀趋势的悬浮果粒絮凝沉淀,而保留绝大多数有效的高分子物质(如多糖等),并利用高分子天然亲水胶体对疏水胶体的保护作用,提高制剂的稳定性及澄清度。

澄清剂的种类很多,其中有机物质有鱼胶、明胶、单宁、纤维素等。矿物质有硅藻土、膨润土、高岭土、皂土、活性炭等。合成树脂有聚乙烯吡咯烷(PVP)、聚乙烯聚吡咯烷酮(PVPP)、聚酰胺。多糖类有阿拉伯树胶、琼脂、硅胶等。

3. 脱皮剂

采用化学试剂处理是最为常用的果蔬脱皮方法。常用的脱皮剂有盐酸、月桂酸、脂肪酸、氢氧化钠、磷酸三钠等。

4. 脱色剂

脱色是果汁、油脂、糖品加工的重要工序之一,脱色分为吸附脱色和化学反应脱色。在食品工业中,通常采用吸附脱色,通过脱色剂选择吸附食品中对食品品质不利的色素成分,如叶绿素、微量皂苷等。常用的吸附脱色剂有活性炭、活性白土。

5. 脱模剂与防黏剂

理想的脱模剂具备以下特性:使用方便、有良好的润滑性、容易脱模、高温稳定、低挥发性、化学不活泼性、浓度低、可分散于水中。常用的脱模剂和防黏剂有甘油、矿物油(白油)、硅油、油酸、葡萄糖液等。

6. 润滑剂

食品级润滑剂由基础油和稠化剂(如复合铝、复合钙等)调制而成。其中基础油根据来源有植物性润滑剂(如蓖麻油)、动物性润滑剂(如牛脂)、矿物性润滑剂(如机械油)。另外,还有合成润滑剂,如硅油、合成烃、脂肪酸酰胺等。

7. 消毒剂和抑菌剂

消毒剂和抑菌剂是指对食品加工设备、容器、工具、管道、附属设施、环境进行灭菌消毒所用的化学药剂。一般消毒剂具有很强的氧化能力,能杀灭病原微生物,但不属于防腐剂的使用范畴。常用的消毒剂和抑菌剂有酒精、漂白粉、过氧乙酸、过氧化氢、新洁尔灭、高锰酸钾等。

8. 溶剂和萃取溶剂

食品工业中用的溶剂一般指具有能对水不能溶解的食品原材料起溶解作用的非水溶剂。它能为食品溶液的提取分离提供条件。食品加工中单纯用于稀释的溶剂有乙醇、丙二醇、丙三醇、丙酮等,而用于脂溶性物萃取的溶剂有乙醚、己烷、二氯甲烷、甲苯等。

第二节　酶制剂

一、酶制剂概述

1. 酶制剂定义

酶制剂是由动物或植物的可食或非可食部分直接提取,或由传统或通过基因修饰的微生物(包括但不限于细菌、放线菌、真菌菌种)发酵、提取制得,用于食品加工,具有特殊催化功能的生物制品。

酶制剂是一种粗制品,含一种或多种成分以及稀释剂、稳定剂和其他物质。如木瓜蛋白酶制剂,除含有木瓜蛋白酶外,还有木瓜凝乳蛋白酶、纤维素酶、溶菌酶等。不同来源的酶制剂,其组成可以选用原材料的整细胞、部分细胞、细胞提取液。制剂形式有固体、半固体、液体,颜色从无色至褐色。

2. 酶制剂的安全性

来自动植物、微生物的酶制剂一般不存在毒性问题,特别是许多传统用于食品工业(如酱油、酒的生产制造)的生物酶种,如来自酵母菌、黑曲霉、米曲霉、乳杆菌、乳酸链球菌等属,以及非致病性菌株(如大肠杆菌、枯草杆菌),一般也认为是安全的。

我国对酶制剂按加工助剂进行管理。在 GB 2760—2014 的表 C3"食品用酶制剂及其来源名单"中,列出了允许使用的 54 种食品用酶制剂的中英文名称及其来源、供体。这些酶制剂都经过了严格的毒理学安全评价,其来源都有严格的规定,其产品都符合相应的质量安全标准,因此按生产需要适量使用我国允许使用的酶制剂是安全的。

绝大多数食品用酶制剂是用来替代食品中某些化学反应的过程,使整个食品加工或生产过程更加安全、环境更加环保,在本质上更接近于加工助剂。酶制剂的使用在很多应用上替代了化学品,因此,酶制剂也称为绿色食品添加剂。值得指出的是,酶制剂尽管属于加工助剂,但是它的非活性载体成分最终会残留在食品中,这是它和表 C1 加工助剂的根本区别。

3. 酶制剂的质量指标

食品工业使用的酶制剂首先必须符合食品卫生要求,再根据生产的原料、工艺过程的各种参数,包括温度、pH、底物浓度、所要得到的产品选择合适的酶制剂。

在食品用酶制剂中占多数的是水解酶类,主要是碳水化合物酶,其次是蛋白酶、脂酶,而涉及氧化还原反应的酶、异构酶制品相对较少。在使用中,对体系酸碱度和温度的控制是两个重要的因素。

4. 酶制剂的贮存要求

对酶制剂的贮存要求,应根据具体酶的性质而定。由于酶的稳定性相对较差,易受各种因素的影响而失去活力。要使酶制剂长期贮藏而不失去活力的基本要求是干燥和低温。酶制剂水分越高,越易失去活力,一般粉状酶制剂易于贮存和运输。

热和日光照射也易使酶失去活力,因此,酶制剂应密闭贮存于低温避光处。

酶的底物和某些物质具有保护酶的作用,如淀粉对淀粉酶有保护作用,因此,可将淀粉酶吸附在淀粉上来贮存,或者加入对淀粉酶有保护作用的碳酸钠。

另外,还应注意贮藏容器的材料,因为有些金属离子也会导致酶失去活力。

二、酶制剂特点

食品酶制剂的主要作用就是催化食品加工过程中的各种化学反应。但酶制剂作为催化剂,与一般化学类型的催化剂不同,其特点有以下几点。

1. 条件温和

酶的催化反应一般都在温和的 pH、温度条件下进行,不需要强酸、强碱、高温、高压、高速搅拌等剧烈条件,对生产容器、设备材料的要求也比较低。

2. 反应专一

酶的催化作用具有高度的专一性和选择性。一种酶只能作用于一种反应物，或一类化合物，或一定的化学键，或一种异构体，催化一定的化学反应并生成一定的产物，因此，其反应选择性好，副产物少，便于产物的提纯和工艺简化。

3. 高效性能

酶的催化效率高，一般而言，酶促反应速度比一般化学催化剂的催化反应高出 $10^7 \sim 10^{13}$ 倍。如过氧化氢酶和无机 Fe^{2+} 都能催化 H_2O_2 的分解反应。1 mol 过氧化氢酶 1 min 可催化 5×10^6 mol H_2O_2 分解。而 1 mol 化学催化剂 Fe^{2+}，只能催化 6×10^{-4} mol H_2O_2 分解。二者相比，过氧化氢酶的催化效率大约是 Fe^{2+} 的 10^{10} 倍。另外，1 g α-淀粉酶结晶品在 65 ℃、15 min 内，可将 2 t 淀粉转化成糊精。

三、酶制剂类型

1. 根据来源分类

（1）植物源酶

植物源酶是利用植物种子或果实等材料进行分离提取而得的，如从木瓜中分离出的木瓜蛋白酶，从菠萝果中分离出的菠萝蛋白酶。

（2）动物源酶

动物源酶一般选择动物内脏等体组织，如从小牛第四胃提取的皱胃酶，从猪、牛胰腺提取的胰蛋白酶等。

（3）微生物源酶

微生物源酶是利用微生物同菌株及在其生长和繁殖过程中的代谢产物。由于动、植物原料受物种资源、成本的限制，酶制剂的主要来源已逐渐被微生物取代。常用的产酶菌有：

①大肠杆菌：大肠杆菌主要用于生产天冬氨酸酶、谷氨酸脱羧酶、β-半乳糖苷酶等，在基因工程中采用的限制性内切酶也多由大肠杆菌制得。

②枯草杆菌：枯草杆菌主要用于生产 α-淀粉酶、β-葡聚糖酶、糖化酶、碱性磷酸酶等。

③啤酒酵母：啤酒酵母主要用于生产丙酮酸脱羧酶、转化酶、乙醇脱氢酶等。

④曲霉：黑曲霉和黄曲霉主要用于生产蛋白酶、淀粉酶、糖化酶、脂肪酶、果胶酶、葡糖氧化酶等。

另外，青霉可用于生产葡糖氧化酶，木霉可用于生产纤维素酶，根霉可用于生产蛋白酶、淀粉酶、纤维素酶等。

2. 按催化反应类型分类

（1）氧化还原酶（oxidoreductase）

氧化还原酶的主要作用是催化氧化或还原反应，如葡糖氧化酶对葡萄糖的催化。催化反应模式分为：

氧化反应：

$$AH_2 + B \rightarrow A + BH_2 \text{脱氢酶}$$

还原反应：

$$AH_2 + B \rightarrow A + BH_2 \text{氧化酶}$$

（2）水解酶

水解酶的主要作用是催化水解反应，如淀粉酶对淀粉的液化与水解；蛋白酶对蛋白质的降解等催化反应。反应模式为：

$$A\text{-}B + H_2O \rightarrow AOH + BH$$

（3）转移酶

转移酶的主要作用是催化基团转移反应。反应模式为：

$$A\text{-}R + B \rightarrow A + B\text{-}R$$

（4）异构酶

异构酶的主要作用是催化各种同分异构体之间的相互转化。反应模式为：

$$F \rightarrow \Phi$$

（5）裂解酶

裂解酶的主要作用是催化底物分子的裂解反应或使分子中移去一个原子或基团，形成双键或新物质的反应。反应模式为：

$$A\text{-}B \rightarrow A + B$$

（6）合成酶

合成酶的主要作用是催化合成反应，加快形成新物质。反应模式为：

$$A + B \rightarrow A\text{-}B$$

四、酶制剂优势

1. 改进食品加工方法

如甜酱和酱油，酶法生产技术与曲霉酿造法相比，可大大缩短发酵时间，简化工艺。生产葡萄糖，酶法生产技术与化学方法相比，不仅提高了葡萄糖的产率，而且大大降低了能量的消耗和原料损失。

2. 创新食品加工技术

如应用固定化酶技术，可连续生产 L-氨基酸、果葡糖浆、低乳糖甜味牛乳等产品。

3. 改善食品加工条件

酶法加工的生产条件相对较温和，有利于保留食品的风味和营养价值，如可用于水果、蔬菜的加工。

4. 提高食品的质量

许多酶制剂可作为食品原料的品质改良剂，直接在食品中添加使用。如利用某些酶的特殊分解作用，可消除有些原料中自身所带的异味，或弥补传统加工产品的缺陷，提高最终产品的质量。

5. 降低食品加工成本

许多酶的使用不仅避免了高温能耗问题，而且由于副产物减少使得生产工艺和操作条件得到简化和改善，在原料、能源、设备等方面降低了成本，减少了投入。

五、常用酶制剂

常用酶制剂有淀粉酶、蛋白酶、糖酶、其他酶等，它们在食品加工中的应用见表13-1。

表 13-1　酶制剂在食品加工中的应用

名称	主要作用	用量
焙烤食品		
淀粉酶	促进发酵,使面包扩大体积	0.002%～0.006%
蛋白酶	饼干中面筋的改性,降低面团的打粉时间	不超过面粉量的 0.25%
戊聚糖酶	保证面团的搓揉和面包质量	0.0025%～0.005%
淀粉液化		
淀粉酶	降低麦芽糖含量	0.05%～0.1%(以干物质计)
淀粉葡糖苷酶	生产葡萄糖	0.06%～0.13%(以干物质计)
葡糖异构酶	果葡糖浆生产	0.015%～0.03%(以干物质计)
(啤酒)酿造		
淀粉酶	降低醪液黏度	0.025%
糖化酶	发酵液中的淀粉糖化	0.003%
丹宁酶	消除多酚类物质	0.03%
葡聚糖酶	帮助过滤或澄清,提供发酵中的补充糖	约 0.1%(以干物质计)
纤维素酶	水解细胞壁物质以助滤	约 0.1%(以干物质计)
蛋白酶	提供酵母生产氮源	约 0.3%(以干物质计)
葡萄酒		
果胶酶	净化、缩短过滤时间和提高效率	0.01%～0.02%
花青素酶	脱色	0.1%～0.3%
葡糖淀粉酶	清除混浊,改善过滤	0.02 g/L
葡糖氧化酶	除氧	10～70 Gou/L
咖啡		
纤维素酶	干燥时裂解纤维素	20～50 mg/kg
果胶酶	除去发酵时表面角质层	0.01%
茶叶		
纤维素酶	发酵时裂解纤维素	与葡糖氧化酶合用,20～90 Gou/L
软饮料		
过氧化氢酶	稳定柑橘萜烯类物质	11～20 mg/kg
葡糖氧化酶	稳定柑橘萜烯类物质	10 mg/kg

名称	主要作用	用量
可可		
果胶酶	可可豆发酵时残渣的水解	0.05%
牛乳		
过氧化氢酶	除去 H_2O_2	0.01%~0.15%
β-半乳糖苷酶	预防颗粒结构,冷冻时稳定蛋白质,提高炼乳稳定性	约1%(以干物质计)
干酪		
蛋白酶	干酪素的凝结	0.0005%~0.002%
脂肪酶	增香	0.003%~0.03%
果汁		
淀粉酶	消除淀粉,保证外观和萃取	0.01%~0.02%
纤维素酶	保证萃取	20~200 Gou/L
果胶酶	保证萃取,有助于净化	150 mg/kg
葡糖氧化酶	除氧	0.003%~0.005%
柚苷酶	柑橘汁的脱苦	0.5 g/L
蔬菜		
淀粉酶	制备果泥和软化	0.02%~0.03%
果胶酶	水解物的制备	0.2%~0.4%
肉和鱼		
蛋白酶	肉的嫩化,鱼肉水解物的生产,增浓鱼汤	蛋白质量的 0.2%~2%
蛋与蛋制品		
脂肪酶	从组织中除去油脂	150~225 Gou/L(蛋白)
葡糖氧化酶	除去干蛋白中的葡萄糖	300~370 Gou/L(全蛋)
植物油萃取		
果胶酶	保证乳化和发泡性,保证干燥性,降解果胶物质以释放油脂	0.5%~3%(以干物质计)
纤维素酶	水解细胞壁物质	0.5%~2%(以干物质计)
油脂水解		
脂肪酶	制备游离脂肪酸	约2%(以干物质计)
酯化:酯酶	从有机酸或萜类酯化以增香	约2%(以干物质计)
酯交换:酯酶	从低价值的原料中制造三酰甘油酯	1%~5%

1. 淀粉酶

淀粉酶(amylase)是水解淀粉、糖原和它们降解中间产物的酶类,广泛存在于动植物组织和微生物中,是工业酶制剂中用途广泛的一种酶制剂。淀粉酶可催化淀粉中 α-1,4-糖苷

键或 α-1,6-糖苷键,有的酶从分子内部水解糖苷键,有的酶从淀粉(或葡聚糖)分子非还原性末端水解糖苷键,有的酶具有葡萄糖苷转移作用。

按酶的水解方式不同,淀粉酶可分为 α-淀粉酶、β-淀粉酶、葡糖淀粉酶、切枝酶、环糊精葡萄糖基转移酶、其他淀粉酶等,其中前 3 种与食品工业密切相关。

(1)α-淀粉酶

α-淀粉酶(α-amylase)为液化型淀粉酶,也称细菌 α-淀粉酶、糊精化淀粉酶、退浆淀粉酶、高温淀粉酶等。根据 GB 2760—2014,α-淀粉酶来源于地衣芽孢杆菌(*Bacillus licheni-formis*)、枯草芽孢杆菌(*Bacillus subtilis*)、米曲霉(*Aspergillus oryzae*)、黑曲霉(*Aspergillus niger*)、米根霉(*Rhizopus oryzae*)、解淀粉芽孢杆菌(*Bacillus amyloliquefaciens*)、嗜热脂肪地芽孢杆菌(*Geobacillus stearothermophilus*)、猪或牛的胰腺(hog or bovine pancreas)等。中国生产的 α-淀粉酶主要是由枯草杆菌 BF-7658 菌种通过液体深层培养制得,相对分子质量 5×10^4 左右。

①特性:α-淀粉酶为浅黄色粉末,或为浅黄色至深棕色液体,含水量 $5\% \sim 8\%$。溶于水,不溶于乙醇或乙醚。

α-淀粉酶可以水解淀粉内部的 α-1,4-糖苷键,水解产物为糊精、低聚糖和单糖,酶作用后可使糊化淀粉的黏度迅速降低,变成液化淀粉,因此,也称为液化淀粉酶。在啤酒酿造中可取代部分麦芽的作用,从而降低生产的成本。其反应一般按两阶段进行:首先,链淀粉快速地降解,产生低聚糖,此阶段链淀粉的黏度、与碘发生呈色反应的能力迅速下降。第二阶段的反应比第一阶段慢很多,包括低聚糖缓慢水解生成最终产物葡萄糖和麦芽糖。

α-淀粉酶的最适 pH 一般为 $4.5 \sim 7$,不同来源的 α-淀粉酶的最适 pH 稍有差异。如从人类唾液和猪胰获得的 α-淀粉酶最适 pH 为 $6 \sim 7$,范围较窄。枯草杆菌 α-淀粉酶最适 pH 为 $5 \sim 7$,范围较宽。嗜热脂肪地芽孢杆菌 α-淀粉酶最适 pH 为 3。高粱芽 α-淀粉酶最适 pH 为 4.8。大麦芽 α-淀粉酶最适 pH 为 $4.8 \sim 5.4$。小麦 α-淀粉酶最适 pH 为 4.5,当 pH 低于 4 时,活性显著下降,而 pH 超过 5 时,活性缓慢下降。

根据 α-淀粉酶的热稳定性可分为耐高温 α-淀粉酶和中温-淀粉酶。在耐高温 α-淀粉酶中,由淀粉液化芽孢杆菌和地衣芽孢杆菌产生的酶制剂已被广泛地应用于食品加工中。温度对这两种酶的活力影响不同,地衣芽孢杆菌-淀粉酶最适温度为 92 ℃,而淀粉液化芽孢杆菌-淀粉酶的最适温度仅为 70 ℃,除热稳定性存在差别外,这两种酶作用于淀粉的终产物也不相同。

α-淀粉酶分子中含有一个结合得相当牢固的钙离子,这个钙离子不直接参与酶-底物络合物的形成,其功能是保持酶的结构,使酶具有最大的稳定性和最高的活性。在高浓度淀粉保护下,α-淀粉酶的耐热性很强,在适量的钙盐和食盐存在条件下,pH 为 $5.3 \sim 7.0$ 时,温度提高到 $93 \sim 95$ ℃仍能保持足够高的活性。因此,为便于保存,常加入适量的碳酸钙等作为抗结剂,防止结块。

②毒性:由枯草杆菌属菌株生产的 α-淀粉酶一般认为是安全的,ADI 无限制性规定(FAO/WHO,2001)。

③使用:α-淀粉酶主要用于水解淀粉制造饴糖、葡萄糖、糖浆、果汁、糊精、酒精、啤酒、黄酒、酱油、醋、味精以及蔬菜加工等。在婴幼儿食品中用于谷类原料预处理。其中使用 α-淀粉酶生产饴糖的工艺流程为:

大米（碎米）→浸泡→水磨→调浆（用碳酸钠调 pH 至 6.4）→加 α-淀粉酶（加入 0.2％氯化钙和 100 IU α-淀粉酶/100 g 原料）→冷却→加麦芽糖化→加活性白土并升温→压滤→浓缩→饴糖。

α-淀粉酶的参考用量为：以枯草杆菌 α-淀粉酶（6000 IU/g）计，添加量约为 0.1％。使用时先将需要量的细菌淀粉酶制剂调入淀粉浆液中，加热搅拌，α-淀粉酶随着温度的升高而发挥作用，当达到淀粉糊化温度时，糊化的淀粉颗粒成为低分子的糊精，淀粉浆液则变为黏度小的溶液。

另外，α-淀粉酶还用于面包的生产，以改良面团，如降低面团黏度，加速发酵进程，改善面包弹性和口感，增加含糖量，延长面包保鲜期等。在绿茶面包的研发中，α-淀粉酶能增加面团中还原糖含量，其中部分糖加强酵母的代谢活动，产生更多 CO_2，增大面包体积，使口感更加松软，而剩余的糖参加美拉德反应，有利于表皮着色。最佳添加量为 0.1 g/kg。

（2）β-淀粉酶

β-淀粉酶（β-amylase）也称糖化淀粉酶、α-1,4-葡聚糖麦芽糖水解酶。主要存在于高等植物中，特别是谷物中，如大麦、小麦等，在甘薯、大豆中也有存在，在动物体内不存在。目前工业上使用的 β-淀粉酶主要包括植物 β-淀粉酶和微生物 β-淀粉酶。由于植物来源的 β-淀粉酶生产成本较高，人们也开始重视微生物来源的 β-淀粉酶，如来源于巨大芽孢杆菌、多黏芽孢杆菌、蜡状芽孢杆菌的 β-淀粉酶，但它们的耐热性低于植物 β-淀粉酶。根据 GB 2760—2014，β-淀粉酶来源于大麦、山芋、大豆、小麦和麦芽以及枯草芽孢杆菌（*Bacillus subtilis*）。

①特性：β-淀粉酶是一种外切型淀粉酶，它作用于淀粉时从非还原性末端依次切开相隔的 α-1,4 键，水解产物全为麦芽糖。由于该淀粉酶在水解过程中将水解产物麦芽糖分子中 C_1 的构型由 α 型转变为 β 型，因此称为 β-淀粉酶。

β-淀粉酶不能水解支链淀粉的 α-1,6 键，也不能跨过分支点继续水解，因此，水解支链淀粉是不完全的，残留的大分子为 β-极限糊精。β-淀粉酶水解直链淀粉时，如淀粉分子由偶数个葡萄糖单位组成，则最终水解产物全部是麦芽糖；如淀粉分子由奇数个葡萄糖单位组成，则最终水解产物除麦芽糖外，还有少量葡萄糖。β-淀粉酶水解淀粉时，由于从分子末端开始，总有大分子存在，因此黏度下降很慢，不能作为液化酶使用，而 β-淀粉酶水解淀粉水解产物如麦芽糊精、麦芽低聚糖时，水解速度很快，因此作为糖化酶使用。

β-淀粉酶耐酸。将麦芽汁 pH 调节为 3.6，在 0 ℃下可使 α-淀粉酶失去活力，而余下 β-淀粉酶。其最适 pH 为 5.0～6.5，但 β-淀粉酶的稳定性明显低于 α-淀粉酶，最适反应温度为 50～60 ℃，70 ℃以上一般均会失活。不同来源的 β-淀粉酶稳定性也有较大差异，大豆 β-淀粉酶最适温度为 60 ℃左右，大麦 β-淀粉酶最适温度为 50～55 ℃，而细菌 β-淀粉酶最适温度一般低于 50 ℃。

β-淀粉酶活性中心含有巯基（—SH），因此，一些氧化剂、重金属离子以及巯基试剂均可使其失活，而还原性的谷胱甘肽、半胱氨酸对其有保护作用。

②毒性：ADI 无限制性规定（FAO/WHO，2001）。

③使用：β-淀粉酶主要用于啤酒酿造、饴糖（麦芽糖浆）制造。其中使用 β-淀粉酶生产饴糖（麦芽糖浆）的过程为：将大米浸水淘净，水磨成含固形物 30％的粉浆，添加原料米 0.1％～0.3％的 $CaCl_2$ 和细菌 β 淀粉酶 0.05％～0.1％，85～90 ℃液化到碘反应消失，冷却到 55 ℃加鲜麦芽浆 1％～4％，在 pH 5.5 左右保温糖化 3～4 h，此时麦芽糖生成量达到 40％～50％。加

热到 90 ℃ 凝固蛋白质,过滤后将滤液真空浓缩到固形物含量 75％～86％,即为成品。

（3）葡糖淀粉酶

葡糖淀粉酶（glucoamylase）也称糖化淀粉酶、淀粉葡萄糖苷酶、糖化型淀粉酶。它能把淀粉从非还原性末端水解 α-1,4 葡萄糖苷键产生葡萄糖,也能缓慢水解 α-1,6 葡萄糖苷键,转化为葡萄糖。同时也能水解糊精、糖原的非还原末端释放 β-D-葡萄糖。根据 GB 2760—2014,葡糖淀粉酶来源于黑曲霉（*Aspergillus niger*）、米根霉（*Rhizopus oryzae*）、戴尔根霉（*Rhizopus delemar*）、米曲霉（*Aspergillus oryzae*）、雪白根霉（*Rhizopus niveus*）。

①特性:葡糖淀粉酶为白色至浅棕色无定型粉末,或为浅棕色至深棕色液体。溶于水,几乎不溶于乙醇、氯仿和乙醚。可分散于食用级稀释剂或载体中,也可含有稳定剂和防腐剂。

葡糖淀粉酶属于外切型淀粉酶,作用于淀粉时,从淀粉分子的非还原性末端逐一地将葡萄糖分子切下,并将葡萄糖分子的构型由 α-型转变为 β-型。它既可分解 α-1,4-葡萄糖苷键,也可分解 α-1,6-葡萄糖苷键。因此,葡糖淀粉酶作用于直链淀粉和支链淀粉时,能将它们全部分解为葡萄糖。

葡糖淀粉酶的特征因菌种而异,大部分制品为液体。由黑曲霉而得的液体制品呈黑褐色,含有若干蛋白酶、淀粉酶或纤维素酶,在室温下最少可稳定 4 个月,最适 pH 为 4.0～4.5,最适温度为 60 ℃。由根霉而得的液体制品需要冷藏,粉末制品在室温下可稳定 1 年,最适 pH 为 4.5～5.0,最适温度为 55 ℃。

②毒性:ADI 无限制性规定（FAO/WHO,2001）。

③使用:葡糖淀粉酶用于以葡萄糖作发酵培养基的各种抗生素、有机酸、氨基酸、维生素的发酵,还广泛用于葡萄糖、白酒等生产。

生产葡萄糖的过程为:在淀粉糊液化和部分水解后,将 pH 调到 4～5,温度降到 60 ℃,然后再加入葡糖淀粉酶,用量为 100 IU/g 干淀粉,淀粉在酶作用下继续水解,直到葡萄糖含量不再增加时为止。用过滤方法除去糖浆中的蛋白质和脂肪后,再用活性炭除去色素和可溶性蛋白质,最后以离子交换剂除去糖浆中的灰分,再经干燥即得到结晶葡萄糖。

在白酒、酒精生产中,若为液态法酿酒时,可将糖化曲直接加入,用量为 180 IU/g 原料。而在固态法酿酒中,则糖化酶与成熟酒母混匀后加入,用量为 100 IU/g 原料。

注意事项:使用时,最适 pH 为 4.0～4.5,在淀粉糖和味精生产时,应先调 pH,后加酶糖化。用酶量随原料、工艺不同而变化,要缩短糖化时间需增加用量。淀粉质原料必须与酶充分接触,接触面积大,时间长,效果好。间歇糖化要搅拌充分,连续糖化必须流量均匀。温度需严格控制在 60～62 ℃,保温时温度均匀,严禁短期高温。

2. 蛋白酶

蛋白酶（protease）是水解肽键的一类酶。蛋白质在蛋白酶作用下依次被水解成胨、多肽、肽,最后成为蛋白质的组成单位——氨基酸。有些蛋白酶还可水解多肽及氨基酸的酯键或酰胺键。在有机溶剂中有些蛋白酶具有合成肽类和转移肽类的作用。蛋白酶按其作用方式不同可分为内肽酶和外肽酶:①内肽酶可从蛋白质或多肽的内部切开肽键生成分子量较小的际、胨和多肽,是真正的蛋白酶。②外肽酶只能从蛋白质或多肽分子的氨基或羧基末端水解肽键而游离出氨基酸,前者称为氨肽酶,后者称为羧肽酶。蛋白酶按其来源不同,可分为木瓜蛋白酶、胃蛋白酶、胰蛋白酶、细菌或霉菌蛋白酶等。

（1）木瓜蛋白酶

木瓜蛋白酶（papain）也称木瓜酶，是番木瓜中含有的一种低特异性蛋白水解酶，广泛地存在于番木瓜的根、茎、叶和果实内，其中在未成熟的乳汁中含量最丰富。由木瓜制得的酶制剂主要含有以下 3 种酶：①木瓜蛋白酶，相对分子质量 21000，约占可溶性蛋白质的 10%。②木瓜凝乳蛋白酶，相对分子质量 36000，约占可溶性蛋白质的 45%。③溶菌酶，相对分子质量 25000，约占可溶性蛋白质的 20%。另外，还含有纤维素酶等不同的酶。

①特性：木瓜蛋白酶为白色至浅棕色粉末或液体，粉末状体有一定的吸湿性。溶于水和甘油，水溶液为无色至浅黄色，有时为乳白色。几乎不溶于乙醇、氯仿和乙醚等有机溶剂。

木瓜蛋白酶是一种含巯基（—SH）肽链内切酶，具有蛋白酶和酯酶的活性，有较广泛的特异性，对动植物蛋白、多肽、酯、酰胺等有较强的水解能力，但几乎不能分解蛋白胨。木瓜蛋白酶结构中至少有 3 个氨基酸残基存在于酶的活性部位，它们是 Cys25、His159、Asp158。当 Cys25 被氧化剂氧化或与重金属离子结合时，酶的活力被抑制，而还原剂半胱氨酸（或亚硫酸盐）或 EDTA 能恢复酶的活力，其原因是还原剂可使巯基从二硫键再生，而EDTA 可以螯合金属离子。

木瓜蛋白酶是一种在酸性、中性、碱性环境下均能分解蛋白质的蛋白酶。其最适 pH 为6～7（一般 3～9.5 皆可），在中性或偏酸性时亦有作用，等电点（pI）为 8.75。木瓜蛋白酶的最适温度为 55～65 ℃（一般 10～85 ℃ 皆可），耐热性强，在 90 ℃ 时也不会完全失活。受氧化剂抑制，还原性物质激活。

除蛋白质外，木瓜蛋白酶对酯和酰胺类底物也表现出很高的活力。木瓜蛋白酶还具有从蛋白质的水解物再合成蛋白质类物质的能力，这种活力有可能被用来改善植物蛋白质的营养价值或功能性质，如将蛋氨酸并入大豆蛋白质中。

②毒性：木瓜蛋白酶是木瓜果实的组分，无毒。ADI 无限制性规定，用量以 GMP 为限（FAO/WHO，2001）。

③使用：在食品工业中，木瓜蛋白酶主要用于啤酒和其他酒类的澄清，肉类嫩化，饼干、糕点松化，水解蛋白质生产等。

啤酒澄清剂。引起啤酒冷藏混浊的主要原因是啤酒中的蛋白质极易与多元酚结合成大分子复合物。木瓜蛋白酶能把大分子蛋白质降解成小分子物质，提高蛋白质与多元酚复合物的溶解度。另外，木瓜蛋白酶是一种具有生物活性的蛋白质，该蛋白质可与引起啤酒冷藏混浊的多元酚形成稳定状态平衡，防止了啤酒的冷藏混浊。在啤酒中添加量为0.0001%～0.0004%（通常是在啤酒巴氏杀菌之前加入）。现在已开始使用固定化木瓜蛋白酶，其优点是将酶处理安排在啤酒巴氏杀菌之后，利用固定化酶能比较精确地控制蛋白质降解程度的性能，使啤酒中保留一些蛋白质，对稳定啤酒泡沫十分有利。

肉类嫩化剂。木瓜蛋白酶能裂解肉类中的胶原蛋白和肌肉纤维，使肉的结构松散。由于木瓜蛋白酶是半胱氨酰基蛋白酶，能降解胶原纤维和结缔组织蛋白质，将肌动球蛋白和胶原蛋白降解成为小分子多肽甚至氨基酸，令肌肉肌丝和筋腰丝断裂，使肉类变得嫩滑，并简化蛋白质结构，使人体食用后易于消化吸收。肉类嫩化剂可以是干制剂，也可以是水溶液。对于薄牛排可以采取喷粉法进行嫩化，也可以采用浸泡或酶液喷涂法嫩化。对于大块的肉，采取嫩化剂水溶液注入法较为方便、有效。一般肉类嫩化剂是由 2% 木瓜蛋白酶、

15％葡萄糖、2％谷氨酸钠和食盐(余量)组成。用量为 0.00005％～0.0005％。

饼干松化剂。利用木瓜蛋白酶的酶促反应,将面团的蛋白质降解为小分子肽或氨基酸,降低了面团的拉伸阻力,使面团变得柔软、更有可塑性。在饼干、糕点生产中,木瓜蛋白酶可使饼干成型性好,饼干端正、不缩身,碎饼率降低,光泽度增加,质地疏松,口感舒适。此外,还可减少油脂和糖的用量。用量一般为 0.0001％～0.0004％。

(2)凝乳酶

根据来源不同,凝乳酶(rennin)包括 3 类:①动物性凝乳酶:来源于牛胃、猪胃和羊胃,以牛、羊胃(皱胃)的水抽提液制取。一般经水洗、干燥、切片后,在 4％硼酸水溶液中于 30 ℃下浸渍 5 d 抽提而得,或用食盐浸出后获得。②植物性凝乳酶:来源于无花果树液和菠萝果实。③微生物凝乳酶:微生物因其具有生长周期短、产量高、受时间空间限制小、生产成本低、提取方便、经济效益高等优点,是目前凝乳酶来源最有前途的发展方向,如霉菌和酵母菌。在丹麦干酪生产中,来源于霉菌的凝乳酶得到广泛应用。根据 GB 2760—2014,凝乳酶来源于小牛、山羊、羔羊的皱胃以及黑曲霉(*Aspergillus niger*)。

①特性:凝乳酶为澄清的琥珀色至暗棕色液体,或白色至浅棕黄色无定形粉末,味微咸,有吸湿性。干燥品活性稳定,在溶液中不稳定,稍溶于水、稀乙醇。水溶液的 pH 约为 5.8。

凝乳酶的溶解度受 pH、温度和溶液离子强度影响。可溶于 pH 为 5.5,浓度为 1 mol/L 的 NaCl 溶液,晶体结构的凝乳酶在 25 ℃比较稳定,且溶解度随离子强度增强而增大。凝乳酶等电点 pH 为 4.5,在 pH 为 5.3～6.3 时最稳定,对牛奶凝固的最适 pH 为 5.8。但 pH 为 3～4 时会因自身降解而活性降低。碱性条件下会发生不可逆的构象变化而使活性降低。最适温度为 37～43 ℃,在 15 ℃以下、55 ℃以上时呈非活性。商品凝乳酶 1 g 加入 10 L 牛乳中,在 35 ℃下可在 40 min 内凝固。

②毒性:ADI 无限制性规定(FAO/WHO,2001)。美国食品与药物管理局(1985)将本品列为一般公认安全物质。微生物凝乳酶,需经过毒性试验才能确定是否可用作食品添加剂。

③使用:凝乳酶用于干酪、凝乳布丁等的生产,用量视生产需要而定,粉状体一般用量为 0.002％～0.004％。使用时,先溶于 2％食盐液中再使用。

3. 糖酶

(1)纤维素酶(cellulase)

纤维素酶(β-1,4-葡聚糖-4-葡聚糖水解酶)广泛存在于自然界的生物体中,如许多霉菌、细菌等中,在银鱼、蜗牛、白蚁等中也有发现。一般用于生产的纤维素酶来自真菌。根据 GB 2760—2014,纤维素酶来源于黑曲霉(*Aspergillus niger*)、李氏木霉(*Trichoderma reesei*)、绿色木霉(*Trichoderma viride*)。一般是用黑曲霉等经斜面培养、制曲后制成酶液。由此所制得的商品中除纤维素酶外,还含有半纤维素酶、果胶酶、蛋白酶、脂肪酶、木聚糖酶、纤维二糖酶和淀粉葡苷酶。纤维素酶系一般包括三种水解酶,即 β-1,4-内切葡聚糖酶(Cx)、β-1,4-外切葡聚糖酶(C1)、β-葡萄糖苷酶(βG)。Cx 主要作用于无定形纤维素,水解产生纤维糊精、纤维寡糖;C1 主要作用于结晶纤维素,产生纤维二糖;βG 作用于纤维二糖,最终使之分解为葡萄糖。纤维素就是在这三种酶的共同作用下被水解的。

①特性:纤维素酶为灰白色粉末或液体。溶于水,几乎不溶于乙醇、氯仿、乙醚。最适 pH 为 4.5～5.5。对热较稳定,即使在 100 ℃下放置 10 min 仍可保持原有活性的 20％,一

般最适作用温度为 50～60 ℃。

葡萄糖酸内酯能有效抑制纤维素酶，重金属离子如铜离子和汞离子，也能抑制纤维素酶，但是半胱氨酸能消除它们的抑制作用，甚至进一步激活纤维素酶。植物组织中含有天然的纤维素酶抑制剂，它能保护植物免遭霉菌的腐烂作用，这些抑制剂是酚类化合物。如果植物组织中存在着高的氧化酶活力，那么它能将酚类化合物氧化成醌类化合物，后者能抑制纤维素酶。

②毒性：由黑曲霉提取的纤维素酶，ADI 无限制性规定（FAO/WHO，2001）。

③使用：提高大豆蛋白的提取率。酶法提取工艺仅在原碱法提取大豆蛋白工艺前，增加酶液浸泡豆粕处理，用精酶液在 40～45 ℃下保温，在 pH 为 4.5 的条件下浸泡 2～3 h，之后按原工艺进行。如此可增加提取率 11.5%，质量也有提高。

提高果酒的出酒率。纤维素酶能破坏果肉细胞壁，分离果胶质，由于酶的降解作用，还能增加原酒的溶解物，对改善果酒质量也有一定作用。葡萄酒生产中在原料葡萄经分选、破碎、除梗后，加入曲酶，进行降解（30 ℃保温），然后按正常发酵，结果出汁率提高了 6.7%，原酒无糖浸出物提高了 28.1%。在梨酒中使用，可使梨的出汁率较旧法提高 9%，无糖浸出物提高 2 倍。它也用于除去柑橘果汁中的纤维性混浊。

另外，纤维素酶还能降低含有高浓度纤维素制品的黏度，提高油、香辛料等植物提取物的产量等。

（2）果胶酶（pectinase）

果胶酶是指分解植物主要成分果胶质的酶类。果胶酶广泛分布于高等植物和微生物中，根据其作用底物的不同，又可分为三类，其中两类（果胶酯酶和聚半乳糖醛酸酶）存在于高等植物和微生物中，还有一类（果胶裂解酶）存在于微生物，特别是某些感染植物的致病微生物中。根据 GB 2760—2014，果胶酶来源于黑曲霉（*Aspergillus niger*）、米根霉（*Rhizopus oryzae*）。

果胶酶主要是采用发酵法由曲霉菌生产。一般曲霉菌先在含有豆粕、苹果渣、蔗糖等的固体培养基中培养，然后用水抽提，用有机溶剂沉淀，再分离、干燥、粉碎制成。作为商品，可加入硅藻土、葡萄糖等填充料，进行稀释并抗结，也可加入稳定剂、防腐剂。

①特性：果胶酶为灰白色或微黄色粉末。食品行业中应用较多的是酸性果胶酶，其最适 pH 因底物而异，以果皮为底物时，最适 pH 为 3.5。以多聚半乳糖醛酸为底物时，最适 pH 为 4.5。最适温度为 40～50 ℃。Fe^{3+}、Fe^{2+}、Cu^{2+}、Zn^{2+} 等能明显抑制其活性，多酚物质对其也有抑制作用。果胶酶在低温和干燥条件下失活较慢，保存 1 年至数年活力不减。

②毒性：ADI 无限制性规定（FAO/WHO，2001）。

③使用：果胶酶主要用于果汁澄清，提高果汁过滤速率，降低果汁黏度，防止果泥和浓缩果汁胶凝化，提高果汁得率，以及用于果蔬脱内皮、内膜和囊衣等。

苹果可加工成含果肉果汁和具有大颗粒悬浮物的混浊果汁，也可采用酶处理法生产澄清苹果汁。在苹果汁加工中，果胶酶便于果汁的提取和果汁中悬浮物的分离，果胶酶的最高用量为 3%。其澄清过程是：将果胶酶溶于水或果汁后，加于混浊果汁中，不断地搅拌果汁，其黏度逐渐下降，果汁中的细小颗粒聚结成絮凝物而沉积下来。上清液中仍然有少量的悬浮物，还需要加入硅藻作为助凝剂，最后以离心、过滤的方法即得到稳定的澄清果汁。澄清苹果汁经浓缩后得到的浓缩汁，可用于配制各种饮料。另外，葡萄汁用 0.2% 的果胶酶在 40～42 ℃下放置 3 h,即可完全澄清。

使用果胶酶脱除莲子内皮、蒜内膜、橘子囊衣时,通常是将其放入 pH 为 3 的酶液中,在温度低于 50 ℃下搅拌 1 h 左右即可。橘子(罐头制品)经脱囊衣后果味浓郁,品质提高。

另外,果胶酶还可降低酒体黏稠度,提高出汁率和澄清度,提高香气物质及色素、丹宁的浸出率等,改善酒的色泽与风味,增强酒香。

4. 其他酶

(1)葡糖氧化酶

葡糖氧化酶(glucose oxidase)是用金黄色青霉菌进行深层通风发酵,用乙醇、丙酮使之沉淀,和高岭土或氢氧铝吸附后再用硫酸铵盐析、精制而得。也可用黑曲霉制得,相对分子质量约为 192000。根据 GB 2760—2014,葡糖氧化酶来源于黑曲霉(*Aspergillus niger*)、米曲霉(*Aspergillus oryzae*)。

①特性:葡糖氧化酶为近乎白色至浅黄色粉末,或黄色至棕色液体。溶于水,水溶液呈淡黄色,几乎不溶于乙醇、氯仿和乙醚。葡糖氧化酶的作用是使 β-D-葡萄糖氧化为 D-葡萄糖酸-γ-内酯。适宜 pH 为 4.5～7.5。80 ℃ 2 min 失活 90%,70 ℃ 3 min 失活 90%,65 ℃ 10 min 失活 90%。最适温度为 30～60 ℃。

②毒性:由黑曲霉制得的葡糖氧化酶,ADI 无限制性规定(FAO/WHO,2001)。

③使用:葡糖氧化酶用于柑橘类饮料、啤酒等的脱氧,以防色泽增深、降低风味和金属溶出,最高用量为 10 mg/kg。用于鸡蛋液中除去葡萄糖,以防蛋白成品在贮藏期间的变色、变质,最高用量为 500 mg/kg。用于可可、咖啡、全脂奶粉、谷物、虾类、肉等食品,可防止由葡萄糖引起的褐变。用于面团中,可将面粉中葡萄糖氧化为葡糖酸内酯,使面筋蛋白中的—SH 氧化形成—S—S—,增强面团网络结构和抗机械搅拌能力,改善面团的操作性和稳定性。

(2)脂肪酶

脂肪酶(lipase)是用小牛、小山羊或羊羔的第一胃可食组织,或动物的胰腺净化后用水抽提而得;或由黑曲菌等培养后,将发酵液过滤,用 50%饱和硫酸铵液盐化,用丙酮分段沉淀,再经透析、结晶而成。属于羧基酯水解酶类,能够逐步将甘油三酯水解成甘油和脂肪酸。脂肪酶广泛存在于动植物和微生物中。植物中含脂肪酶较多的是油料作物的种子,如蓖麻籽、油菜籽。当油料种子发芽时,脂肪酶能与其他的酶协同发挥作用,催化分解油脂类物质生成糖类,提供种子生根发芽所必需的养料和能量。动物体内含脂肪酶较多的是高等动物的胰脏和脂肪组织,在肠液中含有少量的脂肪酶,用于补充胰脂肪酶对脂肪消化的不足。在肉食动物的胃液中,含有少量的丁酸甘油酯酶。在动物体内,各类脂肪酶控制着消化、吸收、脂肪重建和脂蛋白代谢等过程。细菌、真菌和酵母中的脂肪酶含量更为丰富。由于微生物种类多、繁殖快、易发生遗传变异,具有比动植物更广的作用 pH、作用温度范围以及底物专一性,且微生物来源的脂肪酶一般都是分泌性的胞外酶(主要的发酵微生物有黑曲霉、假丝酵母等),适合于工业化大生产和获得高纯度样品,因此,微生物脂肪酶是工业用脂肪酶的重要来源。根据 GB 2760—2014,脂肪酶来源于黑曲霉(*Aspergillus niger*)、米曲霉(*Aspergillus oryzae*)、米根霉(*Rhizopus oryzae*)、米黑根毛霉(*Rhizomucor miehei*)、雪白根霉(*Rhizopus niveus*)、柱状假丝酵母(*Candida cylindracea*)、小牛或小羊的唾液腺或前胃组织、羊咽喉、猪或牛的胰腺。

①特性:脂肪酶一般为近白色至淡棕黄色结晶性粉末,由米曲霉制成可为粉末也可为

脂肪状。可溶于水,水溶液呈淡黄色,几乎不溶于乙醇、氯仿和乙醚。我国试制的脂肪酶粉末的活力为 35000 IU/g 左右。脂肪酶一般水解三甘油酯的 α-位、α'-位的速度快,β-位的速度较慢。最适 pH 为 7～9,一般脂肪酸的链越长,pH 越高。增香作用最适温度为 20 ℃。

②毒性:由动物组织提取的脂肪酶,ADI 以 GMP 为限。由米曲霉制得的脂肪酶,ADI 无限制性规定(FAO/WHO,2001)。

③使用:脂肪酶可用于奶油增香,因为奶制品中的香味是牛奶中的脂肪等代谢的产物,用脂肪酶处理过的奶制品比未处理的具有更好的香味和可接受性。用量视酶活力而定,如当酶活力在 300 IU 以上,可用 2％小苏打溶液溶解脂肪酶粉,溶成 4％的酶液后使用。增香后的奶油可以用于制造巧克力,也可用于需要增加奶香的冷饮、奶糖、饼干等其他食品。

另外,脂肪酶还用于增强干酪风味、改良豆浆口感、改进果酒口味和大米风味、改善面包的品质等。在绿茶面包的研发中,脂肪酶可水解甘油三酯,提高对面团的乳化作用,进而改变面包的质地和结构。最佳添加量为 0.1 g/kg。

第三节　其他食品加工助剂

一、活性炭

活性炭是由少量氢、氧、氮、硫等与碳原子化合而成的络合物,是以竹、木果壳等原料,经碳化、活化、精制等工序制备而成。化学式为 C,相对分子质量 12.01。

1. 特性

活性炭为黑色微细粉末,无臭、无味。不溶于水、有机溶剂。沸点为 4200 ℃。最适 pH 为 4～4.8,最适温度为 70～80 ℃。

活性炭具有多孔结构,对气体、蒸气或胶态固体有强大的、独特的多功能吸附能力,每克的总表面积可达 500～1000 m²,因此,可用于葡萄糖、蔗糖、饴糖、油脂的脱色、精制和去杂质纯化过滤。

2. 毒性

ADI 不需要规定。以含有 10％活性炭的饲料喂养小鼠 12～18 个月,与对照组无差异。

3. 使用

按照 GB 2760—2014,活性炭属于在各类食品加工过程中使用,残留量不需限定的加工助剂。FDA 规定其参考用量:葡萄酒为 0.9％,雪梨酒为 0.25％,葡萄汁为 0.4％。

(1)使用实例

活性炭对淀粉糖浆进行脱色和提纯。具体方法:先将糖液中的胶黏物滤去,然后将其蒸发至浓度为 48％～52％,加入一定量的活性炭进行脱色,再进行压滤,将残存糖液中的一些微量色素脱除干净,得到无色澄清的糖液,同时活性炭也可起到助滤的作用。

(2)注意事项

①温度高,糖液黏度小,使杂质容易渗透入活性炭的组织内部,杂质被吸附的速度和数量相应提高。但温度过高,会使糖液碳化、分解,因此,温度一般以 70～80 ℃为宜。

②为了使糖液充分与活性炭接触,利于活性炭的脱色作用,必须有一定的搅拌速度,通常为 $100\sim120$ r/min。

③脱色效率一般在酸性条件下较好,pH 适宜范围为 $4\sim4.8$,不宜太高。

④若使活性炭发挥其吸附作用,必须经过一定的时间,才能使杂质充分渗入颗粒内部,一般为 30 min。

⑤糖液浓度一般掌握在 $48\%\sim52\%$,浓度太低,效果不好;浓度过高,则难以脱色。

二、硅藻土

硅藻土(diatomaceous earth)是一种生物成因的硅质沉积岩,它主要由古代硅藻的遗骸组成。硅藻土是用硅藻土原料经过干燥、粉碎、酸洗等工序精制制成。其化学成分以 SiO_2 为主,可用 $SiO_2 \cdot nH_2O$ 表示。

1. 特性

硅藻土为白色至浅灰色或米色粉末,纯度高的呈白色,含铁盐多的呈褐色。质轻、松散、细腻、多孔,吸水性强,能吸收自身质量 $1.5\sim4$ 倍的水。化学性质稳定,不溶于水、酸类(氢氟酸除外)、稀碱,溶于强碱溶液。硅藻土中 SiO_2 占 80% 以上,此外还含有 Al_2O_3($3\%\sim4\%$)、Fe_2O_3($1\%\sim1.5\%$),少量的钠、钾、钙、镁化合物。密度为 $1.9\sim2.3$ g/cm³,熔点为 $1650\sim1750$ ℃。

硅藻土的比表面积为 $40\sim65$ m²/g,孔体积为 $0.45\sim0.98$ cm³/g,在电子显微镜下可以观察到特殊多孔的构造。因此,硅藻土具有很大的比表面积和很强的吸附能力,并形成空隙率很高的滤饼,有良好的过滤性。

2. 毒性

硅藻土不被消化吸收,其精制品毒性很低。ADI 未作规定。

3. 使用

按照 GB 2760—2014,硅藻土属于在各类食品加工过程中使用,残留量不需限定的加工助剂。硅藻土常作为砂糖精制、啤酒、葡萄酒、饮料等加工的助滤剂,如果与活性炭合用,可提高脱色效果和吸附胶质作用。

(1)使用方法

在使用硅藻土时,先将硅藻土放入水中搅匀,然后流经过滤机网片,使其在网片上形成硅藻土薄层,当硅藻土薄层厚度达 1 cm 左右时,即可过滤得到澄清的食品。可根据食品的澄清情况,适当更换硅藻土。

(2)使用实例

硅藻土在清糖液配制中的应用。具体方法:先将蔗糖溶解成 $50\%\sim55\%$ 浓度,加入活性炭和硅藻土,搅拌 $10\sim15$ min 后进行精细过滤,以达到完全清亮的要求,再将清糖液用于配制汽水和其他饮料。

三、液体石蜡

液体石蜡(liquid paraffin)也称白油、石蜡油,由饱和烷烃组成,一般以 C_nH_{2n+2} 表示,碳链长 $12\sim24$。液体石蜡是由石油润滑油馏分,经脱蜡精制,或加氢精制而得。

1. 特性

液体石蜡为无色半透明油状液体,无臭、无味,但加热时稍有石油气味。不溶于水、乙醇,易溶于挥发性的油,可与大多数非挥发油混溶。经长时间光照、加热,能缓慢氧化生成过氧化物。

液体石蜡化学性质稳定,具有良好的脱模、消泡、抑菌、隔离性能,不被细菌污染,易乳化,有软化性、渗透性、可塑性,在肠内不易被吸收。

2. 毒性

实验表明,液体石蜡无急性毒性。亚急性毒性试验发现,高剂量食用液体石蜡的大鼠体重增长缓慢,食物利用率降低,但高剂量组的大鼠的各种生化指标、血系均无特殊变化。ADI 不需特殊规定(FAO/WHO,1997)。FDA 将其列入一般公认安全物质(1985)。

3. 使用

按照 GB 2760—2014,液体石蜡作为消泡剂、被膜剂和脱模剂,可用于薯片加工工艺、油脂加工工艺、糖果加工工艺、胶原蛋白肠衣加工工艺、膨化食品加工工艺、粮食加工工艺(用于防尘)。作为被膜剂,在鲜蛋和除胶基糖果以外的其他糖果中,最大使用量为 5.0 g/kg。液体石蜡在鲜蛋保鲜中的应用方法是将鲜蛋放入液体石蜡中浸泡 1~2 min 取出,经 24 h 晾干后,置于坛内保存,100 d 后检查,保鲜率仍可达 100%。

FAO/WHO(1994)规定,液体石蜡用于无核葡萄干最大使用量为 5.0 g/kg。粮食加工中降尘、喷雾,最大使用量为 0.2 g/kg。在日本,液体石蜡作为脱模剂只允许使用于面包生产中,在面包里的残留量规定在 0.1% 以下,用法是将液体石蜡涂于焙烤面包的模具上,不允许在面包上喷雾抛光。

四、巴西棕榈蜡

巴西棕榈蜡(carnauba wax)从巴西棕榈树的叶芽和叶子中获得,将叶子干燥并粉碎,然后加入热水,分离蜡状物质。是主要由酸和羟基酸的酯组成的复杂混合物,大部分是脂肪酸酯、羟基脂肪酸酯、p-甲氧基肉桂酸酯、p-羟基肉桂酸二酯,其脂肪链长度不一,以 C_{26} 和 C_{32} 醇最为常见。此外还含有酸、氧化多元醇、烃类、树脂样物质和水。

1. 特性

巴西棕榈蜡为棕色至浅黄色脆性蜡,具有树脂状断面,微有气味。不溶于水,微溶于热乙醇,溶于氯仿、乙醚、碱液、40 ℃ 以上的脂肪。相对密度为 0.997,熔点为 80~86 ℃。

巴西棕榈蜡涂于食品表面,可在食品表面形成一层保鲜膜,增强食品的硬度和光泽,可用作果蔬和糖果的被膜剂。

2. 毒性

ADI 为 0~7 g/kg(FAD/WHO,1994)。FDA 将其列为一般公认安全物质(1994)。

3. 使用

按照 GB 2760—2014,巴西棕榈蜡作为脱模剂,可用于焙烤食品加工工艺、蜜饯果糕的加工工艺、膨化食品加工工艺。作为被膜剂、抗结剂,在可可制品、巧克力和巧克力制品(包括代可可脂巧克力及制品)以及糖果中,最大使用量为 0.6 g/kg。在新鲜水果中,最大使用量为 0.0004 g/kg(以残留量计),具体方法是先用乙醇溶解巴西棕榈蜡,然后涂在水果或糖果表面,冷却即可形成一层保鲜膜。

第四节　食品加工助剂应用实例

一、酶制剂应用举例

酶制剂行业是高技术产业,其应用领域遍及轻工、食品、化工、医药、农业、能源、环境保护等方面。在食品工业中,酶制剂主要用于果蔬加工、焙烤、乳制品加工等方面。如在绿茶面包研发中,α-淀粉酶、脂肪酶、半纤维素酶均能改善面包的口感和硬度。复配后,3 种酶制剂的最佳组合是:α-淀粉酶的添加量为 0.105 g/kg,脂肪酶的添加量为 0.103 g/kg,半纤维素酶的添加量为 0.607 g/kg。与单一酶制剂相比,复合酶制剂在硬度、感官评分和抗老化方面具有一定优势,能明显改良绿茶面包品质。

下面以酶制剂在紫薯面包中的应用为例:

1. 加工工艺

原料的称量→种面搅拌→种面发酵→主面搅拌→松弛→分割、称重、搓圆→静置→成型、装模→醒发→烘烤→冷却切片→包装→成品。

2. 基本配方

高筋粉1000 g,活性半干酵母 10 g,水 300 g,白砂糖 150 g,奶粉 20 g,维佳烤焙油 50 g,食盐 12 g,乳化油 20 g,鸡蛋 300 g,紫薯粉 20 g,改良剂 4 g。

其中面包改良剂的配方:维生素 C(2%),硫酸钙(2%),葡糖氧化酶(0.3%),半纤维素酶(0.2%),木聚糖酶(0.2%),α-淀粉酶(0.1%),淀粉,大豆蛋白粉,葡萄糖。

二、其他食品加工助剂应用举例

以活性炭、硅藻土在菊粉制作中的应用为例:

1. 加工工艺

原料→清洗→切片→提取→纱布过滤→浓缩→脱色(加活性炭)→抽滤(加硅藻土)→喷雾干燥→成品。

2. 操作要点

在脱色中,按物料体积量的 1%加入活性炭,搅拌状态下于 80 ℃维持 30 min。

在抽滤中,先将硅藻土溶液加入漏斗,使硅藻土在滤纸上预先形成一层滤饼,然后加入需过滤的液体抽滤。

思考题

1. 什么是食品加工助剂? 如何分类?

2. 什么是酶制剂? 酶制剂有哪些特点?

3. 酶制剂如何分类? 有哪些优势?

4. 常用的酶制剂有哪些? 如何使用?

5. 常用的除酶制剂外的食品加工助剂有哪些? 如何使用?

6. 食品加工助剂主要应用在哪些食品中?

附录　市面常见食品配料表

一、01.02 发酵乳和风味发酵乳

1. 市面某酸奶(蓝莓味)的配料表:生牛乳,白砂糖,乳清蛋白粉,蓝莓酱,乙酰化二淀粉磷酸酯,果胶,琼脂,双乙酰酒石酸单双甘油酯,结冷胶,食品用香精,保加利亚乳杆菌,嗜热链球菌。

2. 市面某风味发酵乳的配料表:生牛乳80%,水,白砂糖,芒果饮料浓浆,水蜜桃饮料浓浆,乳清蛋白粉,浓缩苹果汁,果胶,柠檬酸,食品用香精,嗜热链球菌,保加利亚乳杆菌,嗜酸乳杆菌,乳双歧杆菌(添加量$>1\times10^{7}$ CFU/100 g)。

3. 市面某黄桃风味发酵乳的配料表:水,全脂乳粉,黄桃果酱(添加量$\geqslant5\%$),果葡糖浆,白砂糖,脱脂乳粉,羟丙基二淀粉磷酸酯,琼脂,安赛蜜,三氯蔗糖,嗜热链球菌,保加利亚乳杆菌,乳双歧杆菌(每百克含活性乳酸菌$\geqslant1$亿 CFU)。

二、01.06 干酪和再制干酪及其类似品

1. 市面某再制干酪的配料表:干酪(牛乳、食用盐、乳酸乳球菌乳脂亚种、凝乳酶),水,乳固体(黄油),非脂乳固体(脱脂奶粉、酪蛋白),柠檬酸钠,磷酸三钙,磷酸氢二钠,大豆磷脂,微晶纤维素,食用盐,柠檬酸,山梨酸,乳酸链球菌素,胭脂树橙。

2. 市面某干酪的配料表:干酪(生牛乳、食用盐、冰乙酸、乳酸乳球菌乳脂亚种、乳凝块酶),纤维素,山梨酸,纳他霉素。

3. 市面某三明治再制干酪片的配料表:干酪,水,奶油,凝乳酶酪蛋白,全脂乳粉,六偏磷酸钠,磷酸氢二钠,磷酸三钠,山梨酸,胡萝卜素,食品用香精。

三、03.01 冰激凌、雪糕类

1. 市面某雪糕(奶油味)的配料表:饮用水,植物油,白砂糖,乳粉,麦芽糖浆,麦芽糊精,乳清粉,花生碎粒,食用葡萄糖,可可粉,果葡糖浆,单、双甘油脂肪酸酯,瓜尔胶,羧甲基纤维素钠,槐豆胶,黄原胶,卡拉胶,磷脂,甜蜜素,柠檬黄,食品用香精。

2. 市面某雪糕的配料表:饮用水,白砂糖,麦芽糊精,植物油,食用葡萄糖,乳粉,果葡糖浆,淀粉,可可粉,大豆分离蛋白,单、双甘油脂肪酸酯,瓜尔胶,羧甲基纤维素钠,海藻酸钠,黄原胶,槐豆胶,卡拉胶,甜蜜素,焦糖色,柠檬黄,日落黄,食品用香精。

3. 市面某冰激凌(巧克力口味)的配料表:饮用水,白砂糖,全脂乳粉,植物油,可可粉,麦芽糊精,乳清粉,可可液块,食用葡萄糖,可可脂,食用盐,乙基麦芽酚,黄原胶,卡拉胶,单、双甘油脂肪酸酯,瓜尔胶,海藻酸钠,刺槐豆胶,六偏磷酸钠,羧甲基纤维素钠,磷脂,焦糖色(亚硫酸铵法),食品用香精。

四、04.01.02.04 水果罐头

1. 市面某黄桃罐头的配料表：黄桃，水，白砂糖，柠檬酸，维生素 C，安赛蜜，阿斯巴甜。

2. 市面某水果罐头的配料表：生活饮用水，黄桃，梨，椰纤果，染色樱桃，柠檬酸，D-异抗坏血酸钠，阿斯巴甜（含苯丙氨酸），安赛蜜，三氯蔗糖，甜蜜素。

3. 市面某什锦椰果罐头的配料表：水，椰果，菠萝，果葡糖浆，白砂糖，红枣，柠檬酸，D-异抗坏血酸钠，维生素 C，海藻酸钠，蔗糖素，食品用香精。

五、04.01.02.05 果酱

1. 市面某什果果酱的配料表：白砂糖，草莓，苹果，山楂，水，食品添加剂（柠檬酸、果胶、柠檬酸钠、维生素 C）。

2. 市面某草莓果酱的配料表：果葡糖浆，草莓果肉，白砂糖，生活饮用水，食品添加剂（柠檬酸、柠檬酸钠、DL-苹果酸、果胶、卡拉胶、羧甲基纤维素钠、山梨酸钾、胭脂红），食品用香精。

3. 市面某蓝莓果酱的配料表：果葡糖浆，蓝莓果肉，低聚异麦芽糖，蜂蜜，饮用水，柠檬汁，食品添加剂（羟丙基二淀粉磷酸酯、果胶、维生素 C、亮蓝、苋菜红）。

六、04.01.02.08 蜜饯凉果

1. 市面某九制香榄（凉果类）的配料表：橄榄，白砂糖，食用盐，甘草，环己基氨基磺酸钠（甜蜜素），糖精钠，柠檬酸，甜菊糖苷，苯甲酸钠，山梨酸钾，柠檬黄，焦亚硫酸钠。

2. 市面某加应子（话化类）的配料表：李子，白砂糖，食用盐，香辛料，香兰素，乙基麦芽酚，柠檬酸，甘草，环己基氨基磺酸钠，糖精钠，阿斯巴甜（含苯丙氨酸），甜菊糖苷，甘草酸一钾，甘油，苯甲酸钠，山梨酸钾，焦亚硫酸钠，硫酸钠，胭脂红，柠檬黄。

3. 市面某盐津桃肉的配料表：桃肉，白砂糖，食用盐，甘草，辣椒粉，柠檬酸，DL-苹果酸，甜蜜素，糖精钠，甜菊糖苷，苯甲酸钠，柠檬黄，日落黄，胭脂红，焦亚硫酸钠，食品用香料。

七、04.02.02.03 腌渍的蔬菜

1. 市面某榨菜丝的配料表：榨菜，食用盐（未加碘），味精，芝麻油，辣椒粉，香辛料，食品添加剂（甜蜜素、山梨酸、苯甲酸钠、柠檬黄、乙基麦芽酚、柠檬酸）。

2. 市面某脆萝卜的配料表：萝卜，水，食盐，白砂糖，味精，食品添加剂［柠檬酸、甜蜜素、阿斯巴甜（含苯丙氨酸）、安赛蜜、糖精钠、三氯蔗糖、纽甜、乙二胺四乙酸二钠、山梨酸钾、香辛料］。

3. 市面某鲜脆榨菜丝的配料表：榨菜，食用盐，食品添加剂（谷氨酸钠、柠檬酸、柠檬酸钠、辣椒红、5′-呈味核苷酸二钠、三氯蔗糖），辣椒，植物油，白砂糖，固态调味料（鸡肉、食用盐、谷氨酸钠、白砂糖、5′-呈味核苷酸二钠、食品用香料），香辛料。

八、04.04.02.01 腐乳类

1. 市面某糟方腐乳的配料表：水，非转基因大豆，白砂糖，食用酒精，食用盐（未加碘），糯米酒，小麦粉，糯米，食品添加剂（谷氨酸钠、氯化镁、三氯蔗糖）。

2. 市面某古方玫瑰腐乳的配料表:黄豆,水,糯米酒,食用酒精,食用盐,白砂糖,重瓣红玫瑰,食品添加剂(红曲米、三氯蔗糖、脱氢乙酸钠、氯化镁)。

3. 市面某枸杞米酱豆腐乳的配料表:黄豆,水,枸杞,糙米,食用盐,白砂糖,食用酒精,食醋,香辛料,山梨糖醇液,三氯蔗糖,食用氯化镁。

九、05.01 可可制品、巧克力和巧克力制品(包括代可可脂巧克力及制品)

1. 市面某榛仁葡萄干巧克力的配料表:牛奶巧克力(白砂糖、可可脂、脱脂乳粉、可可液块、乳脂肪、乳糖、食用植物油、大豆磷脂、食品用香精),葡萄干,榛仁,乳化剂(聚甘油蓖麻醇酸酯)。

2. 市面某牛奶巧克力(代可可脂)的配料表:白砂糖,代可可脂(植物油),脱脂乳粉,可可液块,可可粉,植脂末,乳糖,乳清粉,大豆磷脂,山梨醇酐三硬脂酸酯,聚甘油蓖麻醇酸酯,碳酸氢钠食品用,食品用香精,阿拉伯胶,紫胶。

3. 市面某巧克力(草莓口味)的配料表:白砂糖,可可脂,全脂乳粉,植物油,可可块,乳糖,草莓粉(2.9%),脱盐乳清粉,无水奶油,可可粉,脱脂乳粉,蓝莓粉(含麦芽糊精),食品用香料,食品添加剂(大豆磷脂、DL-苹果酸、蔗糖脂肪酸酯、甜菜红、柠檬酸)。

十、05.02 糖果

1. 市面某夹心糖(巧克力味)的配料表:白砂糖,巧克力味糖衣[白砂糖、代可可脂(氯化棕榈仁油、磷脂、山梨醇酐三硬脂酸酯)、可可粉、乳清粉、磷脂、食品用香精],氢化植物油(氢化棕榈油、磷脂、丁基羟基茴香醚、二丁基羟基甲苯),烤花生仁,淀粉糖浆,乳清粉,食用盐,烤扁桃仁碎,磷脂,食品用香精。

2. 市面某软糖的配料表:葡萄糖浆,白砂糖,柠檬酸,DL-苹果酸,乳酸钙,维生素 C,胭脂红,诱惑红,柠檬黄,亮蓝等。

3. 市面某果汁软糖(葡萄味)的配料表:水,果葡糖浆,白砂糖,浓缩葡萄果汁(添加14.1%),麦芽糖,甘油,柠檬酸,胶原蛋白肠衣,结冷胶,槐豆胶,柠檬酸钾,磷酸氢二钾,明胶,黄原胶,植物油,巴西棕榈蜡,L(+)-酒石酸,食品用香精。

十一、07.01 面包

1. 市面某牛乳切片面包的配料表:小麦粉,纯牛奶(≥10%),饮用水,白砂糖,人造奶油,鲜鸡蛋,山梨糖醇液,果葡糖浆,全脂乳粉,甘油,干酵母,起酥油,食用盐,抗坏血酸,食品用香精,单、双甘油脂肪酸酯,脱氢乙酸钠,葡萄糖酸-δ-内酯,抗坏血酸棕榈酸酯。

2. 市面某全麦切片面包的配料表:全麦粉,小麦粉,水,白砂糖,食用油脂制品,面包预拌粉(谷朊粉、双乙酰酒石酸单双甘油酯),鲜酵母,乳粉,食用盐,食品添加剂(硫酸钙,单、双甘油脂肪酸酯,维生素 C,磷酸三钙,丙酸钙,脱氢乙酸钠)。

3. 市面某牛奶面包的配料表:小麦水,白砂糖,鸡蛋,食用油脂制品,全脂奶粉(大于2%),食品加工用酵母,海藻糖,食用盐,食品添加剂(单、双甘油脂肪酸酯,硬脂酰乳酸钠,维生素 C,磷酸三钙,丙酸钙,脱氢乙酸钠)。

十二、07.02.02 西式糕点

1. 市面某纯蛋糕的配料表：鸡蛋（＞34％），小麦粉（≥21％），白砂糖，植物油，甘油，山梨糖醇液，海藻糖，复配乳化水分保持剂（单、双甘油脂肪酸酯，丙二醇，聚甘油脂肪酸酯，甘油，山梨醇酐单硬脂酸酯，丙二醇脂肪酸酯，硬脂酸钾），人造奶油，食用玉米淀粉，复配乳化剂（单、双甘油脂肪酸酯，黄原胶，硬脂酰乳酸钠，蔗糖脂肪酸酯，焦磷酸二氢二钠，碳酸氢钠，海藻酸钠，聚甘油脂肪酸酯，磷酸三钙，海藻酸丙二醇酯），全脂乳粉（≥1.2％），麦芽糖浆，复配膨松剂（焦磷酸二氢二钠、碳酸氢钠、磷酸氢钙），食用盐，柠檬酸，复配酸度调节剂（柠檬酸钠，富马酸一钠，富马酸，单、双甘油脂肪酸酯，DL-苹果酸，α-淀粉酶，冰乙酸），葡萄糖酸-δ-内酯，黄原胶，脱氢乙酸钠，食用酒精，纳他霉素，食品用香精。

2. 市面某抹茶蛋糕的配料表：鸡蛋，白砂糖，小麦粉，人造奶油，植物油，代可可脂，全脂奶粉，米栖粉，果葡萄糖，麦芽糖浆，山梨糖醇液，蔗糖脂肪酸酯，硬脂酰乳酸钠，抗坏血酸，磷脂，单硬脂酸甘油酯，丙二醇，山梨醇酐单硬脂酸酯，复合膨松剂（碳酸氢钠、焦磷酸二氢二钠、磷酸氢钙），山梨酸钾，丙酸钙，脱氢乙酸钠，柠檬酸，抹茶粉，食用盐，食品用香料。

3. 市面某涂饰蛋类芯饼（巧克力味）的配料表：白砂糖，小麦粉，葡萄糖浆，起酥油，代可可脂，水，可可粉，全脂乳粉，食用葡萄糖，食用盐，鸡蛋，蛋白粉，可可液块，低聚异麦芽糖，食品添加剂（磷酸二氢钙、碳酸氢钠、碳酸氢铵、黄原胶、明胶、酪蛋白酸钠、阿拉伯胶、磷脂、食品用香精香料），牛脂风味酱（食用牛油、牛肉、酸水解植物蛋白调味液、食用盐）。

十三、07.03 饼干

1. 市面某苏打饼干（奶盐味）的配料表：小麦粉，精炼植物油，牛油，抗性糊精，乳粉，食用盐，奶油，起酥油，食品用香料，酵母，食品添加剂（碳酸氢钠、焦磷酸二氢二钠、磷酸二氢钙、磷酸二氢钠、磷酸氢二钠、特丁基对苯二酚），味精。

2. 市面某夹心饼干（桃花米酿味）的配料表：小麦粉，白砂糖，食用植物油，淀粉，食用葡萄糖，麦芽糊精，食品添加剂（碳酸氢钠、大豆磷脂、柠檬酸、胭脂虫红、碳酸氢铵），食用盐，食品用香精香料。

3. 市面某白芝麻苏打饼干的配料表：小麦粉（≥68％），食用植物油，起酥油（含丁基羟基茴香醚、二丁基羟基甲苯），全脂乳粉，食用盐（海盐），芝麻，食品加工用酵母，食品添加剂（碳酸氢钠、磷酸二氢钙、焦磷酸二氢二钠）。

十四、08.03.05 肉灌肠类

1. 市面某火腿肠的配料表：猪肉，鸡肉，水，淀粉，大豆蛋白，食品添加剂（食品用香精、三聚磷酸钠、卡拉胶、山梨酸钾、D-异抗坏血酸钠、红曲红、瓜尔胶、海藻酸钠、亚硝酸钠），白砂糖，食用盐，味精，香辛料。

2. 市面某无淀粉级火腿肠的配料表：鸡肉，猪肉，水，大豆蛋白，乳酸钠，白砂糖，食用盐，食品用香精，瓜尔胶，黄原胶，卡拉胶，单、双甘油脂肪酸酯，香辛料，三聚磷酸钠，焦磷酸钠，六偏磷酸钠，酪蛋白酸钠，味精，山梨酸钾，D-异抗坏血酸钠，红曲红，亚硝酸钠，乳酸链球菌素，赤藓红，5′-呈味核苷酸二钠。

3. 市面某（原味）肉灌肠类的配料表：猪肉，牛肉，麦芽糖，白砂糖，食用葡萄糖，食用盐，乳酸钾,葡萄糖酸-δ-内酯,5′-呈味核苷酸二钠,醋酸酯淀粉,D-异抗坏血酸钠,酪蛋白酸钠,山梨酸钾,三聚磷酸钠,焦磷酸钠,迷迭香提取物,亚硝酸钠,辣椒红,味精,大豆蛋白,牛肉调料(食用盐、白砂糖、葡萄糖、水解植物蛋白、洋葱、香辛料、酵母提取物),香辛料,海藻提取物,食品用香精,粉末酱油(酿造酱油、麦芽糊精、食用盐)。

十五、09.02.03 冷冻鱼糜制品(包括鱼丸等)

1. 市面某包心鱼丸速冻鱼糜制品的配料表:鱼糜(鱼肉、白砂糖、焦磷酸钠、三聚磷酸钠),水,猪肥膘,淀粉,鸡皮,猪肉,起酥油,乙酰化二淀粉磷酸酯,鸡蛋清,酿造酱油(含焦糖色),食用盐,青葱,洋葱,葱酥(葱、淀粉、植物油),味精,白砂糖,鸭皮,明胶,复配水分保持剂(焦磷酸钠、六偏磷酸钠、三聚磷酸钠),D-异抗坏血酸钠,5′-呈味核苷酸二钠,酵母抽提物,山梨糖醇,香辛料,食品用香精香料。

2. 市面某灌汤福州鱼丸的配料表:鱼糜,乙酰化双淀粉己二酸酯,水,鸡肉,猪肉,羟丙基二淀粉磷酸酯,大豆蛋白,冰蛋白,酱油,鸭肉,小葱,食用盐,白砂糖,鱼露,味精,起酥油,碳酸钙,植物油,水产调味品,复配增稠乳化剂(醋酸酯淀粉、碳酸钙、卡拉胶、魔芋粉、大豆分离蛋白、酪蛋白酸钠),复配水分保持剂(焦磷酸钠、三聚磷酸钠、六偏磷酸钠、卡拉胶),呈味核苷酸二钠,食品用香精香料。

3. 市面某台湾墨鱼风味丸的配料表:鱼糜(鱼肉、白砂糖、焦磷酸钠、三聚磷酸钠)(≥18.9%),饮用水,鸡肉,猪肉,鸭皮,淀粉,醋酸酯淀粉,膨化豆制品,大豆蛋白,食用盐,葱,白砂糖,酿造酱油(含焦糖色),谷氨酸钠,食用葡萄糖,复配增稠剂(卡拉胶、瓜尔胶、碳酸钠、氯化钾、魔芋粉、大豆蛋白),磷酸酯双淀粉,三聚磷酸钠,六偏磷酸钠,焦磷酸钠,5′-呈味核苷酸二钠,香辛料,食品用香精香料。

十六、12.02 鲜味剂和助鲜剂

1. 市面某浓缩鸡汁调味料的配料表:鸡肉汁(水、鸡肉),食用盐,白砂糖,味精,食用鸡油(鸡板油、特丁基对苯二酚),食品添加剂(羟丙基二淀粉磷酸酯、5′-呈味核苷酸二钠、β-胡萝卜素、D-异抗坏血酸钠、安赛蜜、乙二胺四乙酸二钠),食品用香精,香辛料,酵母抽提物。

2. 市面某鸡粉调味料的配料表:食用盐,白砂糖,谷氨酸钠,食品用香精香料,鸡肉粉,淀粉,食用鸡油,香辛料,5′-呈味核苷酸二钠,二氧化硅,DL-苹果酸,焦糖色,姜黄。

3. 市面某上等蚝油的配料表:水,白砂糖,蚝汁,酿造酱油,食用盐,变性淀粉,谷氨酸钠,焦糖色,香辛料,苯甲酸钠,对羟基苯甲酸乙酯,呈味核苷酸二钠,琥珀酸二钠,甜菊糖苷。

十七、12.03 醋

1. 市面某食醋的配料表:水,大米,麦麸,大曲(小麦、大麦、豌豆),白砂糖,食用盐,果葡糖浆,焦糖色,谷氨酸钠,山梨酸钾。

2. 市面某食醋的配料表:水,麸皮,小麦,玉米,大米,高粱,荞麦,食用盐,焦糖色,对羟基苯甲酸乙酯钠,三氯蔗糖。

3. 市面某陈醋的配料表:水,高粱,大米,麦麸,稻壳,谷糠,大麦,豌豆,食用盐,香辛料,酵母提取物,三氯蔗糖,苯甲酸钠。

十八、12.04 酱油

1. 市面某酿造酱油的配料表：水，非转基因黄豆，小麦，食用盐，谷氨酸钠，白砂糖，酵母抽提物，5′-呈味核苷酸二钠，5′-肌苷酸二钠，苯甲酸钠，三氯蔗糖。

2. 市面某生抽的配料表：水，黄豆，面粉，食盐，谷氨酸钠，5′-肌苷酸二钠，5′-鸟苷酸二钠，苯甲酸钠，山梨酸钾，安赛蜜。

3. 市面某生抽（酿造酱油）的配料表：水，非转基因黄豆，小麦粉，食用盐，谷氨酸钠，焦糖色，5′-呈味核苷酸二钠，山梨酸钾，蔗糖素，柠檬酸，甘草酸三钾，酵母抽提物。

十九、14.02 果蔬汁类及其饮料

1. 市面某小青柠汁饮料的配料表：水，白砂糖，青橘汁，青柠檬浓缩汁（3%），羧甲基纤维素钠，聚甘油脂肪酸酯，结冷胶，维生素C，食品用香精。

2. 市面某猕猴桃味果味饮料的配料表：水，果葡糖浆，猕猴桃原浆，浓缩苹果汁，食品添加剂［黄原胶、羧甲基纤维素钠、三聚磷酸钠、六偏磷酸钠、柠檬酸钠、柠檬酸、DL-苹果酸、安赛蜜、阿斯巴甜（含苯丙氨酸）、甜蜜素、苯甲酸钠、柠檬黄、日落黄、亮蓝、胭脂红］，食用盐，食品用香精。

3. 市面某芒果汁饮料的配料表：纯净水，芒果原浆，果葡糖浆，白砂糖，柠檬酸，柠檬酸钠，安赛蜜，阿斯巴甜（含苯丙氨酸），羧甲基纤维素钠，黄原胶，山梨酸钾，乳酸链球菌素，D-异抗坏血酸钠，抗坏血酸，β-胡萝卜素，芒果味香精。

二十、14.03 蛋白饮料

1. 市面某椰子牛乳饮品的配料表：水，全脂乳粉，白砂糖，椰子粉（椰子白果肉汁、麦芽糊精、酪蛋白酸钠、磷酸三钙），单硬脂酸甘油酯，食品用香精，酪蛋白酸钠，山梨酸钾，蔗糖脂肪酸酯，结冷胶，柠檬酸钠，维生素E。

2. 市面某椰子汁的配料表：水，椰浆，白砂糖，酪蛋白酸钠，单、双甘油脂肪酸酯，碳酸氢钠。椰浆平均添加量不少于9.0 g/100 mL。

3. 市面某AD钙奶饮料的配料表：水，果葡糖浆，全脂乳粉，脱脂乳粉，白砂糖，食品添加剂［复配乳化增稠剂（羧甲基纤维素钠、果胶、柠檬酸钠、三聚磷酸钠）、磷酸、柠檬酸、三聚磷酸钠、柠檬酸钠、安赛蜜、三氯蔗糖］，乳酸钙，食品用香精，维生素A醋酸酯，维生素D_3。

二十一、14.05 茶、咖啡、植物(类)饮料

1. 市面某青梅绿茶的配料表：水，果葡糖浆，白砂糖，茉莉花茶茶叶（绿茶茶坯），青梅，绿茶茶叶，梅子浓缩汁（添加量0.6 g/kg），绿茶浓缩液，食品添加剂（柠檬酸、DL-苹果酸、D-异抗坏血酸钠、六偏磷酸钠、柠檬酸钠、维生素C），食用盐，食品用香精。

2. 市面某咖啡丝滑摩卡的配料表：水，全蔗糖糖浆，乳粉（≥5%），速溶咖啡（≥0.9%），食品添加剂（微晶纤维素、羧甲基纤维素钠、碳酸氢钠、蔗糖脂肪酸酯、六偏磷酸钠、柠檬酸钠），可可粉（≥0.1%），食品用香精，食用盐。

3. 市面某柠檬味茶饮料的配料表：水，果葡糖浆，红茶，木糖醇，浓缩青柠檬汁，蜂蜜，柠檬酸钠，柠檬酸，三氯蔗糖，安赛蜜，D-异抗坏血酸钠，食品用香精香料。

二十二、14.06 固体饮料

1. 市面某奶茶(草莓味)的配料表:白砂糖,植脂末(葡萄糖浆,精炼氢化植物油,乳清粉,酪蛋白酸钠,单、双甘油脂肪酸酯,硬脂酰乳酸钠,磷酸氢二钾,三聚磷酸钠,二氧化硅),乳粉(脱乳粉、全脂乳粉),速溶红茶粉,食品用香精。

2. 市面某风味固体饮料(阳光甜橙味)的配料表:白砂糖,食品添加剂(柠檬酸、羧甲基纤维素钠、磷酸三钙、黄原胶、柠檬酸钠、二氧化钛、辛烯基琥珀酸淀粉钠、柠檬黄、日落黄、阿拉伯胶、二氧化硅),食品用香精,维生素(L-抗坏血酸、盐酸吡哆醇),矿物质(焦磷酸铁、氧化锌)。

3. 市面某经典拿铁的配料表:白砂糖,乳粉,植脂末(葡萄糖浆,食用氢化植物油,磷酸氢二钾,酪蛋白酸钠,二氧化硅,单、双甘油酯脂肪酯,三聚磷酸钠,硬脂酰乳酸钠),速溶咖啡,柠檬酸钠,食品用香精。

二十三、15.03 发酵酒

1. 市面某特型半干黄酒的配料表:水,糯米,小麦,蜂蜜,枸杞,壳寡糖(2%),食品添加剂(焦糖色)。

2. 市面某桂花米酒的配料表:净化水,糯米,白砂糖,甜酒曲,桂花,食品添加剂(黄原胶)。

3. 市面某苹果酒的配料表:苹果(原果汁含量100%),浓缩苹果汁,白砂糖,食品添加剂(二氧化碳、柠檬酸、苯甲酸钠、二氧化硫)。

二十四、16.01 果冻

1. 市面某椰子冻的配料表:水,白砂糖,果葡糖浆,椰浆,魔芋粉,食品添加剂(卡拉胶、黄原胶、羟甲基纤维素钠、结冷胶、氯化钾、乳酸、柠檬酸、柠檬酸钠、单硬脂酸甘油酯、二氧化肽、山梨酸钾、甜蜜素),食品用香精。

2. 市面某维D钙果冻的配料表:水,果葡糖浆,白砂糖,椰果(≥1.5%),魔芋粉,益生元(低聚异麦芽糖),食品添加剂[卡拉胶、海藻酸钠、乳酸钙(添加量0.47%)、氯化钾、柠檬酸、D-异抗坏血酸钠、甜蜜素、山梨酸钾、维生素D、二氧化钛、β-胡萝卜素],食品用香精。

3. 市面某麦卢卡蜂蜜果冻(蜂蜜葡萄味)的配料表:饮用水,浓缩葡萄汁(还原果汁≥25%),赤藓糖醇,UMF10+麦卢卡蜂蜜(≥1.5%),柠檬酸,柠檬酸钠,食品用香精,魔芋粉(0.35%),卡拉胶,槐豆胶,山梨酸钾,DL-苹果酸,安赛蜜,三氯蔗糖。

二十五、16.06 膨化食品

1. 市面某创意花式薯卷(田园蔬菜味)的配料表:马铃薯雪花全粉(马铃薯,单、双甘油脂肪酸酯,维生素C,柠檬酸,香辛料,食品用香料)(33%),淀粉,植物油(含特丁基对苯二酚),白砂糖,乳糖,食用盐,青葱粉(辐照)(0.9%),香辛料(辐照),食品添加剂(5′-呈味核苷酸二钠、柠檬酸钠),味精。

2. 市面某膨化食品(番茄味)的配料表:小麦粉,食用玉米淀粉,木薯淀粉,大米粉,食用植物油,白砂糖,麦芽糖,食用盐,味精,番茄调味料[番茄粉、食用盐、白砂糖、麦芽糊精、酵母抽提物、5′-呈味核苷酸二钠、DL-苹果酸、柠檬酸、冰醋酸、阿斯巴甜(含苯丙氨酸)、食品用香料、乙酸钠、辣椒红、二氧化硅],特丁基对苯二酚,柠檬黄、胭脂红。

3. 市面某烧烤牛排味块(膨化食品)的配料表:大米粉(≥35.5%),植物油,小麦粉,白砂糖,玉米糁,蛋黄粉制品(鸡蛋、麦芽糊精、植物油),食用淀粉,味精,牛肉粉复合调味料[白砂糖、麦芽糊精、牛肉粉(牛肉、酸水解植物蛋白调味液、食用牛油、食用葡萄糖)、食用盐、味精、食用玉米淀粉、酵母抽提物、食品用香精、酿造酱油、香辛料(辐射)、二氧化硅],食品用香精,复合酸水解植物蛋白调味粉(酸水解植物蛋白调味液、麦芽糊精、食用盐、味精、焦糖色、琥珀酸二钠、呈味核苷酸二钠、L-丙氨酸、柠檬酸),香辛料(辐照),碳酸钙,柠檬黄,特丁基对苯二酚。

参考文献

[1]中华人民共和国国家卫生和计划生育委员会.食品安全国家标准 食品添加剂使用标准:GB 2760—2014[S].北京:中国标准出版社,2014.

[2]吴得海,张思维,李东梅,等.山梨酸及其钾盐类在食品中的应用[J].农业科技与信息,2023(7):149-152.

[3]左玉,吴俏卓,王接昌,等.抗氧化剂在食品中的应用[J].粮食与油脂,2022,35(4):32-34,38.

[4]王金木.天然着色剂在食品中的应用研究[J].食品安全导刊,2021(9):48-49.

[5]王瑞军.浅析常见食品护色剂的护色机理[J].农产品加工,2021(12):76-77,80.

[6]谭家忠,廖娜,张宝堂,等.天然甜味剂的开发应用及展望[J].中国食品添加剂,2022,33(1):32-39.

[7]李琦,张江宁,叶峥.红枣灵芝多糖复合饮料的研制[J].保鲜与加工,2022,22(12):53-60.

[8]林娟娟,张浪,林建城,等.天然复配改良剂对绿茶吐司品质的影响[J].食品安全质量检测学报,2023,14(3):311-319.

[9]林娟娟,王集标,林建城,等.复配增稠剂对绿茶面包品质的影响研究[J].中国食品添加剂,2023,34(1):239-246.

[10]林娟娟,林毅鹏,郑华钦.复合亲水胶对麦麸面包品质的影响分析[J].赤峰学院学报,2019,35(5):82-86.

[11]林娟娟,王隆安,林建城,等.复合酶制剂对绿茶面包品质的影响分析[J].食品工业,2020,41(12):117-121.

[12]马汉军,田益玲.食品添加剂[M].北京:科学出版社,2014.

[13]郝利平,聂乾忠,周爱梅,等.食品添加剂[M].4版.北京:中国农业大学出版社,2021.

[14]孙平.食品添加剂[M].2版.北京:中国轻工业出版社,2022.

[15]林建城.食品生物技术实验[M].厦门:厦门大学出版社,2020.

[16]汪秀妹,林梅西.食品加工技术[M].厦门:厦门大学出版社,2020.

[17]孙宝国.食品添加剂[M].3版.北京:化学工业出版社,2021.

相关网络资源

[1]食品安全查询系统:http://www.eshian.com/.
[2]食品伙伴网:http://www.foodmate.net/.
[3]中国食品添加剂和配料协会:http://www.cfaa.cn.
[4]中华人民共和国国家卫生健康委员会:http://www.nhc.gov.cn.
[5]中国食品安全网:http://foodsafety.ce.cn/.